"十四五"普通高等教育本科部委级规划教材

乡村景观设计

金岩◎主编

中国纺织出版社有限公司

内 容 提 要

本书主要围绕乡村景观类型展开，详细分析了乡村生活空间、生产空间和生态空间中各个景观要素的历史发展过程及其不同历史时期的功能、活动、空间形态，以及基于乡村振兴背景下的对应性景观设计策略，是兼具乡村设计理论和设计实践的应用型教材。本书不仅是乡村景观设计基础的普及，也为中国乡村建设提供了一个新的视角，即保护和加强乡村景观遗产，最终实现提高乡村生活环境、改善自然生态环境、发展生产、增加村民就业等目标，营造一个可持续发展的乡村整体景观环境。

本书可作为高等院校设计类专业学生的教材，也可供乡村改造设计人员参考阅读。

图书在版编目（CIP）数据

乡村景观设计 / 金岩主编. -- 北京：中国纺织出版社有限公司，2024.8

“十四五”普通高等教育本科部委级规划教材

ISBN 978-7-5229-1091-8

Ⅰ.①乡… Ⅱ.①金… Ⅲ.①乡村－景观设计－高等学校－教材 Ⅳ.① TU986.2

中国国家版本馆 CIP 数据核字（2023）第 183025 号

责任编辑：朱利锋　　责任校对：高　涵　　责任印制：王艳丽

中国纺织出版社有限公司出版发行
地址：北京市朝阳区百子湾东里A407号楼　邮政编码：100124
销售电话：010—67004422　传真：010—87155801
http://www.c-textilep. com
中国纺织出版社天猫旗舰店
官方微博 http://weibo.com/2119887771
北京通天印刷有限责任公司印刷　各地新华书店经销
2024年8月第1版第1次印刷
开本：787×1092　1/16　印张：18.75
字数：378千字　定价：78.00元

Foreword

前 言

习近平总书记在党的十九大报告中指出：要坚持农业农村优先发展，按照产业兴旺、生态宜居、乡风文明、治理有效、生活富裕的总要求，来实施乡村振兴战略。为全面贯彻乡村振兴战略，2022年六部门联合印发《关于推动文化产业赋能乡村振兴的意见》，明确到2025年，文化产业赋能乡村振兴的有效机制基本建立，乡村人文资源和自然资源得到有效保护和利用。

中国五千年的农耕文明造就了众多独具特色的村落，每个村落因其不同的自然环境、生产生活方式形成独特的乡村景观。乡村景观具有自然生态和历史人文的重要价值，具有保护和发展的双重需求。乡村景观设计不仅能够处理乡村地区的生产环境、生态环境和生活环境问题，还能推动文化赋能乡村振兴。

本书主要围绕乡村景观类型展开，详细分析了乡村生活空间、生产空间和生态空间中各个要素的历史发展过程及其不同历史时期的功能、活动、空间形态，以及基于乡村振兴背景下的对应性景观设计策略，是兼具乡村设计理论和设计实践的应用型教材。

本书的理论和设计来源是“乡村景观作为遗产”。乡村景观遗产贯穿于传统农村农业、可持续发展环境、乡村物质文化和非物质文化。“乡村景观作为遗产”是乡村景观历史价值解读和认识的理论支撑和分析工具。把乡村作为一个大的景观系统，深度挖掘乡村景观遗产并进行保护和活化利用，是乡村文化可持续发展的根本。最终实现提高乡村生活环境、改善自然生态环境、发展生产、增加村民就业等目标，营造一个可持续发展的乡村整体景观环境。

在乡村景观设计中，对于设计师提出以下希望。首先，研究精神是设计师应该具备的优秀素养。设计不仅是依赖事物表象和已有的资料，背后的很多历史演变也需要进行研究。其次，保持研究态度，去挖掘和传承历经千百年的实践，筛选仍然有着旺盛生命力的工艺技术，例如，去寻找传统中与水相关的技术，挖掘其在今天的再利用价值；开展传统梯田的混合种植，增加农作物多样性及生态多样性；开发在生态可持续性方面的种植和渔猎方式等，给游客新的体验。再次，设计不一定就是昂贵的、难以实现的，比如，一个很简单的改变，顺着农场路边种植树木，就可以防止因飞雪造成的交通中断，并且改善乡村地区的路面安全。最后，建立以村民为主体的乡村设计。从村民真实需求出发，设计激活村民，村民激活乡村，对于乡村“造血”是关键。因此，设计要思考利益相关者如何介入项目，即村民如何参与后期运营和管理的方案。例如，村民要学习如何利用自身力量自我营造环境，成为未来传统文化研学、农业研学和自然研学的导师，带动村民就业，村民能够真正成为乡村发展的主导者。

设计是一种整合跨学科知识的强有力工具。乡村景观设计是一门新兴学科，它为人类提供了一个反思和整合人类与自然系统关系的机会，使之变成一个可持续的设计过程，以提高乡村品质。

本书的编写工作历时两年多，书稿结构、内容安排、全书统稿等经过反复讨论确定。感谢参与教材编写的所有人员！特别感谢米兰理工大学的Paola Branduini教授，主持编写了第2章乡村景观作为遗产，感谢卢航博士对此部分内容进行了翻译校对和编排工作。感谢支持本书立项的相关部门老师，感谢本书编辑朱利锋老师，感谢参与图文创作的历届学生和指导老师们，以及由于可能疏忽忘记标注的书中部分图文来源的原创者们。

本书由金岩担任主编，由黄海静、李旭佳、苏勇担任副主编。参加《乡村景观设计》教材编写的主要人员：

第1章　乡村景观概述，金岩编写。

第2章　乡村景观作为遗产，（意）Paola Branduini编写，卢航翻译。

第3章　乡村生活景观设计

3.1　乡村街道景观设计，乔婷钰、金岩编写；

3.2　乡村公共空间设计，王家妤、黄海静、金岩编写；

3.3　乡村民居建筑风貌设计，牛佳文、苏勇、金岩编写；

第4章　乡村生产景观设计，王倩、赵爽、李旭佳编写。

第5章　乡村自然生态景观设计，刘兆怡、金岩编写。

第6章　实践案例：石城子村景观规划设计，金岩、黄海静、苏勇、李旭佳、李云燕、乔婷钰、刘兆怡、牛佳文、张永康、李啸辰、张益萌、覃珺婕等编写。

本书由北京服装学院教材出版专项资助。

由于时间及编者水平有限，本书难免存在不足之处，恳切希望同仁及广大读者批评指正。

《乡村景观设计》教材编写组

2023年10月

Contents

目 录

第 1 章　乡村景观概述

1.1　乡村概述

1.1.1　乡村及其形成过程

“乡”，古文写作“鄉”，意为“像两人相对坐，共食一簋的情况”。“乡”字最初的含义是族人“共祭共享”。自西周起，“乡”开始具有地域含义。自秦汉以后，乡作为一级行政组织被固定下来，成为一种稳固的政治制度。“村”最早出现在东汉中期，基本含义为野外的聚落，自唐代起，“村”成为所有的野外聚落的统称，并且被赋予了社会制度的意义。“乡”为野域，“村”为聚落，但因乡、村均为县以下的地方基层组织，因此我国古代常将乡、村二字连用，用以指代城以外的区域。

《辞源》一书中，“乡村”被解释为“主要从事农业、人口分布较城镇分散的地方”。原始部落起源于旧石器时代中期，到新石器时代，农业和畜牧业开始分离，以农业为主要生计的氏族定居下来，出现了真正的聚落。中国已经发掘的最早村落遗址属新石器时代前期，如浙江的河姆渡和陕西的半坡遗址（图1-1-1）。图1-1-2为陕西临潼姜寨遗址，西南临河为天然屏障，其余三面为人工开出的壕沟所围绕。村落东面为通往外部的道路（豁口），村内为居住区，内部分为五组建筑群，每组围绕一大房子布置。五组房子的中心为一个广场（空地），所有房屋的入口皆朝向中心广场，中心广场可能是村落首领召集氏族聚会、议事和活动的场所，其中的大房子则可能是氏族成员聚集的中心，是宗族维系血缘和人际关系的纽带，也是群体抵御外界环境和天敌的需要。后世的村镇形态多以宗祠为中心，大约也是由此发展而来的。可见乡村最早产生是在一定地域环境内，因相同或相似的社会活动、生产关系与生活方式，积聚生活的人群进行组建的地域社会。

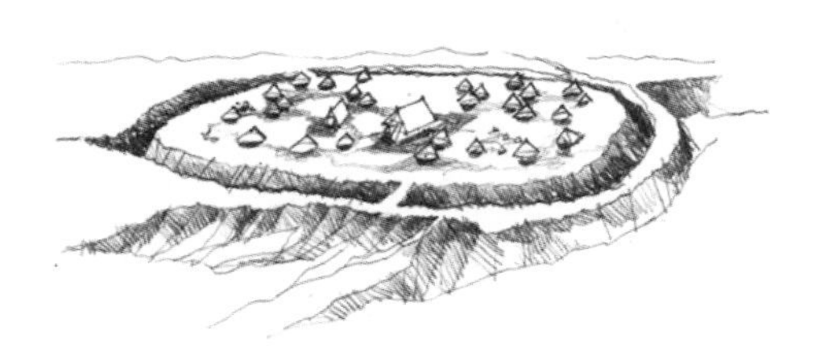

图1-1-1　陕西半坡聚落遗址复原图

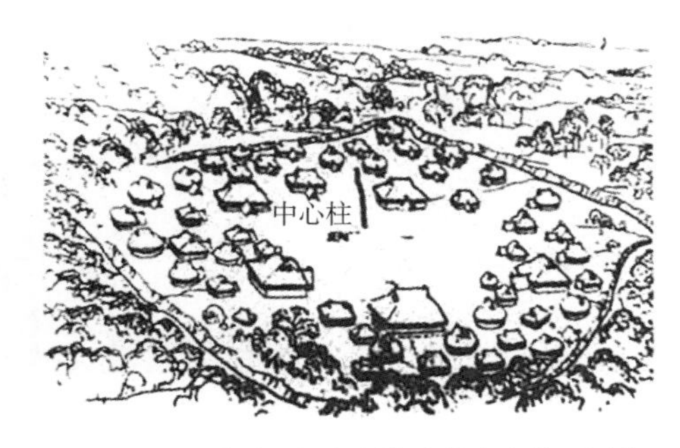

图1-1-2　姜寨母系氏族聚落复原想象图

图片来源：易涛，《中国民居与传统文化》，成都：四川人民出版社，2005。

村落的形成可能是从单一的狩猎畜牧业走向农耕的标志。原始农业的出现，导致了乡村聚落空间的形成。进入奴隶社会和封建社会后，随着社会生产力的发展，人类逐渐走向饲养家畜、栽培作物，过上相对安定的定居生活。夏、商、周王朝的建立是经过部落之间的兼并战争，形成的几个较大的部落联盟。当时的土地制度实行采邑制，乡村聚落完成从“聚”到“邑”的进化过程，“邑”成为当时乡村聚落的主要形式。“三代”后期《周易》的出现，不仅对中国的文化发展产生了巨大的影响，而且成为中国风水文化的源头。

随着农业生产能力的发展，乡村聚落开始表现出不平等的现象，出现了中心聚落与普通聚落相结合的格局。中心聚落往往规模较大，有的还有规格很高的特殊建筑物，它集中了高级手工业生产和贵族阶层，与周围其他普通聚落一道，构成了聚落之间初步的不平等关系。随着时间的推移，人口的增多，占地面积的扩展以及功能的变化，按照规模大小和生产结构等要素的不同，又可以分为村落、集镇、城镇和城市等不同类型。

图1-1-3　深圳从小渔村到国际都市

乡村规模有大小，小者几户人家，大者上千万人口。任何一个乡村都是由小而大发展而成，都是一定时期社会、政治、经济和文化发展的产物。由于多种原因的影响，一方面，许多古代村落不断发展壮大，最终形成今天的城市，成为演绎现代文明的舞台和传承历史文化的载体，如图1-1-3所示，深圳就是从40年前的一个小渔村变成了今天的国际大都市；另一方面，也有不少传统村落，因受经济发展水平、交通区位变化以及其他因素的影响，始终保持原有的规模和形态（图1-1-4），作为传统社会的化石地、民族民间乡土文化的载体，传统村落正发挥着它特有的传承功能和文化记忆功能。

（a）云南雨崩村

（b）福建土楼

（c）埃及红海区某聚落

图1-1-4　至今保持的传统村落

1.1.2　乡村的概念

国内外学界目前对“乡村”概念的理解主要基于社会文化、行业职业和景观生态三个视角。

1.1.2.1　基于社会文化视角

将乡村视为一种社会文化构成，通常与固守传统的地方性价值观相关联。然而，根据对不同地理环境进行的调查和比较，发现乡村社会行为相对单一，风俗、道德的习惯势力较大，乡村社会生活以大家庭为中心，家庭观念、血缘观念比城市重要。然而，这些研究表明，并不存在基于价值基础定义乡村所要求的居民态度的统一性和稳定性。也就是说，乡村居民的态度和价值观念在不同地理环境中可能存在较大差异。这意味着乡村概念的理解和定义不应仅仅基于固守传统的价值观，还需要考虑地理、历史、经济等多种因素对乡村社会文化的影响。

1.1.2.2　基于行业职业视角

乡村地区以第一产业，特别是农业和林业为主，经济活动相对简单。因此，在日常用语中，人们常常习惯将“乡村”等同于“农业”。然而，二者是有区别的。农业是一个产业概念，专指涉及农作物种植、农畜产品养殖等农业生产活动。而“乡村”则更广泛，不仅包括农业，还包括林业、畜牧业、渔业等多种乡村地区的经济活动。随着乡村地区的发展，其产业也呈现出多样化的趋势，不再局限于传统的农业。基于行业职业视角的学者认为，尽管乡村地区以农业为主，但乡村和农业并非完全等同。农业只是乡村地区的一部分，乡村的范畴更广泛，包括农业之外的其他经济活动，并且乡村还具有地域和历史的特征。

1.1.2.3　基于景观生态视角

从城市和乡村之间的人口分布、景观、土地利用特征以及相对隔离程度等生态环境和景观差异出发，将乡村界定为一种具有特定空间地域特征的地区。根据这一视角，乡村被认为是一种土地利用方式粗放、郊外空间开阔、聚居规模较小的区域。乡村地区通常拥有较大的土地面积，相对较少的人口密集度，以及相对较小的居民点。这种定义将乡村视为一个整体，不仅包括乡村居民点，还包括这些居民点所辖地区的周围环境。乡村的土地利用方式粗放，意味着农业、林业以及其他自然资源的利用相对较为宽松。乡村的郊外空间开阔，指的是乡村地区相对较少的建筑物和人工设施，以及较多的自然景观和开放空间。而乡村的聚居规模较小，则代表了乡村地区人口较少，居民点之间相对分散的特点。这种乡村的定义强调了乡村和城市在生态环境和景观上的差异，强调了乡村作为一个独特地域单元的特征。

1.1.3　乡村类型

1.1.3.1　从行政角度划分乡村类型

自然村：也称为村落实体，是指人口聚居的一个自然村庄或村庄群。自然村是基于村庄的地理位置和居民聚居形态来划分的，不具有行政管理职能。

行政村：是指行政区划上划分的村级行政单位，由政府进行统一管理和领导。行政村通常是在自然村的基础上进行行政区域划分，以便实施行政管理和提供公共服务。

乡镇：是指在行政区划上相对较大的乡村行政区域，一般由多个行政村组成，有相对完善的行政管理机构和公共服务设施。

县乡村：是指在县级行政区划下的乡村行政单位，一般由多个乡镇组成，具有相对较高的行政管理职能和公共服务能力。

地级市乡村：是指在地级市行政区划下的乡村行政单位，一般由多个县乡村或乡镇组成，具有相对较高的行政管理能力和公共服务水平。

这些乡村类型的划分是基于行政区划和行政管理的角度进行的，可以帮助政府和相关部门进行乡村管理和公共服务的规划和实施（图1–1–5）。

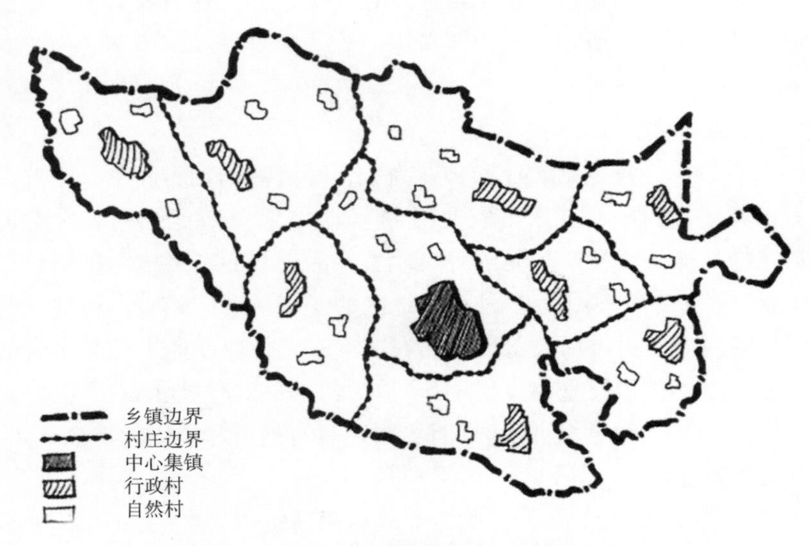

图1-1-5　天台县行政居民点布局规划图
图片来源：《乡村规划设计》。

1.1.3.2　从经济产业角度划分乡村类型

农业乡村：以农业为主导的乡村，主要从事农作物种植和畜牧业。农业乡村的经济活动主要集中在农田、农产品加工和农业服务领域。

林业乡村：以林木种植、林产品加工等为主要经济支柱的乡村。林业乡村的经济活动包括森林资源开发、木材加工、林产品销售等。

渔业乡村：以渔业资源和水产养殖为主要经济活动的乡村。渔业乡村的经济活动涉及捕捞、养殖和水产品加工等。

工业乡村：以工业生产为主要经济支柱的乡村，涉及制造业、加工业和工业服务业。工业乡村的经济活动主要集中在工厂、加工企业和工业园区等地。

旅游乡村：以旅游业为主要经济来源的乡村，拥有独特的自然景观、历史文化遗产等吸引游客。旅游乡村的经济活动包括旅游设施建设、旅游服务和旅游产品销售等。

现代农业乡村：具备现代化农业设施和技术的乡村，注重农业产业的科技化、规模化和高效化发展。

特色产业乡村：以特色产业为主要经济支柱的乡村，如茶叶、葡萄、花卉、畜牧等特色产业乡村。

这些乡村类型的划分是基于不同产业在乡村经济中的主导地位和重要性进行的，可以帮助乡村发展规划和产业布局。

1.1.4　乡村的相关概念

1.1.4.1　村庄

村庄是村民居住和从事各种生产的聚居点（《村庄和集镇规划建设管理条例》，1993），是农业生产生活的管理关系和社会经济的综合体，是乡村生产生活、人口组织和经济发展的基本单位。村庄在行政管理范畴中分为行政村和自然村，是按农业经济的组织形式来命名的；在镇村规划体系里，村庄分为中心村和基层村，是个规划概念。

1.1.4.2　聚落

聚落既是人们居住、生活、休息和进行各种社会活动的场所，也是人们进行生产的场所。建筑学意义上的乡土聚落偏向于空间层面，一般定义为当地居民基于地域性的使用功能和当地的风俗习惯，采用当前工艺和材料所营造的聚居空间。人类定居之所叫居所（residence），人类集中聚居地叫聚落（settlement）。起初的聚落就是村落，也是乡村聚落的简称。正如《史记・五帝本纪》所说："一年而所居成聚，二年成邑，三年成都。"《汉书・沟洫志》也说："或久无害，稍筑室宅，遂成聚落"。因此，讲到聚落，既可以分别代表村落、集镇或城镇，也可以是村落、集镇或城镇的统称，关键要看具体的指代对象。

1.1.4.3　乡村集市

乡村集市是指位于乡村地区的市场，通常是由农民和当地居民组成的。乡村集市在传统乡村社会中是非常常见的，它是农民交换农产品和其他商品的地方。乡村集市的形成通常与一些因素相关，比如地理位置、交通便利、需求和供应、社交和文化交流、传统和历史因素等。乡村集市为农民提供了一个销售农产品和获取收入的场所，同时也为居民提供了便利的购物场所和社交的平台。乡村集市的存在有助于保持乡村经济的活力和传统文化的传承。一个乡村集市实际上就是一座取得了特别经济功能的村庄。变成了集市的村庄有时会取一个新的名字，一些非农业居民也会住进来。乡村集市保留了乡村的基本特征，其大多数居民还是农民。

1.1.4.4　集镇

集镇通常是从乡村集市发展而来的。随着一个乡村的经济活动日益扩张，为相邻乡村提供商业服务的集市就变成了更大的贸易活动中心。这个活动中心达到失去大部分纯农业属性的临界点时，就以城镇的面貌出现了。贸易能力的增强，吸引了更多的人们来从事商业活动。也有城镇的出现是当地工业发展的结果，例如，制造优质瓷器的江西景德镇。

因此，集镇有两种类型：贸易型与制造型。集镇不再是纯粹的、简单的村庄社区，实际上，较为繁荣的集镇或许拥有城墙和其他一些城市的特征。此外，在古代一座镇由于其经济地位重要，或许被政府选来作为辅助性的行政中心，也可能成为正规军的驻扎地点，以防范该地区可能发生的任何紧急事件。除了官方名称不同且没有知县衙门外，很难把这样的镇与城市区别开来。

1.1.5　村落的生成环境

与乡村相近的另一个概念叫作村落，通常指乡村地区某个聚落或多个聚落形成的群体。村庄是包含了村域管辖权、土地使用权和发展权等各种社会经济要素的实体，有着明确的空间范围。而村落则是乡村人居环境中可视的物质空间，往往指的是一个或多聚落与周围环境共同构成的风貌。

村落形态是在特定的自然地理条件以及人文历史发展的影响下逐渐形成的。村落生存的自然环境，源于独特的地形、地貌特色，地域差异比较明显的气候特征，以及丰富的河流水系资源，从而衍生出多种空间结构形式。村落生存的人文环境，则强调村落的空间结构，不但受传统风水思想、规划思想的影响十分显著，而且与地区的经济、宗教等因素相关，从而呈现出规划合理、形制严格、建筑功能与配套设施系统完善、艺术风格更加多元化与包容且非物质文化遗产异常丰富等的整体特征。

1.1.5.1　自然因素对村落的影响

不同的地理环境特点形成了鲜明对比的乡村，地理环境和历史背景把华南和华北地区乡村塑造成截然不同的两种形态。黄河流域的乡村大体上是由一组紧密相连的耕地和农舍组成的；而坐落在扬子江两岸的乡村，各农舍经常分布得比较松散。华北的典型村庄是聚居型的，而华南则是散居型的。举例来说，在靠近可耕地的地方，如果有条河川或溪流，为灌溉和其他方面提供足够的用水，就为一座村庄的产生和发展创造了物质基础。

1.1.5.1.1　地形地貌特征

我国地域辽阔，自然环境极富变化，各种地形、地貌极其丰富多样。有山岳、丘陵、盆地、岛屿、沙漠，还有更多的平原和江河、湖泊。根据地理结构的差异，有些地方高耸陡峭，有些则宽阔雄伟，还有些则是美丽优雅，各自展现出独特的魅力。许多居民住宅和村庄社区就分散在这片区域内。尤其是湖南、广西、贵州、云南等地的房屋建筑，因为它们能完美融入自然环境，所以呈现出了各种独特的美感和风格。

（1）山地村落。山地古村落分布的一般规律是多依山而建，并顺山势发展，有的还选择山顶或交通要道附近进行建设；而空间形态则通常顺应或垂直等高线方向做线性延伸，如规模大者，则综合平行等高线和垂直等高线的优势特征，呈树枝状或网格状水平布置（图1-1-6、图1-1-7）。

图1-1-6　法国山地村落

图1-1-7　中国山地村落

（2）平原村落。平原地区古村落分布的一般规律是多择交通便利、易于耕种、地势平坦的旱地耕作区进行建设，为了追求最大的耕作半径，而团聚在一起，形成矩形、方形、圆形或多边形等具有聚心性的平面形式，而其规模大小则根据居住人口数量以及当地自然资源的情况而定。如果是在河网稠密的平原地区，为了避免洪涝，村落往往沿河岸附近地势较高的地方延伸成带状分布（图1-1-8）。

图1-1-8 平原村落

（3）山麓村落。山麓地带较平原高，又较山地平缓。这一地带，多有泉水出露，交通条件也较优越，最适宜早期人类居住，因此存有大批古村落。层峦叠嶂，植被繁茂。这里的房舍和青山、绿树、田野融为一体。由于天然地貌形成的山地沟峪纵横，万余年来洪水冲积原生古黄土层，淤积成东部地带的良田沃土，为古村农耕狩猎、植桑种麻提供了得天独厚的优越条件。山脉延伸横卧，连绵起伏数十里，巍峨雄浑，是古村的天然屏障（图1-1-9）。

图1-1-9 山麓村落

（4）沟谷村落。沟谷村落多沿“V”字形冲沟纵向展开，呈线形布局。此与宗族有关，也与水有关。最早的村落为其祖先一户迁来，以血缘为纽带，子孙繁衍，分家立户，自然地向两头延伸，多照顾到比邻而居，以便防贼防盗，互相支援。线型村落背靠山梁，面向开阔，如图1-1-10所示。

图1-1-10 沟谷村落

1.1.5.1.2 气候特征

中国的广袤土地上存在着各种复杂的地貌特征。受地理位置、海拔高度等多种环境要素的影响，各地的气温差异显著。基于此，对于各类温度状况下的建筑节能方案应有所区别对待。例如，高温区域需考虑防晒、降温和空气流通，防止室内过度升温；而低温区域则须注重保暖并保持向阳状态，以便让更多的日光照进屋内。为确立建筑物与气候之间的科学关联，我国《民用建筑设计通则》（GB 50352—2005）对全国进行了七大主要气候类型和二十种次级气候类型的分类，同时给出了每个类别下建筑设计的具体规定。从这七类建筑气候区的主导气象特征及其相应的乡村规划和住宅形态来看，无论是乡村集群还是居民住房的设计风格，均能清晰地看到其与气候元素之间紧密且无法分离的关系。

由于我国南北方气候差异较大，导致古村落的生成环境及其空间结构存在许多不同。主要表现在南方古村落聚集人口较多，导致空间密度小，布置集中，且街巷空间狭窄，并因气候宜人，人们喜好室外活动，公共空间较多；而建筑形式也以挑檐、开敞，设置通风、遮阳效果好的类型为主。相反，北方古村落聚集人口较少，导致空间密度大，布置集中，街巷空间很宽敞，室外活动空间也较多，建筑形式既有合院式也有北方传统民居样式，并注重采光、通风、采暖设计。另外，尽管北方降雨量较南方城市少，但因冬季有雨雪，且水系相对丰富，故北方古村落多在有地势高差变化的区域进行建设，并尽量与水资源结合，从而在街巷空间及村口标识（可选水口为入口）等方面均体现出与南方村落不同的特色，如图1-1-11所示。

图1-1-11　南北方不同建筑形态

1.1.5.1.3　河流水系

沿河而建古村落的生成环境，一般存在两种情况，即在平原地区沿河而建，或在山地区域结合山水元素进行营建。其中，在平原地区沿河而建的古村落，其选址通常强调在河流中下游地势平缓、土壤肥沃、水资源丰富或交通便利的地带进行建设。而在山地区域沿河而建的古村落，也多在山水间地势较高、地缘相对开阔、土壤肥沃、便于与外界相通的地带选址营建，并且空间结构多随山、水形式呈带状分布。

在江南的水乡地区，众多村庄都是依河而设，其结构主要受到河流路径、轮廓及宽度的影响，由此产生各种独特的风貌与视觉体验。这些靠近河岸的城市往往呈现为一条连续的线型设计。因为河流经常会蜿蜒曲折，因此这类线型城市也会顺着它们的方向自然延伸到河一边或者两旁。那些坐落在河流一边的城镇，因其体量较小，常常采用前街后河的设计模式。这样一来，便能轻松地利用船只运送物品，而前方的街道则是用于开展商贸活动的场所。采用散点布局的村寨，其景观也具有明显的特色，如图1-1-12所示。

图1-1-12　水乡村落（部分自摄）

1.1.5.1.4　地质（材料）

在建筑领域，材料和结构方法是决定建筑形式的重要因素。在乡土建筑中，这一点表现得尤为明显。由于使用地方材料，这些建筑往往能够更好地适应地方的气候和地理环境，反映出地方文化和生活方式。同时，通过使用未加工或简单加工的原始天然材料，这些建筑也展现出独特的质感和美感，使每一座乡土建筑都成为一座独特的艺术品。就地取材和利用本土的建筑技术，不仅可以降低建筑成本，减少对环境的影响，还能够增强建筑的地方性和文化性。这就是为什么乡土建筑在全球范围内都受到了广泛的尊重和保护。同时，也需要借鉴乡土建筑的理念和方法，探索更加可持续、富有地方特色的现代建筑方式。如图1-1-13所示。

图1-1-13　不同乡土材料民居建筑（自摄，从左至右：古北口水镇、青岩古镇、团山民居）

1.1.5.2　人文因素对村落的影响

古村落作为一种历史遗迹，其美学意义相较于实用功能更加重要。通过分析北京古村落生成环境中的人文因素，即基于对中国风水思想、传统规划思想、经济技术、宗教信仰，乃至耕读、家族组织或生活习俗、民间艺术、民间戏曲等能够集中体现我国古代建村思想的诸项人文因素的解读，感受古村落所承载的文化意蕴，为当代人获取真正的价值标准与审美感受提供有力支撑。

1.1.5.2.1 风水思想

风水在中国的传统城镇营建过程中扮演了重要角色。风水不仅仅是一种玄学，更是一种哲学和生活方式，它反映了人类对于环境和宇宙规律的理解和尊重。这种理解和尊重体现在城市和村落的选址、布局和建设中，通过对环境的改造和利用，人们试图实现与自然的和谐共生。其最早形成于战国时期，早期主要用于宫殿、住宅、村落、墓地的选址、座向、建设等方面。中国的传统建筑和城市规划都强调与自然环境的和谐共生，尽可能地利用自然环境，减少对自然的破坏。同时，还注重人与环境的互动，认为人的行为和思想会影响环境，而环境也会反过来影响人（图1-1-14）。

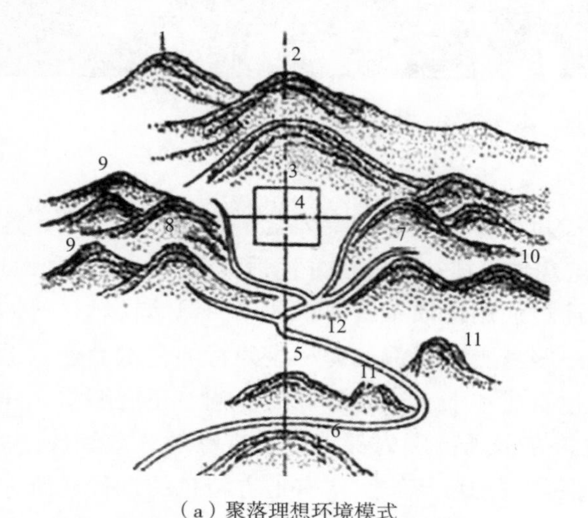

（a）聚落理想环境模式

1—祖山　2—少祖山　3—主山　4—穴　5—案山　6—朝山　7—左臂砂　8—右臂砂　9—护山　10—护山　11—水口砂　12—水流

（b）家谱上的宏村周边环境图

图1-1-14　宏村选址与理想风水格局比照图

图片来源：段进、揭明浩，《世界文化遗产宏村古村落空间解析》，南京：东南大学出版社，2009。

（1）“天人合一”思想与古村落建设。古村落以中国哲学的“天人合一”理念为基本思路，在村落整体规划、细节设计、建筑形式和内涵上，都自觉地体现出人与自然环境之间和谐共生的文化意蕴。在整体规划的选址布局上，古村落讲究择吉而居，并通常依据“万物皆成于气”的风水思想，把村落置于阴阳相合、藏风聚气的环境中（图1-1-15）。

由于古村落选址的自然地理环境并不总能尽如人意，于是建造者往往采用人工构景作为风水补救的方式，在细节处理上改善环境建置。例如徽州的西递村和关麓村，其将祠堂设为村落中心，并按宗族支系分别建设；而肇庆蕉园村，虽然同样以祠堂为中心，却根据当地风水习俗，形成自然向外的同心圆式格局；安徽休宁的古林村，为改善“水口”风水，在风水极佳处设置构筑物以相互制衡；而浙江武义郭洞村，则在背山植树造林，旨在弥补村落生成环境中的不利因素。此外，在古村落设计与建设模式上，更是集风水之理念，体现人与自然

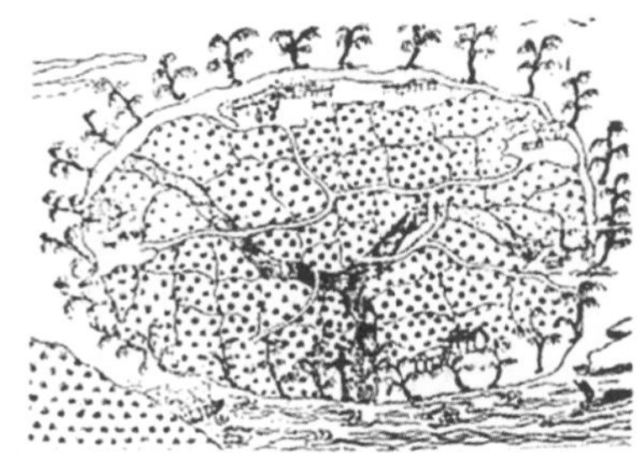

图1-1-15　村落选址营建的基本形式

高度和谐的传统人居生态观。

（2）村落生成环境中的风水思想。古村落十分重视对风水思想的运用。首先，在选址分布上，八卦布局的金华诸葛村、北斗七星布局的武义俞源村，呈元宝状的京西古村落群爨底下村，都是遵循传统风水思想，强调对自然的尊重与和谐的向往。

爨底下村位于距北京城区 90km 处的西部群山之中，整体形态酷似元宝，建于一座向阳的山坡之上，布局严谨合理、变化精致巧妙。其村落选址具有较为明显的风水理论择地痕迹，这里不仅是多重山脉的交汇之处，四周山势完整，延绵不绝，而且是河水经流途中形成冠带水系的绝佳地点。这种布局方式更加重视人工环境与自然环境的综合关系，将聚落整体视为环境的中心，通过对周边环境的选择，营造一个兼具内敛和开放特性的居住环境（图1-1-16）。其次，由于地形十分复杂，古村落街巷的修建与村落选址常作为一个系统进行统一考量。强调利用寻龙、觅砂、观水、点穴等传统风水理论，体现出人与自然和睦相处的生态观念。

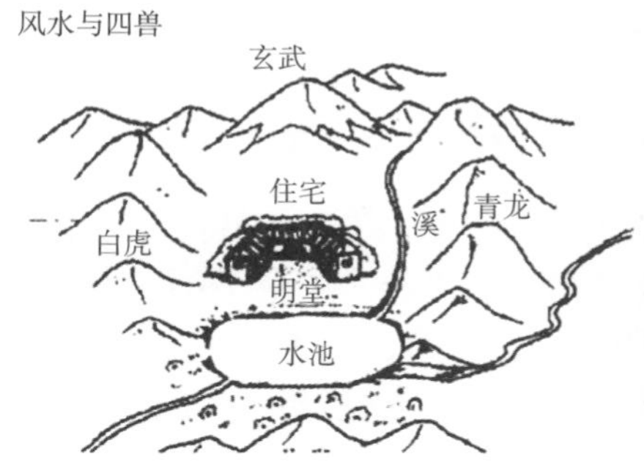

图1-1-16　京郊古村落爨底下村
图片来源：传统村落数字博物馆。

（3）《管子》的村落选址准则。通过对史料的分析可知，相较于对空间格局具体形态的建置要求，古代城市在生产力尚不发达的情况下，更需择自然环境优越的区域进行建设。《管子》中指出，因地制宜、注重对自然资源的开发与运用这种思想对于生成环境相对复杂的古村落而言十分契合。例如，在一些山地村落中，其空间格局虽然局部体现出方格路网的形态，但街巷却重视与山体环境的适应，即“街巷随地而变，该弯则弯，该转则转，能上则上，能下则下，不强求一律，不和自然争强弱”。

（4）“山地村落中心论”的规划思想。居于山地的人们通常选择高亢、近水、向阳、避寒、避风的地段进行村落营建活动，旨在满足生产、生活及安全的需要。古村落与其周边环境的关系，均属于嵌入式的，从而使村中小环境相对封闭，而且基于聚居、共同生活，以及对神和自然的崇拜，或是古代社会关系等级制度的反映，其空间结构一般还具有内聚性和控制性的形态特征，这便是“山地村落中心论”规划思想的基本内容。这些古村落的空间格局，均强调以庙宇、古树、戏台等公共场所为节点，并使各级街道从不同方向汇聚到村落中心，从而使街巷整体空间明晰。

1.1.5.2.2 宗教文化

在中国，各种社会组织自古就不同程度地受到宗法制度的制约。宗教聚居现象在中国传统聚落中非常普遍，并以一种强大力量影响着古村落的生成环境。

（1）作为标志性建筑的祠堂。古代中国的社会结构关系形成自宗族组织。据悉，村落的形成，是宗族组织成立的条件之一，而宗族组织建立以后，又会反过来对聚落生活产生影响。祠堂便是宗族的标志，也是村落的标志，这是中国传统儒教思想的反映。因此，古村落空间结构，大多是民居围绕祠堂等标志性建筑而营建的结果，旨在将村落发展成人们从物质、精神、经济、空间上都极为依赖的完整社区单元。如李家坟村、张家庄村、燕家台村、蔡家洼村、张庄村等村落，多为聚族而居的血缘村落。

（2）作为宗教性建筑的寺庙。生动地描绘出东方建筑文化的极致体现，便是众多拥有悠久历史的特色寺庙。许多村庄的形成都与寺庙有关，某地修建寺庙后，寺庙周围的田地要有人耕种，附近要有招待香客的茶棚，这种地方很快地就会聚集成村落。这些古村落的价值并非在于灰墙白瓦的建筑本身，而是那些蕴含其中的文化价值，在岁月的积淀中，越发展现出古人的生活态度和价值观，成为古人留给我们最珍贵的财富，也赋予这些历史建筑以真正的价值内涵，进而成为保护、展现这些建筑艺术风格的真正载体。

1.2 乡村景观概述

1.2.1 相关概念

1.2.1.1 景观

大约在200年前，德国学者亚历山大·冯·洪堡（Alexander von Humboldt，1769—1859）首先将景观定义为“一个地区能被人感知的所有方面的综合”，包括自然的、文化的、地理的、生物的、艺术的等我们能够想到的所有方面，强调将人的感受或认知作为景观界定的重要因素。

“景观是我们的历史和劳动、我们的创造性和社会感受的物质记录，也是不断的个人愿望和社会需求之间斗争的记录。从这个角度看，它是一种普遍的具体的语言。‘它联接着我们的过去和现在’，景观不是静止的。它被拥有、被创造、被改变的力量有时来自自然界自身的持续变化”（理查德·马比，1985）。最初，对景观的理解仅仅从美学角度进行并作为绘画艺术术语而存在。景观作为一种综合的、直观的视觉感受，被早期的人们理解为美丽的田园风光。随着人们认识的加深，景观的美学研究被加入人文内容，并把景观划分为自然景观和人文景观两大类型。

1.2.1.2 乡村景观

乡村景观是指乡村地区的自然和人文环境所形成的景观特征。它反映了乡村地区的地貌、自然资源、农田、建筑、人文历史和文化传统等（图1-2-1）。

自然景观：乡村地区拥有丰富的自然资源，如山脉、河流、湖泊、森林和草原等。这些自然景观为乡村地区增添了独特的风貌和美丽的自然背景。

农田景观：农田是乡村地区的重要特征之一，它以农作物的种植和农业活动为主题，展现了乡村经济的特点。农田景观包括田块的布局、农作物的生长和季节变化等。

村落景观：乡村地区的村落是人们生活和聚居的地方。村落通常有独特的建筑风格和布局，反映了当地的历史和文化传统。村落的景观包括房屋、街道、庭院和农田周围的景色等。

人文历史和文化传统：乡村地区有着丰富的人文历史和文化传统。这包括乡村地区的民俗文化、传统手工艺、节日庆典和乡土风情等。乡村的历史和文化景观是乡村景观的重要组成部分。

乡村景观不仅体现了乡村地区的独特特征，还对乡村社会和经济发展具有重要意义。保护和发展乡村景观有助于保护乡村环境和生态系统，促进乡村经济的可持续发展，同时也为乡村旅游和文化交流提供了重要资源。乡村景观的保护和发展是乡村地区的重要任务之一。

图1-2-1 乡村自然、农田、村落和人文景观

1.2.1.3 乡土景观

“乡土景观”与“乡村景观”的区别核心也是“乡土”和“乡村”的区别，“乡土”是从现象学的角度对地域景观的文化界定，是“将意识与其所指向的事物作为一个整体进行考察”，而“乡村景观”是与“城市景观”相对应的地理视角，泛指农业，即居民以农业为经济活动基本内容的这一类聚落的总称，是一个空间的地域系统。

1.2.2 国内外乡村景观设计理论概述

1.2.2.1 国外乡村景观设计理论

欧美乡村景观的发展经历了不同的发展过程，每个国家都为乡村景观规划颁布了一系列相对完整的法律法规体系。欧美国家地广人稀，其独特的乡村景观风貌与政府长期参与景观保护密不可分。日本、韩国等亚洲国家通过开展一系列的活动，转变发展模式，为乡村振兴奠定了良好的发展基础。总体而言，国外乡村理论注重融合地理学、生态学、美学和社会学等多学科共同发展，对乡村景观遗产、乡村社会、乡村文化、乡村景观规划与评价、乡村景观的变化和感知等方向以及对动态因子“人”的作用的研究都是研究重点。

1.2.2.1.1 景观形态学理论

形态学（morphology）一词最早出现在希腊语中，字面含义是“形式的构成逻辑”。景观形态学的出现是受到形态学的思想启发。景观形态学的主要代表人物是美国的人文地理学家索尔（Carl Ortwin Sauer）。他在《景观形态学》中首次提出了景观形态学的概念，即通过观察地表景观来研究地理特征。他强调自然要素和人文要素对景观的影响，这为后来的景观设计提供了理论基础。

1960年，德裔英籍城市地理学家康恩泽（M.R.G.Conzen）在《诺森伯兰郡阿尼克镇：城镇平面分析研究》中，将城市景观作为研究对象，这为城市形态学的发展奠定了基础。他的研究强调了空间形态对城市功能和人类行为的影响，这对后来的城市规划和设计有着重要的启示。1981年，凯文·林奇（Kevin Lynch）在《城市形态》一书中，从城市的性能指标来评价城市形态的价值，这为我们理解和评估城市形态提供了一个新的视角。他不仅提出了评价城市形态的方法，也为城市设计和规划提供了实际的应用方向。总的来说，形态学为我们提供了一种从全局和系统的角度理解和分析城市和景观的有效方法。

1.2.2.1.2 环境心理学理论

环境心理学是研究环境与人的心理和行为之间关系的学科，乡村景观设计与环境心理学紧密相关。因此，环境心理学对于乡村景观设计研究是一个重要切入点。西班牙的恩力克·波尔（Enrich Pol）将环境心理学的发展划分为环境心理学的起源—美国转型—建筑心理学—可持续的环境心理学四个阶段。

人对环境的感知与评价是环境心理学的一个重要部分，它研究人类如何理解、评估和应对他们所处的环境。研究人们的认知和动机如何影响他们对环境的感知和评价，以及如何影响他们的行为。其他方面，如环境危险知觉与生活质量、可持续发展行为与生活方式、改变非可持续发展行为模式的方法、公共政策制定与决策以及环境保护心理学等，也是环境心理学的重要研究领域。这些领域的研究可以帮助我们理解和解决一些环境问题，如环境保护、资源管理、环境污染、气候变化等。

1.2.2.1.3　景观生态学理论

20世纪70年代末，能源问题被列入人类面临的四大问题。伊恩·L.麦克哈格（Ian L.Mcharg）通过设计结合自然的调查研究，运用生态学的观点，从宏观的角度研究自然、环境、人的关系。1938 年，德国的植物学家C.特罗尔（Care Troll）在利用航空照片研究东非土地利用问题时首次提出了“景观生态学”一词。从19 世纪下半叶至今，西方景观的生态设计思想先后出现了四种倾向，即自然设计、乡土化设计、保护性设计和恢复性设计思想。景观生态学把构成景观的所有元素都作为研究的变量和目标，通过合理空间划分，使景观系统结构和功能达到整体最优，从空间布局的角度来说，景观生态学意义上的乡村景观规划应遵循以下原则：①建设高效人工生态系统，实行土地集约经营，保护集中的农田斑块；②控制建筑斑块盲目扩张，建设具有宜人景观的人居环境；③重建植被斑块，因地制宜地增加绿色廊道和分散的自然斑块，补偿和恢复景观的生态功能；④在工程建设区要节约工程用地，重新塑造与自然系统相协调的景观。

1.2.2.1.4　乡村共生景观理论

共生的概念由生物学家德贝里（Anton de Bery）提出，即在特定区域内不同种属生物和谐生存，是生物体一定程度上永久性物质交流与联系。生物学家范名特（Faminstsim）和保罗·布克纳（Prototaxis）等在前人研究的基础上继续完善该理论，认为共生是不同种属间依据某种规则而形成生存、进化及抑制的关系。此外，在盖娅假说的基础上，马古利斯（Lynn Margulis）等提出：生命具有自组织和能动性，能够主动形成和改造自身所处环境。20 世纪50 年代以来，共生理论在社会学、经济学等领域展开广泛研究。

乡村共生景观设计方法是一种以共生理论为指导的景观设计方法，它通过乡村各景观元素间的交互和事物间的自组织特性，构建出一个融合共生的乡村环境。在乡村共生景观设计中，首先，需要进行外部干预，通过人为的设计和规划，为各景观元素间的交互和融合创造条件。其次，通过策略引导，促进各景观元素间的内在融合，形成一个有机的整体。最后，通过事物本身的自组织属性，使整个乡村环境达到共生状态。在这个过程中，人为干预逐渐减少，更多地依赖于景观元素自身的自发性联系和互动。

在这个过程中，共生景观不仅构建了二维和三维的空间联系，还在四维的时间维度上，使乡村的历史记忆得以延续和发展。这样的设计方法不仅可以修复乡村的破碎化问题，而且可以挖掘和传承乡村的历史文化，提升乡村的生态和文化价值。总的来说，乡村共生景观设计是一种注重人与自然和谐共生、注重乡村生态和文化保护、注重乡村可持续发展的设计理念和方法。

1.2.2.1.5　社区营造理论

社区营造理论是一个关于社区规划、发展和管理的理论体系，旨在促进社区的可持续发展和社会效益。它强调社区居民的参与和合作，以及社区的自治和自我管理。社区营造这一概念源自日本。20世纪50～60年代，日本处于城市化飞速发展阶段，应对城市化过程中地方村落没落的处境，日本村民自觉发起“造町运动”，持续推进乡村社区营造，至今取得了不凡成就。佐藤滋教授和宫崎清教授的理念强调的是社区营造不仅仅是改善物质环境，更是关注人与人之间、人与社区之间、人与自然之间的关系，以及社区文化、历史、经济等多方面的发展。其中，“人”“文”“地”“产”“景”五大类议题涵盖了社区发展的各个方面。通过满足社区居民的需求、经营人际关系和创造生活福祉、延续社区共同历史文化、经营艺文活动、保育地理环境、发扬地方特色、经营当地产业、开发地产、营造社区公共空间、创造独特景观等方式，实现社区的全面发展。社区营造的理念和方法适用于各种类型的社区，包括乡村和城市，可以帮助社区逐步实现自力更生，形成具有自身特色和活力的社区。

1.2.2.1.6　《关于乡村景观遗产的准则》

自2011年起，国际古迹遗址理事会—国际风景园林师联合会—国际文化景观科学委员会（ICOMOS-IFLA-ISCCL）启动了全球乡村景观倡议（WRLI），旨在为乡村地区制定一套完整而系统的文化遗产保护研究方法。2017年，WRLI的成果之一《关于乡村景观遗产的准则》（*Guidelines for Rural Landscape Heritage*，简称《准则》）文件得到ICOMOS采纳，旨在指导乡村景观遗产的保护、管理和可持续发展。《准则》涵盖了以下几个方面内容：

（1）乡村景观的认定和评估。《准则》提供了乡村景观遗产的定义和分类体系，指导人们对乡村景观进行评估和认定。它鼓励综合考虑自然、人文和历史等多个维度来评估乡村景观的价值和重要性。

（2）保护和管理原则。《准则》提供了保护和管理乡村景观的原则和方法。它强调了对乡村景观的整体保护，包括自然和人文要素的保护、景观的连续性和完整性的维护等。还提供了管理乡村景观的指导，包括制定保护政策、规划和管理措施等。

（3）可持续发展。《准则》强调乡村景观保护与可持续发展的结合。它提倡在保护乡村景观的同时，考虑社会、经济和环境的可持续性。鼓励通过合理的土地利用、农业和乡村旅游等方式，实现乡村景观的可持续发展。

（4）参与和合作。《准则》强调社区和利益相关者的参与和合作。它鼓励与当地社区、政府、专业机构和公众进行合作，共同推动乡村景观的保护和发展。

《准则》为乡村景观遗产的保护和管理提供了重要的指导和参考。它提供了一套综合性的原则和方法，帮助保护者和管理者实施有效的措施，确保乡村景观的可持续发展和传承。

1.2.2.1.7　微更新理论

微更新理论起源于城市规划和设计领域，旨在提出一种更加灵活和可持续的城市更新方法。该理论最早由美国城市规划学家乔治·赫伯特·卡特（George Herbert Carter）于20世纪50年代提出。在当时，城市更新往往采用大规模的拆除和重建方式，这种方式不仅破坏了城市的历史文化遗产，而且对居民和社区造成了巨大的冲击。卡特对传统的城市更新方法提出了质疑，并提出了微更新理论。

微更新理论主张通过小规模、分阶段和有选择性的更新方式，来实现城市的可持续发展和提升。核心思想是通过对城市中的局部区域进行改造和改善，以推动整个城市的发展。这种方式可以保留城市的历史和文化特色，同时也可以更好地满足居民的需求。微更新理论强调了社区参与和合作的重要性，鼓励城市规划师、设计师、政府和社区居民之间的密切合作，共同制定和实施更新计划。这样可以确保更新项目符合当地的需求和特点，同时也能够获得居民的支持和参与。

乡村微更新理论是在城市微更新理论的基础上发展起来的，旨在应用于乡村地区的发展和改进。该理论强调通过渐进和小规模的改变来推动乡村发展和提升乡村品质。乡村微更新理论的主要特点如下：

（1）渐进性。乡村微更新理论认为乡村的发展和改进是一个渐进的过程，通过逐步的小规模改变来实现目标。与大规模的乡村重建相比，乡村微更新理论主张通过小规模的改变来提升乡村的品质和功能。

（2）试验性。乡村微更新理论鼓励采用试错的方法，在乡村发展中进行试验和反馈。通过小规模的试验和学习，可以发现和实施最有效的乡村发展策略。

（3）可持续性。乡村微更新理论强调在乡村改进和发展中考虑可持续发展的原则。它鼓励通过小规模的改变来提高乡村的可持续性和韧性，包括环境、社会和经济方面的可持续性。

（4）参与性。乡村微更新理论强调乡村居民和利益相关者的参与和合作。它认为，乡村发展应该是一个共同的努力，需要广泛的参与和合作，以确保改变的可持续性和可接受性。

乡村微更新理论的应用可以在乡村规划和发展中发挥重要作用。它可以帮助解决乡村发展中的复杂性和不确定性，通过小规模的改变来逐步实现乡村的发展目标和愿景。同时，乡村微更新理论也强调乡村发展应该符合可持续发展的原则，关注乡村社会、经济和环境的平衡。

1.2.2.2　国内乡村景观设计理论

中国对乡村景观的研究开始于20世纪80年代，相较于发达国家来说起步较晚，是一个比较新的领域。涉及乡村景观设计的不同领域的学者们曾先后引进了发达国家的一些先进理论研究成果和经验，结合实践探索，不断完善我国乡村景观理论体系。主要研究的内容有：乡村景观分类、乡村景观评价、乡村景观规划设计、乡村景观旅游、乡村人类聚居环境、乡村农业景观、乡村聚落景观等，其中的研究热点多集中于景观生态学、乡村聚落环境、乡村旅游等方面。近年来乡村景观遗产的研究也成为热门话题。

最初的起步阶段，中国的乡村景观与乡村地理学领域关系密切，将乡村景观作为乡村地理学领域的一部分来看待和研究。随着风景园林学这一学科研究的不断深入，乡村景观与其快速交叉和融合。其后，国土资源、景观生态学、城乡规划及土地的综合利用等研究方向也快速与乡村景观相结合，相关领域的学者和专家的探索与研究也正在不断深入。乡村景观研究就是在这个大背景下产生并发展成一门独立的学科，研究人员在风景园林学、聚落地理学、地理学与城市规划学、生态学与景观生态学、文化学中的文化遗产学等领域展开了广泛的研究。

国内学者在景观设计理论方面的探索和研究涉及乡村景观设计的各个方面。在聚落景观方面，主要有彭一刚在1992年出版的《传统村镇聚落景观分析》，将不同地区传统聚落景观的形成做了全面的对比，同时将聚落景观拆分成若干种构成要素，表明村镇聚落的景观不仅受到自然的影响，而且与人的行为方式密切相关。吴家骅在1999年出版的《景观形态学：景观美学比较研究》一书，系统地总结了景观形态学的理论和概念，尝试将景观设计与美学联系在一起。同济大学刘滨谊教授的《中国乡村景观园林初探》，提出乡村景观中的研究对象是发生在乡村空间地域内的一种景观空间，并且这种景观空间与人类通过某种方式紧密地连接在一起，这种方式可以是社会经济、人文习俗、精神审美等，且呈现出一种聚居的形态特征。北京大学俞孔坚教授提出："景观设计学的起源，即'生存的艺术'，一种土地设计与监护，并与治国之道相结合的艺术。"乡村景观环境设计是科学、艺术与技术完美结合的生存环境的设计，因此其重要意义在于关爱人类、关爱生命、保护和维系好乡村生态环境，使乡村能够可持续性发展，造福子孙后代。

针对乡村景观遗产方面，我国建筑和规划学者对物质遗产保护方面的研究成果较多。2003年《保护非物质文化遗产公约》明确界定了非物质文化遗产（Intangible Cultural Heritage）的概念与内容。此后我国人类学、社会学和民俗学及规划学等相关学者对非物质文化保护方面做了较多研究，取得了一些重要的研究成果。

1.2.3 乡村景观研究的发展

1.2.3.1 思想启蒙——对风景美的关注

从魏晋南北朝时期起，中国的历史就开始关注乡村景观作为审美焦点，并将其纳入了风景诗、风景画以及园林风景学的研究范畴。从最初的关注到欣赏，再到模仿，这种转变不仅是人类对自然的认识和欣赏方式的改变，也反映了人类与自然关系的演变。中国古代文人墨客对乡村景观的热爱和向往，以及山水园林艺术的独特造诣，对东方的景观设计理念产生了深远影响。他们以诗书绘画等艺术形式，表达了对自然山水和田园生活的向往和赞美，塑造了中国特有的山水园林艺术。

在西方，风景画的兴起和田园诗人的出现，也带动了对乡村景观的关注和研究。他们对自然美和乡村生活的追求，催生了田园文学的发展，同时也影响了早期英国的自然风景园的形成。这些园林以模拟和再现自然景观为主题，展现了对乡村自然美的追求。这些历史上对乡村景观的研究和应用，无疑为现代乡村景观设计提供了丰富的理论和实践资源（图1–2–2）。

图1–2–2　古代中西方乡村风景画和现实乡村的小桥流水人家

1.2.3.2 初步发展——地理学中的正式研究

对景观的正式研究发源于地理学领域。乡村景观研究作为地理学的一个重要部分，最初是从关注诸如村落景观、土壤地形、农业地带、乡村多样性等开始的。然而，随着研究的深入和社会发展，人们开始认识到乡村景观的表层现象背后有更复杂的内在因素，这些因素包括经济、社会、人口、环境等多方面。因此，地理学家开始使用历史地理方法，通过追踪景观的变化来理解这些内在因素。

在第二次世界大战前，虽然地理学的研究内容已经涵盖了乡村聚落的历史分析、土地利用问题、土地利用形态、乡村道路网、农舍及村落等农业活动，但是对乡村景观的整体研究仍然相对较少。这可能是由于当时的社会经济条件和科研手段的限制，也可能是由于地理学家们当时更关注乡村景观的表层现象和具体问题。然而，这个阶段的研究为后来乡村景观研究的发展奠定了基础，为我们对乡村景观的理解提供了重要的历史视角。

1.2.3.3　快速发展——学科交叉及多种方法的应用

第二次世界大战后，国家和城市发展迅速，但乡村地区的发展却相对滞后，乡村景观的土地利用和规划问题开始受到各国学者和专家的重视。乡村景观的研究引入了生态学的研究方法，并以景观生态学理论为基础，将航空摄影、测量学、地理学和生态学相结合，成为一门综合研究领域。在20世纪50 ~ 60年代，乡村景观研究的重心主要是野外景观调查、景观制图和景观分类等传统的描述和分类。随着科技的发展，研究方法也开始转向能量传递过程分析及借助计算机技术和地理信息系统（GIS）进行的定量分析方法，研究特定景观的动态变化历程和趋势。

在乡村景观研究的地域差异上，北美和欧洲的学者侧重点不同。北美学者更多地关注乡村景观中的生物—自然方面，强调格局、过程、尺度和等级等因素；而欧洲学者则更注重以社会和经济为核心的乡村景观规划，强调一般系统论和生物控制论共生论。例如，德国学者斯坦哈特（Steinhardt）运用模糊评判理论进行中小尺度的景观评价研究，捷克斯洛伐克研究方LANDEP系统进行景观生态规划和优化研究，美国学者福尔曼（Forman）提出了将生态价值和文化背景相融合的景观规划原则和景观空间规划模式等。这些跨学科的方法对乡村景观的研究和发展起到了重要的推动作用。

这个阶段的研究表明，乡村景观研究已经从传统的描述和分类，发展到定量分析和动态研究，从单一学科，发展到跨学科的研究，这无疑为我们理解和保护乡村景观提供了更多的工具和视角。但学科交叉方法的引入对乡村景观的发展起到了积极的推动作用。

1.2.3.4　现代乡村景观的研究——文化的转向

近年来，乡村景观研究呈现出一些新的特点和趋势。首先，随着人文地理学的发展和转型，乡村地理学逐渐关注乡村景观中的文化因素，并出现了明显的文化及后现代转向。学者们开始重视乡村景观中的主观因素，认识到社会和文化因素在乡村景观中的重要性。其次，西方国家，尤其是欧美学者，对乡村景观的研究从过去对地理环境的关注转变为对人的关注。他们研究乡村居民的行为、意识、态度和性别等方面，丰富了乡村景观研究的领域，扩展了研究的深度和广度。最后，工业化和城市化的快速发展导致对乡村生态环境的破坏，全球对生态环境保护的呼声日益高涨。因此，乡村的生态功能受到前所未有的重视。研究者们开始关注乡村景观中的生态问题，探讨如何保护和恢复乡村的生态环境。

总的来说，近年来乡村景观研究呈现出文化的转向，注重社会和文化因素的研究。同时，对乡村居民的关注也在不断增加，研究逐渐从地理环境转向人的行为和意识，丰富了研究的内容。此外，生态环境保护的需求也引起了对乡村景观生态功能的关注。这些新的特点和趋势为乡村景观研究提供了新的方向和视角。

1.2.3.5 重新认识乡村景观价值

在重新认识乡村景观价值的过程中，人们逐渐意识到乡村具有多重价值。首先，乡村作为农业生产的基本单位，具有农业生产的经济价值。乡村地区的农田和农业资源是粮食和其他农产品的重要来源，对国家经济具有重要意义。其次，乡村的村庄是乡村居民的基本居住单位，具有重要的社会价值。村庄是农民的家园，是他们生活和社交的场所。乡村社区的存在提供了社会支持和归属感，对乡村居民的心理和社会福祉具有重要影响。此外，乡村还拥有丰富的历史文化资源，乡村古建筑具有悠久的历史和文化价值。乡村地区的传统建筑、文化遗产等都是文化传承和历史记忆的重要组成部分，对于保护和传承乡村的历史和文化具有重要意义。

在城市化快速发展和区域生态环境急剧变化的背景下，乡村景观的多重价值得到了重新审视。人们开始从城市与区域可持续发展的层面来评估乡村的价值，认识到乡村拥有独特的经济、社会、生态和文化等功能，对于整个社会的发展具有重要作用。在日本、韩国、欧盟等国家或地区，乡村景观的多功能性已成为国家政策调整的基础和目标。政府和学者们开始重视乡村的多重价值，并制定相应的政策和规划来保护和发展乡村景观，以实现乡村的可持续发展。总的来说，乡村景观具有经济、社会、文化和生态等多重价值，重新认识乡村景观价值对于推动乡村的可持续发展和保护乡村的生态环境具有重要意义。

1.2.4 乡村景观的现状

历史的乡村景观追求优美、整体、人与自然的和谐。“绿树村边合，青山郭外斜”和“郭门临渡头，村树连溪口”描绘了乡村环境的宁静和秀美，绿树和溪流构成了乡村景观的一部分，给人一种旷远幽静的感觉。“采菊东篱下，悠然见南山”则反映了乡村的自然环境和田园生活的惬意。山环水抱的景色和采摘菊花的场景，描绘了乡村人们悠然自得的心境。“竹喧归浣女，莲动下渔舟”和“开轩面场圃，把酒话桑麻”则展示了乡村生活的场景和氛围，乡村里人们的劳作和生活，以及他们的快乐和热情，表达了乡村的生机和朴实（图1-2-3）。

图1-2-3 古诗里的乡村景观画面

这些描绘乡村景观的诗句和艺术作品，不仅展现了乡村的自然美和人与自然的和谐关系，而且体现了乡村生活的美好和文化情结。这种被艺术提炼后的乡村景观成为民族共同的审美意向，反映了人们对乡村的热爱和向往。

在过去的50年里，我国乡村地区经历了巨大的改变，这对乡村生活的品质及经济、社会、环境的可持续性造成了冲击。因此，如何协调传统乡村景观形式与现代生活方式的矛盾，乡村居民如何在持续提升他们的生活品质的同时又能够应对这些变化呢?

现在的乡村景观正走向衰退、破碎、文化与地域性的丧失。在经济发展与快速城市化的过程中，乡村景观发生了剧烈的变化，这种变化是以景观及生物多样性的衰退、同质性的增加以及与历史和传统的根本割裂为特征的。新的景观的规划设计并没有结合历史文化与地域性，也没有考虑自然的生态系统，而往往是粗暴并突兀地出现在乡村环境中。经济的发展、科技的进步虽然改善了农民的生活水平，但生态环境却遭到了严重的破坏，乡村社会也逐渐走向解体。生产效率的提高并没有为人们创造出更好的人居环境，甚至没有达到过去已实现的和谐。当代乡村景观衰退是全面的、整体性的（图1-2-4）。

（a）米兰近郊某乡村建筑文化的传承

（b）北京近郊某乡村建筑文化的断裂

图1-2-4　乡村建筑文脉对比图

1.2.4.1　乡村自然生态环境的衰退

自然环境的破坏是不可逆转的，生态系统的恢复也是极其困难的。中国水土流失面积达

367万平方千米，占国土面积的38%，且以每年1万平方千米的速度递增，荒漠化面积已达到国土面积的8%。自然景观的衰退使得一些偏远区域的村庄整体衰败，如土地荒漠化地区逐步被荒漠淹没的村庄（图1-2-5）。

图1-2-5 乡村荒地

1.2.4.2 农业生产景观的衰退

随着城市扩张，许多乡村地区被城市吞并，农田被用于建设住宅和商业设施。这导致了乡村生产景观的丧失。农业现代化进程中，一些传统的农业生产方式被新的农业技术取代，导致一些具有乡土特色的农业生产景观消失。随着乡村劳动力的流失，大量农田荒废，乡村生产景观也随之衰退。过度开发和污染导致一些自然资源的枯竭和环境质量的下降，影响了乡村生产景观的持续性。如图1-2-6所示，是什么让这两种生产景观不同?形成这两个土地斜坡的规则是什么?左边是人工做的，右边是机器做的。梯田的距离和高度取决于人的力量或机器的工作能力。

图1-2-6 传统梯田和现代梯田

对此，政府和社会各界需要共同采取措施，例如，制定有效的土地和环境保护政策，鼓励和支持可持续农业生产方式，提高乡村人口的生活水平和就业机会，以及加强环境保护和修复等，以维护和复兴乡村生产景观。

1.2.4.3　村庄聚落景观的衰退

乡村景观衰退的程度可以分为片断式和整体式。片断式衰退的典型特征是混杂，包括建筑类型的混杂、建筑形式的混杂、建筑布局的混杂、建筑规模的差异等，这种混杂显示出乡村经济的分化、社会关系的解体与公共管理的缺失等（图1–2–7）。整体式衰退的典型案例是城中村，作为城市化进程中的一种特殊现象，反映出的意义是传统村落的“终结”。在被快速扩张的城市吞并的过程中，乡村的生产、生活方式与文化特征一并被完全抛弃，乡村景观整体性地消失。

图1–2–7　混杂的乡村建筑

1.2.4.4　历史文化景观的衰退

城市化的快速发展，小汽车的普及，交通设施的完善，使许多城市人口返回乡村居住，这些异质的人口给乡村的历史与文化环境带来巨大的转变。伴随乡村物质景观转型的是乡村非物质历史文化景观的衰退。乡村景观作为文化现象，是以物质环境为载体的，然而在乡村人口外流和自然环境、乡村聚落衰退的情况下，失去物质支撑的乡村文化也必将无所适从。

1.2.5　乡村景观的特征

受自然地理环境分异和多民族人口构成的影响，我国乡村景观多样丰富，同时，各地域乡村社会经济发展水平不同，其乡村景观特征也呈现明显差异。

1.2.5.1　源于自然的环境

乡村对自然生态环境的依存性十分强烈，其中阳光、森林、土地、河流等不仅构成了乡村生态环境，而且是农业生产的基础。中国传统哲学崇尚“天人合一”，强调人是大自然的一个组成要素，从而使“人—乡村—环境”之间构成一个有机整体。乡村景观往往表现出明显的自然山水风光特色，乡村聚落从选址、布局、建设都强调与自然山水融为一体，农业作物选择和耕作方式也是千百年来对自然的适应结果（图1–2–8）。

1.2.5.2　源于生产的形态

从乡村的定义可以看出，农业是乡村的最基本特征。乡村景观具有一定的自身维持能力，是受人类调节的半自然半人文生态系统，具有强烈的农业特征。我国的乡村景观以乡野乡村的风光和活动为景观基础，以满足乡村体验者娱乐、求知和回归自然等方面的需求为目的。乡村

图1-2-8　乡村聚落、生产和自然的和谐共生

景观的特征多表现为人类活动对自然环境的干预与改造，源于农业劳作的生产形态是乡村景观中空间规模最大、乡村特征最稳定的特征。乡村景观既受自然环境条件的制约，又受人类经营活动和经营策略的影响。例如，中国古代农民发明的改造低洼地、向湖争田的造田方法“圩田”，具有很高的生产能力，是一种高效的复合农业生产景观（图1-2-9、图1-2-10）。

1.2.5.3　源于聚落的风貌

乡村聚落绝大多数都有着显著的生态学、人类学和建筑学价值，一般的聚落形态是坐北朝南、枕山面水、土层深厚、植被茂盛等。坐北朝南，有利于作物的生长和提高产量，又有利于住所获得充足光照；枕山，是为了抵挡冬季北来的寒风，同时减少洪涝灾害影响；面水，既可迎纳夏季凉风，调节生活的小气候，又有利于生产、生活、灌溉甚至行船；而良好的植被，既有利于涵养水源、保持水土，又能够丰富乡村环境（图1-2-11）。同时，以血缘为基础的聚族而居的空间组织，表现出浓厚的人类伦理观念和审美取向，乡村聚落风貌是乡村景观最典型的特征之一。

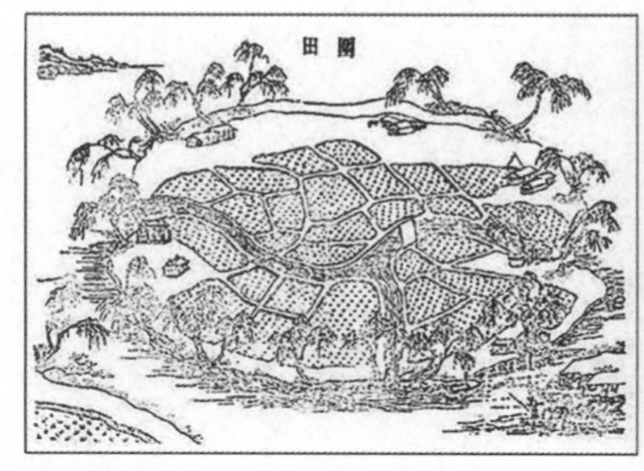

图1-2-9　王祯《农书》之“围田图”
图片来源：王祯撰、王毓瑚校，《王祯农书》，农业出版社，1981年，第186页。

图1-2-10　现代圩田景观

1.2.5.4　源于文化的历史

今日的乡村是数千年来不断演化的结果，是自然过程及社会需求不断改变、相互作用的结果。乡村是人们生产生活的场所，其景观形式也是一种物质符号，记载了社会与自然的变迁，表现了人们的思想、观念与精神寄托。乡村的自然风光及田园文化生活作为审美信息源而存在，体现景观的审美功能，此时乡村景观不仅是一个地方的历史见证和现状表现，而且是“乡土生活和乡土文化的博物馆兼史书库”。我们不会忘记景观活动者——动物，它们让这片风景充满了生机……在山顶上，在树林里，在考古遗址上（图1-2-12）。

图1-2-11　乡村聚落风貌

图1-2-12　文化赋予乡村的生命力

1.2.5.5　当代乡村景观的特征

纵览乡村的总体印象，似乎每个村庄都向往城市，每个村庄都处于景观转型之中，但是在奔向城市的路途中，转型过程又似乎中止了。当今多数乡村都面临着发展转型，乡村景观处于半城、半乡的景观转型的中止状态。因为价值观的偏差以及乡村个体分离化的倾向，造成乡村建筑对城市建筑的模仿和农民崇尚城市生活的审美，村庄也没有维持和谐统一的历史风貌，并且，现代生产方式导致自然生态景观和农业生产景观都不断走向衰败（图1-2-13）。

图1-2-13　半城半乡的乡村景观

1.3 乡村景观类型

纵观国外乡村景观研究的经验，其研究内容有：①乡村生态环境条件评价；②乡村土地利用及其变化；③乡村经济结构及地区布局；④乡村人口密度、文化水平对乡村景观的影响；⑤乡村景观类型、主要特点、形成过程及其变化趋势。

景观划分为物理元素和连接元素的关系。景观分类就是分解景观的层次，以理解景观元素和相互关系。景观分类可以用来理解现在和过去的景观，以及未来的景观。感知现在的景观，理解它是如何形成的，从过去吸取教训，来设计我们想要的未来。研究乡村景观，即解读农业活动形成的形式和场所。由于乡村以农业生产为主要特征，而农业生产是一个经济再生产和自然再生产相互交错的过程，乡村景观代表着自然景观向人工景观过渡的变化趋势。

乡村景观是具有特定景观行为、形态、内涵和过程的景观类型，是附加在自然景观上的人类活动形态，是土地利用以粗放型为特征，人口密度较小，具有明显田园特征的区域。从构成要素看，乡村景观是乡村聚落景观、农业景观、文化景观和自然景观构成的景观环境综合体；从特征看，乡村景观是人文景观与自然景观的复合体，具有深远性和宽广性。

为方便景观阅读，本书把乡村景观分为四个类型：一是村庄生活景观，主要由建筑、街道和公共空间等要素组成，生活要素是乡村景观发展的内在动力；二是农业生产景观，主要包括农田、鱼塘、果园和农业设施等要素，这是“附加在自然景观上的人类活动形态”，农业景观代表经济水平与生产方式，生产要素是乡村景观形成的物质条件；三是自然生态景观，包括山峦、湖泊、河流、海洋等要素，生态要素是乡村景观形成的自然基础；第四是文化景观，主要包括乡村民俗、文化艺术、节庆活动等要素，村庄聚落及其艺术风格沉淀着地域性的历史文化与特色，文化要素是乡村景观得以延续的精神支柱。四个层次景观的整体性结构反映人与自然的关系，是乡村的社会、经济、文化、习俗、精神、审美取向的综合呈现（图1-3-1、表1-3-1）。

图1-3-1　乡村生活、生产、生态区意象图

表1-3-1　乡村景观类型

乡村景观类型	景观要素		要素细分
生活景观	街道景观	交通空间	街道、巷道、小径、桥
		交往空间	街口、道路交叉口、阴角空间、亭子廊架
		街道设施	牌楼、拱门、过街楼、座椅、路灯、垃圾处理系统、路灯
		界面空间	农田、院墙、山墙、泄洪沟、植被、标识、地铺
	建筑风貌	建筑群体	布局、选址、风格、比例、色彩、材料
		建筑院落	入口、庭院、台地、门窗、墙身、院墙、屋顶、细部装饰
	公共空间	生活性空间	村口、水井、集市、古树、滨水、停车场、店铺、公共卫生间
		生产性空间	晒场、磨坊、耕地、水塘
		纪念性空间	祠堂、庙宇、牌坊、墓地
		娱乐性空间	村民活动中心、戏台、广场
		政治和教育性空间	村委会、党群服务中心、养老院、小学校、文化站、阅览室
生产景观	农作物种植景观		农田、菜园、果园
	林业景观		森林、树木、林地
	畜牧业景观		草地、牧场、畜栏、饮水池
	渔业景观		海洋、淡水、湿地
	生产建筑		禽畜建筑、温室建筑、农业仓储建筑、农畜副产品加工建筑、农村能源建筑、水产品养殖建筑、菌类种植等副业建筑
	景观设施		水库、输水渠、灌溉渠、喷泉、人工湖泊、水车、水力磨坊、田埂
生态景观	地质、土壤		地质构造和岩石矿物、土壤类型
	地形、地貌		大的地形单元（山地、高原、平原等） 小的地貌（坡向、坡度等）
	气候		太阳辐射、温度、降水、风
	水体		湖泊、河流、水塘、沼泽、水库、泄洪沟
	动植物		动物群落、森林、草地、农作物
文化景观	生产生活方式		饮食、服饰与装饰、耕作方式、传统手工艺、居住习惯、传统生产方式、传统交通工具
	风俗习惯		宗教与祭祀活动、语言、节庆、庙会与集会、礼仪、丧葬、婚嫁
	精神信仰		宗教信仰、价值观念、世界观、图腾、村规民约、道德观念
	文化娱乐		文史、音乐、戏剧、民间美术、民间舞蹈、民间杂技、文艺团体、文学艺术作品、傩戏、歌圩
	历史纪录		神话与传说、人物、事件、族谱、地方志

1.3.1　乡村生活景观

乡村生活空间特指村民日常生活、交往过程中各类活动发生的空间，村民的生产生活空间和公共行为活动空间。生活空间是人类居住质量的基本保障。乡村居民的生活活动主要发生在家庭及村内公共场所。乡村生活景观是乡村生活的直接反映，其中公共空间、街道与建筑风貌是构成乡村生活景观的重要元素（图1-3-2）。

（1）公共空间。乡村的公共空间通常包括村口、水井、集市、古树、滨水、停车场等生活空间；晒场、磨坊、耕地、水塘等生产空间；祠堂、庙宇、牌坊、墓地等信仰空间；村民活动中心、戏台、广场等娱乐空间；村委会、党群服务中心等政治性空间等。

（2）街巷空间。在乡村环境中，街巷是连接各个空间的重要通道，是乡村生活的主要舞台。主要由交通空间（街道、巷道、小径、桥）、交往空间（街口、道路交叉口、阴角空间、亭子廊架）、街道设施（牌楼、拱门、过街楼、座椅、路灯、垃圾处理系统、路灯）和界面空间（农田、院墙、山墙、泄洪沟、植被、标识、地铺）组成。

（3）建筑风貌。乡村的建筑风貌是乡村文化和历史的重要载体，也是乡村景观的重要组成部分。乡村的建筑通常具有独特的地方特色，要考虑群体建筑的布局、选址、风格、比例、色彩、材料，也要考虑单体建筑的入口、庭院、台地、门窗、墙身、院墙、屋顶、细部装饰等。

图1-3-2　乡村生活空间的街道、建筑、公共空间景观

1.3.2　乡村生产景观

乡村生产景观的形成是多种要素相互作用的结果。这些要素可以大致分为物质要素和非物质要素两类。

（1）农作物。土地是乡村生产景观的基础，包括耕地、草地、森林、湿地等各种类型的土地都是乡村生产活动的场所。农作物种植、畜牧业、渔业是乡村生产景观的核心要素，决定了乡村景观的基本特征和形态。不同的作物类型会形成不同的乡村生产景观，如茶园景观、向日葵景观、葡萄园景观等（图1-3-3）。

（2）农业设施。农业设施是乡村生产活动的直接载体，包括农田、生产工具、水利设施、养殖场、仓库等硬件设施。这些设施不仅满足了农业生产的需要，而且塑造了乡村的特色景观。

（3）生产建筑。生产建筑包括农舍、村落、仓库、车间等建筑物。农业建筑是乡村生产景观的重要组成部分，它为农业生产和乡村生活提供了必要的场所和设施。

图1-3-3　不同农作物呈现的生产景观

乡村生产景观的形成是一个复杂的过程，它既依赖于物质要素，也受到非物质要素的影响，如人文因素、经济因素和土地管理制度。物质要素提供了乡村生产活动的基础设施和条件，而非物质要素则决定了生产活动的方式和节奏，塑造了乡村生产景观的文化特色。例如，意大利以种养形式为依托的葡萄园建筑，不同地区葡萄树的栽培技术呈现了不同的生产景观：薄厚不同材质围合出“画廊”和“走廊”。葡萄园用干石墙作界面，是因为石墙白天收集的热量在夜晚释放，可以缓解晚间的低温对葡萄园植物的伤害（图1-3-4），这就是生产方式对生产景观产生的直接影响。

图1-3-4　不同围合界面的葡萄园景观

1.3.3　乡村生态景观

亲近自然是人的天性和本能需求，乡村中最宝贵的资源是宜人的原生态环境，纯净的土地、清新的空气等生态环境构成了乡村景观的底色。生态要素体现了乡村景观的自然特性。乡村自然生态景观是指在乡村地区，由自然因素和人类活动共同作用形成的自然景观，是乡村的重要组成部分。乡村自然生态景观主要包括以下几个要素：

（1）气候。气候是乡村自然生态景观的重要影响因素，包括温度、降水、风向、湿度等因素，对乡村地区的植被、动物分布和生态环境有重要影响。

（2）地形地貌。乡村地区的地形地貌，如山地、平原、河流、湖泊等，是形成乡村自然生态景观的重要基础，它决定了乡村景观的基本特征。

（3）土壤。不同类型的土壤对农作物的生长、森林、湿地等生态系统的形成有重要影响，是乡村自然生态景观的重要组成部分。

（4）水资源。水资源包括地表水和地下水，对乡村自然生态景观的形成具有决定性的影响，是维持乡村生态系统运行的关键因素。

（5）植被。植被是乡村自然生态景观的主要组成部分，它既是乡村生态环境的重要组成部分，又是乡村风景的重要元素。

（6）动物。动物是乡村生态系统的重要组成部分，它们与其他生态元素相互作用，共同构成乡村的自然生态景观。

（7）人类活动。人类活动是形成乡村自然生态景观的重要因素，包括农业生产、居民生活、旅游活动等，它们影响了乡村生态环境的状况和乡村景观的特色。

这些要素相互影响，共同构成了乡村的自然生态景观。理解这些要素，尊重它们的作用和规律，是保护和改善乡村自然生态景观、促进乡村可持续发展的关键（图1-3-5）。

1.3.4　乡村文化景观

乡村文化景观记录和传承了人类活动的历史和文化的景观，保存了大量的物质形态历史景观和非物质形态传统习俗，具有重要的历史和文化价值。2003年联合国教科文组织发布《非物质文化遗产国际公约》（以下简称《公约》），《公约》指出非物质文化遗产包括五个方

图1-3-5　生态空间中的景观元素

面：口头传说及其表现形式、民间表演艺术、民众的生活形态、礼仪和节庆活动、古代遗留下来的各种民间生活及科技知识、民间传统工艺和艺术。

乡村非物质文化要素是乡村文化中的重要组成部分，它们是人们通过长期生活实践和传承积累下来的知识、技能、习俗、信仰和价值观，丰富了乡村生活，塑造了乡村社区的特色和魅力。

1.3.4.1　乡村非物质文化要素

（1）传统知识和技能。每个乡村社区都有其独特的传统知识和技能，如农耕技术、手工艺技能、制作乡土食品等。这些知识和技能不仅对乡村生产生活起到重要作用，而且是乡村文化的重要载体。

（2）乡土习俗。乡村社区的习俗，如庆祝节日、祭祀活动、民间娱乐等，体现了乡村社区的生活方式和价值观，对于维系乡村社区的和谐稳定具有重要作用。

（3）口头传统和表演艺术。诸如民谣、故事、舞蹈、戏剧等口头传统和表演艺术，是乡村非物质文化的重要组成部分，它们在娱乐生活的同时，也传递了乡村的历史、传统和文化。

（4）文化信仰。乡村社区的宗教信仰、神话传说、道德规范等，它们对乡村社区的精神生活和社会行为具有深远影响。

（5）社会组织和乡村治理。乡村社区的社会组织形式，如亲属制度、村民自治组织等，以及乡村治理的传统方式，如村规民约、公共事务决策等，它们对乡村社区的稳定和发展起到关键作用。

乡村非物质文化要素不仅是乡村生活的重要组成部分，也是乡村文化的根基和灵魂，它们赋予了乡村社区独特的生命力和韵味。尊重和保护乡村非物质文化要素，就是保护乡村社区的历史记忆，传承乡村文化，是推动乡村可持续发展的重要途径。

1.3.4.2　乡村非物质文化景观

由非物质文化要素在乡村空间中呈现的实践、活动、艺术、民俗、技术表现形式，就是非物质文化景观。在景观规划设计学中“非物质文化景观”是一个新的概念，主要包括以下几种形式。

（1）非物质生活景观，包括诗歌、音乐、舞蹈、戏剧、手工艺等，反映了乡村居民的精神生活和情感表达。乡村的童谣、民谣、故事、传说、神话，都是乡村非物质生活景观的重要内容，它们富有独特的地方色彩，体现了乡村居民的智慧和创造力。

（2）非物质生产景观，包括农耕技术、手工技艺、乡村工艺、饮食烹饪等，它们体现了乡村居民的生产生活方式和劳动智慧。乡村的农耕仪式、丰收庆典、制陶技艺、编织艺术、烹饪技术，都是乡村非物质生产景观的重要组成部分，它们丰富了乡村生活，传承了乡村文化。

（3）非物质生态景观，包括乡村的自然保护观念、环境伦理、生态知识、环保实践等，它们反映了乡村居民对自然的认知和尊重，对生态环境的保护和改善。乡村的风水观念、土地崇拜、保护野生动物的习俗、环保的村规民约，都是乡村非物质生态景观的重要内容，它们对乡村生态环境的保护和改善起到了重要作用。

总的来说，乡村非物质文化景观是乡村景观的重要组成部分，它们丰富了乡村生活，塑造了乡村社区的特色和魅力。保护和传承乡村非物质文化景观要素，是发展乡村文化，建设美丽乡村的重要任务（图1-3-6）。

设计元素提取

Extraction of design elements

石城子村满族主题的墙绘

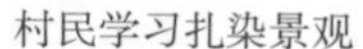

村民学习扎染景观

水则碑是古代用于水文观测的“水文站”

图1-3-6　乡村非物质文化景观

1.4　乡村景观系统

景观系统是一个由许多相互关联和相互作用的景观元素组成的复杂系统，包括自然和人工的物理、生物和社会经济元素。这些元素通过其空间位置和功能关系，构成了景观的结构和功能，形成了景观的特征和风貌。在景观系统中，各个元素并不是孤立存在的，而是通过各种过程和机制相互连接，形成一种动态的平衡状态。这种平衡状态受到内部和外部因素的影响，如气候变化、地质活动、人类活动等，都可能导致景观系统的变化。

在理解乡村长期活动的生产、社会、经济和文化实体的有形和无形表现时，需要将这些实体视为一个完整的系统，其中各个元素相互影响，共同塑造乡村的景观和生活方式。在这个过程中，景观系统的概念提供了一个有价值的理论框架。首先，“有形的表现”通常指的是物理环境和人类活动对这个环境的直接影响，比如地形、水源、道路、聚落、耕作和植被等。这些元素构成了乡村的物理空间，对人类生活方式有直接的决定作用。其次，“无形的表现”则更多地涉及社会、经济和文化方面，比如，乡村社区的组织方式、经济活动、文化传统、宗教信仰等，这些都是无形的，但它们同样在塑造乡村的景观和生活方式。

景观系统就是尝试将以上两种表现相互连接的理论框架。它试图理解这些有形和无形的元素是如何相互影响，共同塑造乡村的景观和生活方式的。比如，地形和水源可能决定了聚落的位置，聚落的位置又影响了道路的布局，道路的布局又影响了耕作和植被的分布，而这些又都受到经济、文化、宗教等无形元素的影响。因此，理解乡村内长期活动的生产、社会、经济和文化实体的有形和无形表现，就需要运用景观系统的视角，全面考虑各种有形和无形的元素，探索它们之间的相互关系，以此来揭示乡村的内在逻辑和动态过程。乡村景观系统是一个包含自然、社会、经济和文化多种要素的综合体，其主要包括以下几个方面。

1.4.1　自然环境要素

自然环境在乡村景观系统中占据了核心地位，主要包括地形地貌、气候条件、水文特征、植物动物分布等。这些要素为乡村生产生活提供了基础条件，同时也塑造了乡村的空间格局和视觉形象。例如，地形地貌决定了乡村的布局和建筑形态，气候条件影响了农业种植和人们的生活方式，水文特征则关系到乡村的水资源供应和洪涝灾害防控。

1.4.2　社会经济要素

社会经济要素是乡村景观系统的重要组成部分，主要包括人口状况、经济发展水平、社会组织形式、基础设施建设等。这些要素直接影响到乡村的生产生活方式和居民的生活品质。例如，人口状况影响了乡村的劳动力供应和社区活动，经济发展水平则关系到乡村的产业结构和收入水平，基础设施建设则体现了乡村的生活便利程度和公共服务水平。

1.4.3 文化历史要素

文化历史要素是乡村景观系统的灵魂，主要包括历史文化遗产、民俗风情、宗教信仰等。这些要素体现了乡村的历史文化内涵，塑造了乡村独特的人文风貌。例如，历史文化遗产是乡村历史记忆的载体，民俗风情体现了乡村的生活习俗和精神风貌，宗教信仰则影响了人们的价值观和行为方式。

1.4.4 生产生活要素

生产生活要素是乡村景观系统的基础，主要包括农业生产、居民生活、社区活动等。这些要素构成了乡村的日常生活场景，也是乡村景观的直接体验内容。例如，农业生产决定了乡村的经济来源和生态环境，居民生活体现了乡村的生活方式和生活质量，社区活动则是乡村社区精神生活的重要表现。

总的来说，乡村景观系统是一个复杂的系统，涵盖了自然、社会、经济和文化等多个领域，各个要素之间相互影响、相互依赖，共同构成了乡村的特色风貌和综合功能。因此，乡村景观系统的研究、规划和管理，需要采取系统化、综合化的视角，注重各个要素的协调和整合，以实现乡村的可持续发展和乡村景观的保护与提升（图1-4-1）。

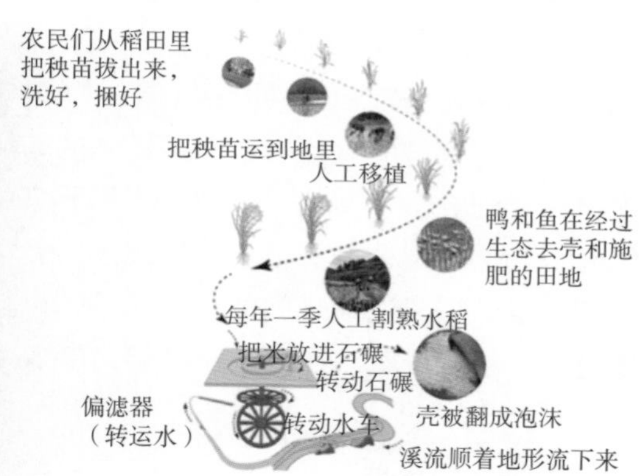

图1-4-1 乡村景观系统

1.5 乡村景观设计原则

国家乡村振兴战略强调生态文明建设，提出产业兴旺、生态宜居、乡风文明、治理有效、生活富裕的目标。因此，乡村建设和发展不能单纯追求经济增长，同时要注意保护生态景观资源，提高人居环境质量，发展产业，改善基本公共服务设施。美丽乡村的建设顺应这样的时代背景，乡土景观凝练与传统文化复兴是建设美丽乡村的重点，乡村景观设计是一项涉及众多领域的复杂工程。

1.5.1　尊重自然原则

乡村景观设计应遵循生态原则，保护和恢复乡村的自然环境，保持生态平衡，充分利用和保护当地的自然资源。主要体现在以下几个方面。

（1）保护自然资源。乡村景观设计应尽量减少对自然资源的消耗，例如，尽量使用当地的材料和技术，以减少运输和生产过程中的碳排放。

（2）保持生态平衡。设计方案应尽量避免破坏当地的生态系统，比如，设计时应考虑到物种的保护和栖息地的维护，以及水源和土壤的保护。

（3）适应自然条件。设计应根据当地的气候、地形、土壤等自然条件进行，尽量减少对自然环境的改造。

（4）推广绿色建筑。采用环保的建筑材料和技术，构建节能、环保、持久的建筑，提倡低碳生活。

1.5.2　尊重文化原则

乡村景观设计应尊重当地的历史文化传统，挖掘和保护乡村的历史文化遗产，让其在新的乡村景观中得到传承和展示。这也意味着要倾听村民的声音，理解他们的文化和历史，以此为基础进行设计。主要体现在以下几个方面。

（1）保护历史遗迹。乡村景观设计应尽量保护和修复历史建筑和遗迹，以保存和传承乡村的历史文化。

（2）尊重传统风貌。乡村的建筑风格、艺术表现、手工艺等都是乡村文化的重要组成部分。设计时应考虑到这些因素，避免破坏乡村的传统风貌。

（3）融入当地文化。设计应充分融入当地的文化元素，如当地的祭祀活动、乡土建筑、民间艺术等，以增强设计的地方性和文化性。

（4）尊重社区价值观。乡村的社区文化和价值观是乡村生活的重要组成部分。设计时应尊重和反映这些价值观，比如尊重乡村社区的传统生活方式和社会结构。

1.5.3　尊重社区原则

乡村景观设计应充分考虑社区居民的需求和参与，鼓励和引导村民参与到设计和管理过程中，提升他们的身份认同感和归属感。这有助于提升景观设计的针对性和实用性，也有助于提高村民的生活质量。

（1）社区参与。在设计的各个阶段，包括规划、设计、实施和后期管理中，应积极鼓励和引导社区居民的参与，充分听取他们的意见和建议，让他们参与决策。

（2）服务社区需求。设计应以服务社区居民的需求为出发点，比如提供必要的公共设施、改善公共空间的质量、提升居民的生活质量等。

（3）保护社区利益。设计应尽量避免对社区居民的生活、工作和生活环境造成负面影响，同时，应尽量使设计对社区产生积极的经济、社会和环境效益。

（4）建立和谐社区。通过设计促进社区内部和社区与外部的和谐关系，包括增强社区的凝聚力、促进社区的多元化发展、建立良好的邻里关系等。

（5）培育社区文化。设计应反映和传承社区的文化特色和价值观，通过设计帮助塑造和培育社区的独特文化和社区精神。

1.5.4 可持续性原则

乡村景观设计应遵循可持续发展的原则，实现经济、社会和环境的协调发展，保证乡村的长期生存和发展。包括以下几个方面。

（1）节约资源。设计应尽量减少对自然资源的消耗，例如，选择环保、可持续的建筑材料，使用节能设备，推广绿色建筑等。

（2）保护环境。设计应尽量减少对环境的影响，例如，保护生态系统，减少污染排放，采用循环利用和废物管理等措施。

（3）适应气候变化。设计应考虑到气候变化的影响，例如，提高能源效率，采用适应气候变化的设计策略，以减轻气候变化的影响。

（4）考虑后期管理。设计应考虑后期的管理和维护，例如，设立管理机构，制订管理和维护计划，以保证设计的长期可持续性。

1.5.5 可实施性原则

乡村景观设计应考虑实施的可行性，包括方案的技术可行性、经济可行性以及社会可行性等，确保设计方案能够顺利实施并达到预期效果。

（1）经济可行性。设计方案需要考虑乡村地区的经济成本，包括建设成本、维护成本和运营成本，确保设计能在预算内完成，并且长期运营下去。

（2）技术可行性。设计方案需要考虑乡村技术实现的可能性，包括建筑技术、工程技术等，确保设计能用乡村现有的技术和设备实现。

（3）管理可行性。设计方案需要考虑乡村后期的管理和维护，包括人力、物力、财力等资源的安排，确保设计能得到有效的管理和维护。

1.5.6 参与性原则

鼓励村民参与乡村景观的设计、建设和维护过程，这不仅可以增强他们对乡村景观的归属感，也能提高景观设计的针对性和实用性。

（1）过程参与。设计过程应开放给村民，让村民有机会表达他们的需求和意愿，参与决策过程。这样不仅可以提高设计的接受度，还可以提升社区的凝聚力。

（2）多方协作。设计过程应鼓励多方协作，包括设计师、政府、社区组织、非政府组织、企业、游客等，通过各方的共同努力，确保设计的成功实施。

（3）持续参与。村民的参与不应仅限于设计阶段，还应延续到实施和后期管理阶段，让村民有持续参与的机会，以保证设计的长期效果。

（4）深度参与。参与不仅仅是表达意见，还应包括参与设计、建设、管理等各个环节，让村民真正成为设计的主人。

乡村景观设计通过空间形态的多样化组织，提供综合的、直观的视觉感受。乡村的自然风光和田园文化生活不仅作为审美信息源存在，而且体现了景观的审美功能。乡村景观不仅成为一个地方的历史见证和现状表现，而且是乡土生活和乡土文化的博物馆。乡村景观空间以聚落文化、农耕文化和生态文化为主要内容的文化空间，以及以怀旧、回归传统为主要内容的情感空间，为乡村景观营造提供了内涵。乡村景观设计不仅关注乡村景观的物质环境，而且关注乡村景观的精神环境。通过整合乡村的自然资源和文化资源，乡村景观设计可以提高乡村生活的品质、文旅经济的发展，从而推动乡村的可持续发展。

第 2 章　乡村景观作为遗产

2.1　景观作为系统和遗产解读

2.1.1　景观系统

“景观系统”一词旨在强调在不同的尺度上解读场所，空间、功能、感知和象征关系及其组成元素联系在一起，是个人（或集体）或多或少有意识的设计意愿的结果，通过特殊或持续的干预来实现，随着时间的推移而变化，因为随着时间的推移它们可能会经历增添、废弃、修改、再生、改造。景观系统是社会经济和文化结构的表达，几个世纪以来一直指导着场所的建设和改造。

就乡村景观而言，其重点是要将乡村建筑的存在与历史和现代的农业结构联系起来，以便理解景观系统的持久性，诸如以下的景观系统及其组织结构：古罗马时期的土地分区制；中世纪波河流域修道院团体的土地安排；在意大利中部与佃农相关的农村土地的组织形式；以土地主的别墅为中心的庄园；19世纪和20世纪时期的土地开垦，例如在拉蒂姆（Latium）、威尼托（Veneto）等地；山地游牧的组织形式（以村庄、休耕地、高地牧场或山地牧场为基础）或长途迁徙游牧的组织形式（意大利南部大型的羊道网络及其永久领地）；钓鱼谷，例如威尼斯潟湖；磨坊和其他生产性活动；等等。但与此同时也可能有其他的系统（网络的、线性的或区域的）交织在一起或嵌入乡村地区，例如历史悠久的道路系统；防御系统，比如中世纪的防御工事；宗教系统，比如修道院及其乡村聚居地；城郊区域，如20世纪的公共屋村；等等。

通过书目、地图、图像和口头资料提供的指示，以及通过对场地的直接了解，无论是现在还是过去，景观都可以被解读为一个系统。使用图表和解释性的绘图对于非专业人士在技术理解和交流层面是很有用的，其目的不是展现过去景观的确切图像（总是不可避免会出现“时间顺序”层面的不准确，及“考古学”层面的不正确），而是通过图纸的基本特征来总结一个或不同历史时期景观的功能、形式特征及其元素之间的关系。

2.1.2　景观作为遗产

景观是一种由有形和无形的永久事物组成的系统，它随着时间的推移而分层，其不同的社会群体在不同的时期具有不同的属性。景观是一个“系统”，且不仅仅是有形的和无形的组成部分，也是自然的和矿物的组成部分的总和。景观作为一个系统，包括社会、功能、经济、宗教和政治组织。景观是一个基于设计、施工、沉积、改造等连续过程的复杂地层。正因如此，通过单独去阅读景观系统的不同组成部分来解释景观系统是不可能的（Scazzosi，2018）。

可见的和敏感的景观是自然资源和文化资源之间不断相互作用的结果：在景观中，永恒性和创新是分层的，它取决于一个地方的群体在一个特定时间所赋予它的意义（欧洲景观公约，2000年）。在农业景观方面，对农业建筑的理解，与农业土地使用的不同历史时期密切相关，农业中的土地使用影响了农业建筑的扩建和改变用途的需要。例如，从奶制品生产转向谷物生产，一些马厩变成了谷物仓库，关闭了所有的窗户；因为拖拉机的尺寸增大，大门因而被扩大；在粮仓引进谷物烘干机之后，屋顶的高度因此提高了（Branduini，2005）。分析这些相互关系在不同的历史时期是如何被改变的是有必要的。分析哪些人工制品、土壤使用、农业质地、加工技术的迹象在今天仍然存在，仍然可以在景观中被感知，我们可以通过这些分析以解读地方的身份。这一点在2017年国际古迹遗址理事会文化景观专业委员会—国际景观设计师联盟（ICOMOS-IFLA）发布的准则对“乡村景观作为遗产”的定义中得到了说明[1]。

景观也是一种教育和培训工具（Castiglioni，2022年），它的有形和主观的性质使其成为在领土和社会制度之间进行调节的有用工具（Turri，1998年）。教授景观意味着“确保它的保护和改善”（欧洲景观公约，2000年），同时意味着“提高对每个人表达他们对自己居住的地方的愿望的权利和责任的认识”（Castiglioni，2022）。这已经被教学和研究行动的经验所证明[2]。

后文中我们将首先展示用于理解当前景观、过去景观和当地行动者期望的景观的工具，以及恢复完整教育工具的实际行动。其次，我们将根据景观特征提供在乡村地区恢复现有建筑和建造新建筑的准则，我们将描述在米兰城市周边农业地区有关景观和建筑恢复的三个研究行动案例，在这些案例中所介绍的教育工具已经得到了有效的应用。

2.2　理解的工具

2.2.1　对当前景观的观察

访问是阅读和解释景观元素以及理解其当今存在的功能关系的第一步。它基于一系列计划中的活动，并与其他学科相结合。它促进参与者之间的对话，同时与自己的经验进行比较，通过认识自然条件的相似性或差异性，应用技术和解决方案来缓解类似的自然问题。例

[1] 乡村景观作为遗产：指乡村地区的物质及非物质遗产。乡村景观遗产的物理特征包括生产性土地、结构形态、水、基础设施、植被、定居点、交通、贸易网等，以及更广阔的物理、文化、与环境间的关系及场景等。乡村景观遗产还包括相关的文化知识、传统、习俗、当地人类社区身份及归属感的表达、过去和现代人们和社区赋予景观的文化价值和含义。乡村景观由技术、科学及实践知识构成，这与人和自然之间的相互关系有关。乡村景观反映了社会结构及功能组织的状况，以及过去和现在景观的形成、使用和变革。乡村景观遗产包括文化、精神和自然属性，这是生物文化多样性得以不断延续的重要因素。乡村景观遗产存在于各种类型的乡村地区，不管是引人注目的还是普通的、传统的还是近期通过现代化活动改造而成的。这些乡村的景观遗产层次不同，类型多样，与不同的历史时期相关，如同羊皮纸（重写本）一样，再现历史（ICOMOS-IFLA准则，2017年，I.原则，I.A.定义）。

[2] 观察结果是在米兰理工大学AUIC学院教授“景观作为遗产”时获得的经验；它们是基于学生的评估和实习报告，基于实地活动，如清理和加固液压人工制品。来自世界各地（中国、印度、北非、南美和东欧）的学生来到AUIC学院，他们被问及了教育工具、所获得的知识和最终作品的质量。

如，人们经常研究干旱国家的水收集和储存，尽管相反的气候条件往往导致复杂的灌溉系统，而这样的复杂灌溉系统会巧妙地利用斜坡和不同的土壤。

调查和所作的草图虽然不准确，但对于学会如何识别元素的重要性及其基本的度量关系是必要的。

在定义了项目的视觉参考框架后，对场地特征的描述必须从不同尺度的调查开始。这构成了景观项目中相对要求较高的阐述，但它可以用作所有后续阐述的基础。此处的调查被理解为一种制图或影像的表现，根据比例尺以不同的细节显示。在较大尺度的层面可以涵盖：自然（地貌、平原等）和人造形态特征（梯田、边沿、斜坡等）、各种规模的定居点（聚落）、土地利用、线性的基础设施要素（道路、铁路、电力线等）、自然和人造的水文系统（水道、运河等）、树木种植等。除此之外，在更详细的尺度上可以包括：菜园和果园、栅栏、田地划分（例如干石墙、灌溉网、树篱和树木、金属栅栏……）、独植树、植被结构及构成（草地、灌木丛等）和矿物（石头、夯土、沥青等），功能性建筑和家具（座椅、喷泉、工具庇护所，包括临时建筑、宗教建筑等），技术设备（塔架、天线、测压塔等），等等。这一调查的目的是在没有价值选择和遗漏的情况下，指出使一个场地具有可识别性的所用标志和元素（这就像素描人像草图使一张脸可识别一样），它们代表着场地的独特性。

图2-2-1　在瓦尔泰利纳（Valtellina，Italy）骑自行车欣赏风景

根据不同的且具有代表性的尺度，基本的调查工具要么是照片（航拍或特写），要么是技术地图。而且根据不同的尺度，可以使用不同的表示工具。

感官感知（视觉、听觉和嗅觉）的内容可以让人留下深刻印象，并将新的景观与那些已经访问过或者过去生活过的抑或是其他地方的景观进行比较（图2-2-1）。

2.2.2 历史分析

将景观作为一个有形和无形的遗产系统来解读的方法是基于历史分析的，并由两个阶段组成：首先，进行历时分析（diachronic analysis），目的是阅读不同历史阈值下的转变；其次，准备共时分析（synchronic analysis），以理解今天仍然存在的有形和无形（元素和关系）的永久性。后一种解释分析（共时分析）回应了只理解物质和有意义的证据的需要，符合保护原则（从1964年的《威尼斯恢复宪章》到2000年的《克拉科夫宪章》），避免了重建没有物质持久性的元素的可能性（Branduini，Previtali等，2021年）（图2-2-2、图2-2-3）。

景观研究的基础是了解当地（自然和人文）历史的变迁，有两个基本的成果。一方面，有必要认识到随着时间的推移所发生的与政治、经济、社会、文化以及自然变化有关的重大物理变化。另一方面，认识到仍然存在于某些地方的过去的痕迹（重写本）很重要。重写本（又称为重写羊皮书卷，书卷上书写的内容往往层叠了不同历史时期的痕迹）的一部分是意

图2-2-2　重新绘制历史地籍以准备历时地图

图2-2-3　从历史地图中寻找景观的永恒性
图片来源：费德里科·扎伊娜（Federico Zaina）摄。

义的归属，这些意义在当下有助于定义研究区域的文化认同（社会表征和感知）。换句话说，进行两种阅读模式是有用的：历时性的，了解并通过重要历史阶段简要描述各个地点所经历的主要转变；共时性的，以识别过去的物质痕迹，这些痕迹仍然存在于场地当前的状态下。

这些调查通常已经成为正常规划过程的一部分，使用的工具包括：对历史遗产和名录地点进行普查、当地历史研究、绘制历史地图以及与近期绘制的地图进行比较。

就景观而言，对历史永久性的认识有其独特之处。它不应该仅仅通过按点/线/区域（教堂、别墅、花园、防御工事、全景等）进行组织，就像最广泛的建筑和景观资产普查一样，这是第一个基本的认知方法。空间、形态、象征、功能和历史特征（土地分区制、开垦、佃农、别墅庄园等）的构成要素之间的关系也必须得到表达。我们感兴趣的是了解在不同尺度下，被干预的地块或人工制品（历史物件）属于哪些“景观系统”，特别是历史景观系统，它们的特征和独特性是什么。这是一项解释工作，其基础是将这些地方的当前特征（调查有助于解释）与历史数据和知识进行比较。为了恢复它，在地图上报告信息，同时利用照片和草图并附上简短注释是有用的。

2.2.3　过去和现在的社会认知

景观不仅有物理性的地点，还包括居民、游客、学者和技术人员在过去和现在赋予它们的意义。

有些地方的形象在集体文化中得到了颂扬和巩固，这些地方可能是图像表现、文学、诗歌和电影所描述的主题，甚至是非常古老的描述；可能是战争的发生地，或者是因为它们与艺术家、诗人、作家有关；可能是史诗和神话场所，与宗教传统、仪式、节日、纪念日相关的场所；也可能是与日常土地使用实践相关的微小元素（十字路口、小路、开口、俯瞰点、聚会场所、通道、站点，这些通常通过座椅、喷泉、宗教神殿等陈设来强调）。

因此，主体对场地的社会表征和感知既取决于与当地文化长期沉淀相关的集体因素，也取决于当下媒体传播的图像和信息（例如信息、意识或商业活动），最后还取决于与空间占用相关的情境、感受、场所，与物体的体验相关的个人因素。在此过程中，不同社会和文化群体之间以及不同层次的集体（一般的、国家的、地方以上的）之间有时会出现观点的对比和矛盾。无论是作为历史和既定社会认可的对象的场地，还是作为当下意义归属的对象的场地，可能都很重要。对景观的表现和社会认知的调查有助于了解哪些场所和文物被当地居民或其他类别的人群赋予了特定的意义，甚至是国际意义。这项调查必须面对人群赋予景观的意义，以避免不必要的或有害的改变或破坏，但要通过在地图上定位地点和文物来返回信息（建议使用基于调查绘制的地图作为基础）增强它们。

针对信息收集，不同尺度（市级、省级、区域级等）的景观规划、空间和城市规划往往是特定“记忆场所”的公共数据库，这些数据库通常可以很容易地访问。当地协会开展的活动也很有用。在缺乏所有这些资料的情况下，一个有用而快速的资料来源是地方性的历史研究、当地图书馆或市政管理部门、历史资产普查、著作、明信片、印刷品、版画、历史照片、当地报纸、地名，以及对这些场地本身的详细解释。采访当地居民（特别是老年人）是一个非常有用的工具，可以用来识别具有意义的地方，这些地方是集体实践的一部分，除了在人们的记忆中并没有其他记录：它可以是直接的（封闭式问题），也可以是间接的或半开放的（开放式问题）。地方行政人员，特别是市长，可以成为快速的知识来源，特别是在面积不是特别大或人口不是特别多的地方。如果认为详细调查当地社区群体对景观的看法很重要（特别是在复杂且相关的干预措施或大型居住区的情况下），可以使用参与式设计研讨会，这涉及生物多样性宣传或社会学调查。这种研讨会在城市地区很常见，也正在向乡村地区传播。

2.2.4 场所建筑

形态、水文、植被、土地利用、聚落、历史遗迹（永久性），决定了场地在不同尺度上作为一个有名的露天“建筑”的当前特征。已建成和未建成的空间组织以材料（天然和人造、传统和现代、植物和矿物）、共建技术为特征，还以物理、功能、视觉、符号象征等为特征。历史和现代的关系将建筑物、空间在大尺度和小尺度上联系起来。“场所建筑”的阐述以调查为基础，并添加了图片和文字注释，以突出景观的历史、地理和自然特征。对于这样的解释分析，使用视觉感知工具（视觉盆地、图形—背景关系、视觉开口、有利位置、天际线、颜色、纹理等）以及与人类其他感官相关的感知因素，例如听觉（声音和噪声：动物、树枝和树叶、水、汽车、钟楼、犬舍等发出的声音）、嗅觉（花朵、农作物、有机废物等气味）、触觉、味觉。

在大尺度层面，需要强调聚落与乡村环境的关系。例如，在以农业生产活动为主的山顶上，历史性聚落之间几乎都保持着固定的距离；在农业平原，聚落方向通常垂直于基本形态线，在同一等高线上；在山坡上，通常上游有森林，下游有耕种梯田。

在中等尺度层面（即通常在聚落尺度），解释分析必须强调整体的空间组织（例如封闭的庭院形式），但也要强调组成建筑之间的空间、功能、象征和视觉关系（例如，相对于周围的服务建筑而言，处于中心和主导地位的乡村房屋）。

在近距离尺度层面，这些地方的特征是由建筑物、开放空间、菜园、树篱、乔木和灌木等在其特定组织中形成的模式决定的。

它应该与历史特征相结合：当我们看到一个古老的建筑或元素时，我们会立即感觉到它们的古代特征。这不是对地点和文物的历史文献重要性（高、中、低等）的评估，也不是对其保存状态（良好、一般、差、废墟等）的评估，而是一种简单的检测。

2.2.5 景观中干扰因素或外来因素的分析

分析中还涉及无关元素（被视为景观中令人不安的元素）的识别。这种质量属性是一种“相对”值，它源自每个元素与其相关环境建立的关系。每个景观元素本身都有它的价值（例如小教堂、林荫道、水道、磨坊、田地等），还有它们与环境的相关关系。如果环境发生根本性的变化、退化、消失，它们的意义和质量就会发生深刻的变化，甚至变得无关紧要。同样，从功能、材料、设计、颜色等角度来看，一个新的农业棚屋作为一个物体可能具有良好的品质，但它的放置可能与周围环境无关，并且可能构成对其放置场所的特定景观的错误解决方案。

还有一些元素可以被认为是一种定性的入侵或坠落（天线、塔架、材料堆、临时金属板棚等），尤其是从景观的角度来看，这些元素是随机放置的。

2.2.6 辩论和博弈游戏

以专题小组形式进行的讨论使不同观点和不同文化之间的对抗成为可能。这种交流可以通过有趣的游戏来促进和活跃。

“领土游戏”是一种教学工具，通过文本和图形表示来阐述区域的当前诊断及其未来情景，并且通过小组共同工作和开放共享的交替会议来安排和组织（Lardon，2013）（图2-2-4 ~ 图2-2-6）。

图2-2-4　领土游戏：米兰理工大学的学生为制备地图在进行小组讨论

图2-2-5　领土游戏：地图绘制效果

图2-2-6　领土游戏：关于共享地图的讨论

角色扮演游戏可以通过教师的表演来模拟真实的场景来收集、综合和讨论利益相关者的意见。该工具有助于学生在设计中考虑所有不同利益相关者的观点，并澄清学生自己的观点（De Nardi，2013；Davodeau等，2019）。

事实上，在设计制定的每一步，小组内部的讨论以及与老师的讨论对于管理学生之间对建筑和景观保护的不同敏感性是至关重要的（Cody等，2007）。

2.2.7　现场手工作业

实践活动使学生沉浸在现实行动中，使学生成为保护共同遗产的共同行动的一部分。

图2-2-7　与学生一起清洁和恢复液压工件

在理解了景观并认识到了它的历史和社会价值之后，学生们可以通过身体力行的行动来保护和增强它。

手工技能可以用头脑和身体来学习；动作和手势更容易以更稳定的方式固定在记忆中，并可通过手工作业获得当地的专长。学生们围绕小的历史物件进行简单的实践活动，以减小危险发生的可能。例如小沟渠和运河：学生可以学习见过但从未实践过的动作，如移除树叶，挖掘由砖或石头铺设的小河直到露出底部，刷洗文物，打开和关闭小木门，像坎帕里（水工）一样调节水流。

他们的行动是将遗产传递给子孙后代的切实步骤。共同的工作增强了对社区（将同一景观视为遗产的社区）的归属感，根据《法鲁公约》（2005）的含义，这是一个遗产社区，一个由来自许多不同国家和文化的人组成的社区，他们聚集在一起工作，恢复一个历史物件（图2-2-7）。

2.3 保护景观系统的指引

2.3.1 保护景观系统的原则

因为我们正在研究共同的遗产，所以对历史问题抱有极大的尊重是很重要的，并且遵循科学的原则进行保护，通常应用于建筑的一般保护原则也可以指导景观的保护行动。

2.3.1.1 维护比修复更好

修复是纠正已经发生的严重腐烂或损坏的工作，而维护是对建筑物的持续保护性护理。维护可以根据“需要”进行，也可以作为主动循环计划（周期性）的一部分进行。例如，每年对干石墙进行维护可以避免整个梯田的倒塌；定期清理排水渠可以避免洪水风险。

2.3.1.2 恢复比建造新建筑更好

对现有建筑或现有景观结构（如梯田）的再利用总是比建造新建筑更可取，这是避免土地消耗和形态改变的普遍原则。

2.3.1.3 可逆的解决方案比不可逆的解决方案更好

与使用传统材料和模仿形式的稳定或固定解决方案相比，使用现代材料的轻添加方案更受青睐。现代轻质材料有助于在梯田上进行新的耕种；可以在不改变梯田的形式和连接的情况下繁荣发展；新植被可以将现有植被与本地或归化物种融为一体。

任何新添加的内容都应该与现有的景观保持一致，而不是形成对比。该原则不是写在白纸上，而是写在一次又一次撰写和重新阐述的文本上。

任何新添加的内容都应该适合当地语境，而不是从其他项目中提取并简单地安置于此，任何解决方案都应该来自对场地特定特征的仔细阅读和理解。

为了实现这一目标，应该避免对过去的形式、材料和技术的解决方案进行任何形式的模仿。应该受到过去研究过程的启发，并使用当代材料来实施干预，以此来表明当下干预的真实性。

保护景观的主要准则可以适用于任何乡村环境，包括山区和平原。如前所述，正确的应用取决于深入而准确的景观解读。

2.3.2 如何保护乡村聚落

2.3.2.1 尊重开放空间与建筑之间的现有关系，理解其特征、意义和背景

这个建议应该指导任何农场在景观中的适应性。它涉及了解聚落的基本特征，聚落与更广泛的景观环境的关系以及对变化的敏感性。只有这样，设计师才能开始解决与建筑物新用途改造相关的问题。

2.3.2.2 尊重每个景观建设随着时间的推移而获得的独特性和特殊性，并与其所处环境相关

需要彻底了解景观系统的运作方式：梯田、灌溉、植被、道路等。同时需要对建筑技术、材料及其条件有透彻的了解。

2.3.2.3 尊重景观的形式特征，以保持形式上的统一，即使只涉及整体的一部分

应该尽量减少更改。应避免改变赋予景观历史或建筑重要性的特征。如果重要特征已经丢失，只有在有充分证据证明其以前存在的情况下才能进行恢复。

2.3.2.4 保持建筑构造功能上的可读性和可理解性

即使建筑物需要改变用途，也应保留场地、建筑、材料和细节的特征，以便后代能够理解这座建筑物被构思的原因及其在该地区的作用。

2.3.2.5 尊重乡村建筑节制和纯粹的本质

应避免任何不属于地方历史和当地建筑类型的美化或装饰。乡村建筑是（基础的）必需品，应远离多余的装饰。砂浆等保护材料的稀缺使外墙裸露，但它是石头的常规展示，可以被认为是装饰性的墙壁或楼梯，它不需要任何额外的添加。应避免使用属于其他建筑特征的装饰。

2.3.2.6 优先维护和定期整合，而不是完全替换部分或整个景观小品或建筑物

最大限度地减少对重要历史结构物的损失和干预。通常建筑物的结构会体现其特征和兴趣。最好保留尽可能多的原始材料。替换历史结构物和特征会破坏建筑物的历史价值和真实性。具备正确建筑技能的承包商通常可以修复腐烂或失效的部件，而不必更换它们。新材料只应在必要时用于替换现有材料，并且应与正在维修或更换的材料密切匹配。如果使用匹配材料的成本可能危及修复项目的可行性，规划当局或投资机构可能需要考虑使用替代材料。

村庄的改造风险之一是屋顶材料的改变。屋顶和墙壁是需要监测的建筑的基本元素，以避免倒塌的风险，它们也是从高处可见的且格外明显的识别元素。改变覆盖屋顶木结构的扁平石头是对村庄特征的重大改变，如果反复发生，它可能会启动整个村庄不可逆转的改变链。在这些情况下，重要的是使用与现有材料颜色相似的新材料，以保证大规模的景观整合。在小尺度层面，纹理和形状应有良好的兼容性。

2.3.2.7 仅在有助于保留原始特征的情况下才使用现代材料

现代材料（例如不锈钢）如果能够保留重要的历史肌理并避免拆除部分建筑物，则可能是最佳解决方案。这种方法可以满足可逆解决方案的需求。对木材进行树脂修复有时可以比传统方法保留更多的原始材料，从而有助于未来对建筑历史的解释。实现高标准的设计和工艺非常重要，将新用途与建筑相匹配、评估变化的影响以及进行敏感且适当的修复，都需要那些在保护历史建筑方面有资格和经验的人员，他们具备相应的专业技能和知识。在进行大修之前，可以征求专业建议。如果要避免错误和不必要的损坏，传统建筑的保护和修复通常需要专业的技能。最好使用适当的方法和材料。传统农场建筑的一个关键特征是在建造中使用“透气”材料。可渗透材料加上大多数传统农场建筑固有的良好通风，可以让湿气排出，而不会对建筑肌理造成损坏。使用不相容的材料会限制建筑肌理的“呼吸”能力，从而可能会导致严重损坏。

2.3.3 如何添加新构筑物

新建筑通常会导致景观发生重大变化。它们的设计目的应该是不降低场所的质量，并尽可能改善它，而不牺牲创新所需的技术和建筑性能。

因此，必须实施适合其所在景观特征的干预措施。应在不同尺度（大、中、小）下研究和验证一系列选择，同时考虑场地的具体历史或当代特征。

新建筑的整合并不是对传统模式的模仿，目标是获得适合当地建筑历史特征的功能性和现代性设计。可以看出，只为缓解现状的干预措施从一开始就未能为其融入景观而去寻求创新和适当的解决方案。

值得一提的是，在设计新的农业建筑时，有必要核实其是否符合农业部门的规则，也有必要了解农业、规划（地方城市规划）、环境以及人类和动物健康等方面法律框架、国家和地区的立法。

2.3.3.1　使新建筑融入大景观系统

在大中型环境中插入新建筑的基本原则是将其与现有的景观系统联系起来，避免视觉关系、文化、历史、象征等被入侵、分裂、破碎、减少和消除。新建筑应具有适合的尺寸比例，例如尊重现有聚落聚集的规则以及它们之间存在的功能、历史、视觉和象征关系。

例如在意大利，在乡村居民点中间不应该建高楼，否则会在象征意义上与教堂竞争。当聚落紧凑时，新建筑应与现有聚落保持一致，以避免无序扩张，应沿着等高线，沿着构成农业景观形态的主要路线放置。应该与背景的颜色融为一体，并且从上方或下方看都不太明显。应该融入植被中，这意味着它不会完全隐藏在树木中，而是部分可见。

2.3.3.2　使新建筑适应地形

当观察近距离环境时，新建筑应该与整个聚落的形式和物质特征相关联。因此，它应该适应地形，避免遗留土地和土方工程，并符合聚落的主导方向。

2.3.3.3　保持紧凑空间和开敞空间之间的节奏

考虑紧凑空间和开敞空间之间的关系，并保持相同的节奏或间隔。检查应从所有通向聚落的路径进行，从底部到顶部。例如，在山村中，定居点通常位于梯田式空地上，下面是庄稼，上面是牧场，在这两个开敞空间中不应建造任何建筑，这两个开敞空间在历史上定义了属于村庄的适当且足够的空间。

2.3.3.4　使新建筑的形式特征与现有景观相一致

在新建筑的构想中，对农业需求的简单功能响应常常会产生新建筑与现有建筑的并置，没有整体的建筑设计，并且在景观中的位置也很糟糕：新建筑的尺寸、方向和位置应该是不断地在不同的尺度上进行检查，以验证是否正确插入现有的聚落中。

主要的尺寸规格（屋顶的高度、长度、宽度、坡度）对建筑物的感知及其与其他建筑物的关系有重大影响。简单的解决方案是：建筑物不宜太宽，且根据不同的功能进行变化，使人们能够理解它们的功能，并最适当地适应居住区和环境。相反，很长或很宽的建筑物通常会让人想起工业或商业空间。

因此，可以遵循简单但明智的规则：

（1）避免改变覆盖物的几何形状：屋顶的坡度、相邻建筑物屋顶之间的配合、壳体的连续性。屋顶的坡度取决于地区的气候特征、内部通风的需要和外部雨雪下降的需要。

（2）在新建筑中保持现有体量尺寸之间存在的比例和关系。

（3）尊重建筑物与当地道路的对齐方式，以及尊重人们的垂直和水平通行及其相关连接的需要。

2.3.3.5 使用当代材料，不模仿

新建筑材料的选择主要基于技术标准（支撑性、轻便性、防火耐火、防冻、易碎性、隔音、隔热、易于实施等）、持续时间（维护、老化）和经济性（生产成本和维护成本），这些标准因地而异。材料应该是现代的，符合当今的需求，但质地和颜色应该与现有的材料相匹配。

2.3.3.6 用冷静的态度根据现有景观调整颜色

色彩的搭配有助于塑造建筑在景观中的感知，使其能够减少视觉冲击力，从而使其融为一体。影响当今新建筑和过去建筑颜色的因素有很多：建筑材料及其表面处理、表面质量及其反射光的能力、表面的色调、其稳定性及其对老化铜绿的敏感性等。颜色可用于优先考虑建筑物的形式特征，例如，明确入口或减弱开口之间的差异。素色使建筑变得均匀，而屋顶和墙壁之间的区别则强调了体积；浅色墙壁加深色屋顶具有降低建筑高度的视觉效果。褶皱的表面比光滑的表面吸收更多光线，因此显得更暗；而光滑或有光泽的表面无论远近都非常清晰。

一般来说，从远处看，屋顶是更容易被看到的部分；深色且不透明的屋顶不太吸引眼球，而闪亮的屋顶则更吸引眼球。当使用金属等新材料时，宜使用中性色和深色而非明亮色。在传统建筑技术中，有各种各样的材料，这些材料可能在几个地点都是相似的，可以成功地使建筑适应当地特定的材料、技术技能等。

例如，一个村庄的颜色和纹理是统一的，因为它只有两种主要材料，如石头和木材。新建筑应使用现代材料，但应根据聚落中存在的棕色色调选择颜色和纹理。新建筑应该有自己的个性，是当代的产物，但不应该脱离现有建筑或与现有建筑形成对比。设计的品质就在于这些细节。

2.3.3.7 将建筑与当地植被景观联系起来

植被有助于组织农业聚落的空间和建筑构成，并定义其在各个尺度的景观中的作用。从景观的角度来看，植被在表征景观方面与建筑具有同等重要的作用，有时甚至更为重要。

植被可以示意功能（标记入口或十字路口的树）、参考点、装饰物（入口路径后面的树篱或线形树等），并且通常具有生产功能或生态功能（例如，通过树根稳定斜坡）。在扩建或增加新建筑时，现有植物应与环境中的新体量有机结合（大型建筑附近的树木群比低矮而长的树篱能更有效地减小体量）：植被不应掩盖或覆盖人造物，但可成为整体的一个组成部分。

围栏应仅限于动物围场和菜园（或果园），这些围栏应具有轻巧的形状，并采用简单且均匀的材料制成。

2.3.3.8 定义无围护结构的流通空间

关注和处理好村庄的室内和室外空间非常重要，特别是活动、储存和停车区域，它们应该被界定、规划、组织起来，并随着时间的推移保持有序。最好使用透水材料铺装路面（黏土、砾石等），尽可能限制不透水表面的应用（混凝土、沥青等）。最好不要用硬质围挡划分流通区域，以保持农业空间的渗透性。

2.3.3.9 用植被隐藏储藏室

储物建筑物最好配有植被，涂上中性颜色（深色和不透明的颜色使其不会以显眼的方式在视觉上显现出来），并且不使用塑料材料覆盖。

2.4　景观系统修复的示例

现在介绍三个例子：①在教学工作和提高儿童意识的同时恢复景观遗产（水草地）；②城市内部的农业景观系统（农场—田地）的恢复，③对一个工作坊——博物馆中的前农业建筑进行景观的重新认证（质量提升）。

2.4.1　培育价值项目“圣·格雷戈里农庄”

该项目始于2021年，旨在通过教授传统农业实践和恢复水草地，为脆弱的群体创造新的就业机会，它发生在米兰绿带的城市公园之一：兰布罗公园（Lambro Park）。该项目作为2020年培育价值计划的一部分，由卡里普洛基金会（Cariplo foundation）资助，该基金会致力于伦巴第地区的文化、社会和环境效益行动。水草地的恢复始于2021年秋季，运河沿线的草坪和杂草被修剪，以使仍然存在的水工结构和运河沉积物清晰可见。人们试图运行运河里的水，打开兰布罗水闸，以了解水闸的剩余功能，以及能够到达草地的水量。人们通过手工和机械改造制作了新的木板来封闭接缝，并制作了新的小混凝土接缝用于供水。这些活动是由合作社登记的各种人员进行的：因犯轻微罪行而“受到考验”的人、领取社会救济金的人、接受再教育的未成年人（犯罪）、移民。项目合作伙伴提契诺州（Ticino）的“水大师（Water Masters）”对这些问题进行了讨论和指导，他们确定了干预的方法和时间（图2–4–1）。

2022年春天，在图书馆农场（Cascina Biblioteca）水草地和提契诺公园举办了坎帕里（水工）课程，包括几门室内和室外课程，在那里进行了水草地恢复和管理的最佳实践。主题涉及矿物和植物物质，之后总是伴随着实践活动。它涉及对物质永久性的理解（对地图的历史解读，对水、道路、文物、土壤的农业利用，对成排或成林的植被等物质永久性的解释）以及恢复文物和历史建筑的方法（图2–4–2）。

图2–4–1　圣·格雷戈里水草地：米兰兰布罗公园，新老水工共同为沟渠的冬季运行做准备

图2–4–2　在图书馆农场水草地坎帕里（水工）课程

共组织了5次教育调查：2次是针对小学五年级的孩子（4个班，平均10岁），2次是针对初中二年级的学生（7个班，平均12岁），1次是针对高中一年级的学生（2个班，平均14岁），共约300名学生。他们被分为三组活动，并配备了工具，用铲子、铁锹、镐和扫帚清理泥土中的液压工件；用手套、桶收集城市垃圾；打开和关闭接头，并用铁锹修整路线。孩子们的活动根据植被生长的不同阶段进行调整，并与图书馆农场的工作人员一起进行恢复干预（图2-4-3、图2-4-4）。

几名米兰理工大学建筑和景观专业的硕士生参观了水草地，一些学生积极参与了实习、交替进行的几何和材料调查活动、历史调查、清理现场的文物和植被等活动（图2-4-5、图2-4-6）。

图2-4-3　圣·格雷戈里项目：在米兰兰布罗公园恢复水利文物

图2-4-4　孩子们在米兰兰布罗公园的水草地上学习如何管理水

图2-4-5　学生在米兰兰布罗公园修整水草地

图2-4-6　学生在米兰兰布罗公园清洁液压工件

2.4.2　林特诺农场景观系统的恢复

如前文所述，对历史景观系统的功能性解读超越了通常通过单独的有形“成分”对景观的解读，关注在时间和空间中建立的无形关系。在波河河谷（Po Valley），管理乡村地区的历史最小景观单元是农场，作为一组用于农业和畜牧业活动的建筑（民用和乡村建筑），与灌溉系统、植物建筑（树列、树篱）、耕地和草地密不可分。

隶属于米兰市的林特诺农场是一个解读和修复行动的例子，它在2012年已经处于衰退状态超过十年。这项行动由米兰理工大学负责共同构建决策过程，以便为建筑和开放空间确定新的、适当的和补充用途，并确定该场地未来的潜在管理者。在这个过程中，市政当局与专家、技术人员、农民和积极的市民共同努力，以加强和改善分散的遗产。通过对整个农场的结构保护和加固工作使其整体可用（避免部分“特别”干预）（图2-4-7）。该场地采用了兼容性、可逆性、可识别性和耐久性干预措施，这些都是意大利保护实践的特点。

图2-4-7　米兰林特诺农场（Cascina Linterno）的内庭院

参与者之间的持续对话和不同专业人士（建筑师、工程师、社会学家、历史学家、艺术史学家、植物学家、建筑环境考古学家、修复师）的参与，逐步加深了对该场地和所涉利益相关者的了解，使该过程变得互动，并且听取了当地社区的意见。对空间特征（形态—技术—类型）、有形和无形景观的持久性（物质完整性、社区和专家赋予的价值、历史用途）和林特诺农场的“田地—农场”景观系统的参与式解读，以及对建筑环境的诊断性调查，构成了研究行动过程的分析基础。同样，对历史建筑和开放空间（内部庭院、耕地、水草地、灌溉系统、乡村道路、植被）进行了初步分析，并将其作为一个整体考虑到干预策略中。

当地的一个文化协会（林特诺农场之友）密切关注施工现场的各个阶段；一个年轻的农民打理好了农业活动，在理想的情况下以多功能的形式重构了“田地—农场系统”。今天，农民在这里从事园艺和养蜂活动，为公众提供服务，包括环境教育活动、学校教育（幼儿园和小学）和每周一次的农贸市场（图2-4-8）。该协会在文化和娱乐活动方面的表现与农民的稳定存在相辅相成，以此巩固了林特诺农场在当地社区和整个城市的积极作用（图2-4-9）。

图2-4-8　米兰林特诺农场的幼儿园

图2-4-9　专门从事文化遗产保护的学生探访林特诺农场的加固工程

2.4.3 MUSA 项目，关于景观的工作坊——博物馆[1]

“MUSA-Salterio博物馆：品味与景观工作坊”于2015年开幕，由来自意大利伦巴第地区的齐比多·圣·贾科莫市（Zibido San Giacomo）发起。该博物馆位于米兰南部农业公园的范围内，坐落在一个翻新的19世纪马厩中，该马厩位于历史悠久的萨尔特里奥农场（Cascina Salterio）（图2-4-10～图2-4-12）。

尽管它的名称是博物馆，但MUSA并不是一个收藏有形物品的传统博物馆。它旨在作为一个“文化中心”，是学习和体验当地城郊农业、景观的历史和当代价值观的起点。它的目的是：①教育公民了解将农业景观作为文化遗产加以保护的重要性；②对公民进行关于食品可持续性的教育；③促进当地农业发展，加强农民在乡村建设方面的作用。在博物馆里，人们可以通过文化活动和工作坊来体验和“品尝”景观。米兰南部农业公园的大部分近郊区也通过自行车道与MUSA和农场相连。

❶ 该描述基于L’ Erario 等在书籍中所撰写的章节，2023年。

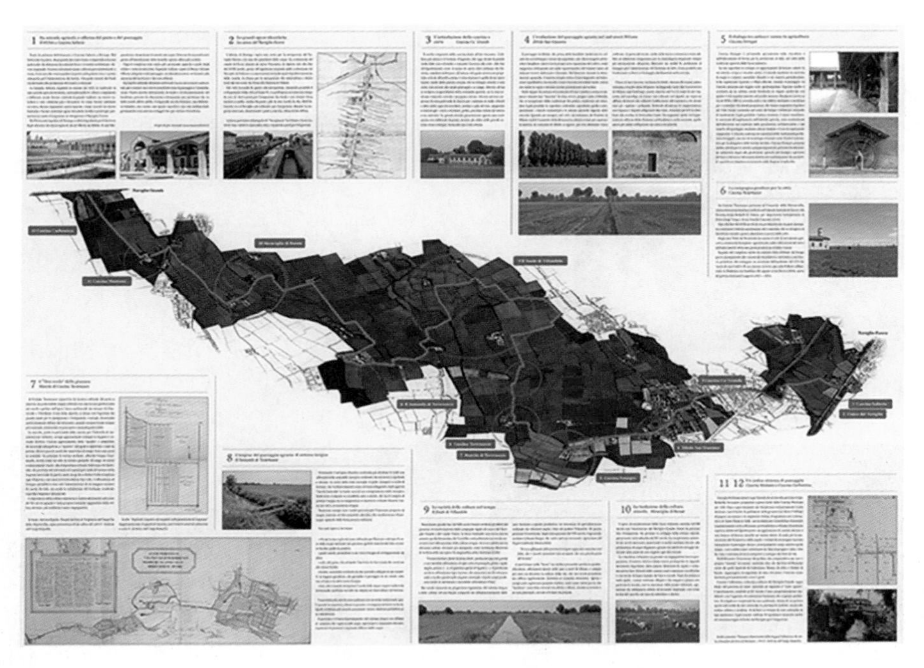

图2-4-10　用于探索博物馆周围农业景观的地图

图2-4-11　列奥纳多·达·芬奇的“康卡构造（Conca）”沿着Naviglio Pavese大运河上游运行

图2-4-12　由马厩改建而成的景观博物馆，位于米兰的齐比多·圣·贾科莫

作为圣贾科莫市的一项倡议，几个项目促成了MUSA的创建和发展：①欧盟项目资助了历史建筑的翻新；②米兰南部综合农业文化（MI-LAND Integrated Agri-Culture in southern Milan），由米兰嘉利堡（Cariplo）银行基金会资助，旨在在文化和行政机构之间建立伙伴关系，以融合不同的知识和专业技能；③“MU2”和“记忆地图集（Atlas of memory）”，推广当地的饮食文化和景观，并在MUSA和几个当地农场之间建立了合作关系。

在翻新了历史悠久的马厩后（Laviscio，2019），博物馆的布局是根据科学的方案进行设计的。这种布局的空间和活动旨在让游客能了解和接触到农业遗产的不同方面。建立了一个关于实物和景观的专题图书馆，作为未来文献中心的核心。设立了一间配备专业设备的厨房，以便举办烹饪课程和工作坊活动，如食品加工或糕点工作坊，并由合作农场提供当地产品。这里还设计了一个多媒体展览，以帮助游客发现和了解当地农业景观系统的历史演变和

图2-4-13　非物质遗产多媒体展览

价值（Scazzosi，2015，2018）（图2-4-13、图2-4-14）。数字化展览侧重于以娱乐互动的方式呈现信息，向游客传达关键概念，以解读和更好地体验周围的农业景观。除了常设展览外，还举办了一些针对特定主题的临时展览和会议。在博物馆建筑外的一个植物园中，收集了波河河谷农业景观中的传统历史食物品种和本土植物物种（图2-4-15）。当地的学校被邀请去参观博物馆，并探索其植物园和周围的农业景观。

图2-4-14　关于景观演变的多媒体展览

图2-4-15　植物园

在众多以景观为导向的活动中，博物馆为景观保护专业人士提供相关的（景观保育）培训课程，为成人举办讲座或为学校举办有关景观历史阅读的讲习班等传播活动，以及关于景观保育和加强的研究活动。一幅展示周围农业景观的地图（标注有自行车道）帮助游客加深了他们在多媒体室内学到的东西。这张地图以博物馆周围的环境作为一个大型露天展览，回应了MUSA的主要目标之一，即不将景观系统的解释限制在博物馆围墙内，鼓励对景观的直接体验（Colombo，2017；Branduin等，2019）。

2.5　讨论

从所介绍的经验中提取出了一些共同的原则。

2.5.1　尊重事，尊重人

这些干预措施是基于对有形遗产的尊重，这是保护和加强遗产的第一步。在成为一种对待景观的方式之前，它是一种生活态度。在此事留下任何印记之前，在部分抹去它或保持它的生命力并将其传递给子孙后代之前，这样的尊重是在采取行动之前的暂停思考，以及评估的暂停。

2.5.2　独特但脆弱

对每个地方的脆弱性和精巧性的认识使其变得有价值和独特，对其特殊性、特征的认识，以及对其身份的认识，并非来自个人的敏感性，而是来自跨学科的团队协作调查。

2.5.3　整合不同的方法

解决方案来自讨论：所有提议的行动都表明了对遗产的关注，并且表明了在制定出经济的解决方案之前对照料问题的满意度。对比、对话、共同的反思、表达方法的多样性，比找到适当的解决方案更有用。这是实现“领土的共同智慧”的方向，正如帕特恩（Partoune）所定义的那样：“一种与群体对话的领土生活方式，它与在群体中的感受、思考、行动和交谈的事实密切相关，在那里，当地成员拥有任何参与者都无法独自征服的能力。”（Partoune, 2012）

2.6　结论

“景观作为遗产”的教学，引起人们反思景观在社会中的作用。通过景观教育，教师扮演代际调解人的角色，让学生、普通大众和专业人士接触和了解遗产保护文化。为了对未来有一个动态的展望，在一个强调原有结构的长期变革愿景中，适宜的教育工作是可取的。应该通过学校和（或）公民参与来鼓励这种做法；应该通过辩论来体验价值观构建的过程，以及实现这些过程的具体方法；应该把情感和敏感性的工作整合起来；应该发展集体技能，如沟通、协作、项目谈判的能力，并引导人们采取集体行动。景观教学是大众文化的产物，它是一堂人生（生活）课程，因此对景观的教育意味着对相互尊重的集体价值观的教育。

第3章　乡村生活景观设计

乡村是人们世代生活的地方，人们通过改造自然、适应自然，形成了独特的生活性景观。传统生活空间要素体现了乡村社会特性，是乡村生活经验的体现。随着乡村振兴和经济发展，村民的生活方式在各个活动领域发生了深刻变化，并呈现出乡村生活空间与乡村生活方式不协调、不同步、不平衡的特征。村民逐步改变原有的生活和生产方式，进而需要改变生活环境。公共空间、街道与建筑风貌是乡村生活景观的重要组成部分，它们不仅关系到乡村居民的日常生活，而且是乡村文化和历史的重要载体。在进行乡村空间规划和设计时，应充分考虑其中乡村生活空间各个元素的历史文化和功能形态，以创造出既具有地方特色，又满足现代生活需求和审美的乡村生活环境。

3.1　乡村街道景观设计

3.1.1　乡村街道景观概述

3.1.1.1　乡村街道景观的概念

乡村街道景观是集多种元素为一体的综合性公共空间，是乡村景观中最重要的一部分，能够最为直观地反映村庄的整体风貌。因此需要从其含义、范围和特征三方面进行具体阐述。

（1）乡村街道景观含义。完整的街道景观体系是多维的，是一个较为复杂的系统，包含街道、建筑和景观等物质内容（图3-1-1），从而形成了拥有丰富性、连续性和韵律感的街道空间。乡村街道景观首先可作为交通网络，满足村民日常出行的功能性，其次可将乡村的生产和生活连接起来，形成各类功能性相结合的乡村街道景观。

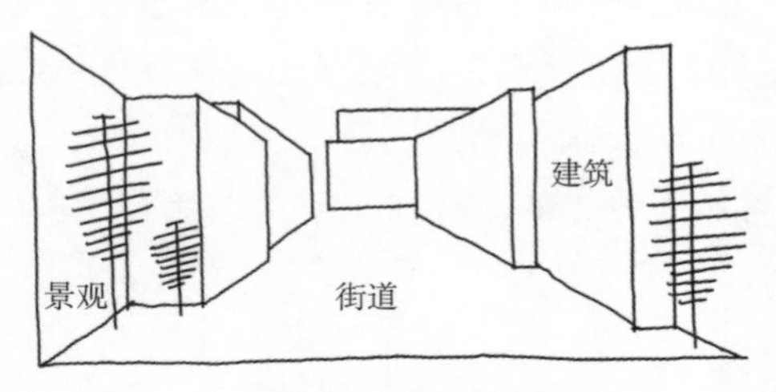

图3-1-1　乡村街道景观物质构成

（2）乡村街道景观范围。乡村街道与城市街道相比，除了保证最基本的通行性功能以外，更需要发挥其公共空间的作用，因此在定义乡村街道景观的范围时，需要更多考虑街道剩余空间的景观因素。宏观层面涉及街道的主体部分；微观上增加了建筑前区和为村民提供休憩的节点空间，为乡村街道的整体发展提供了更多的可能性。

（3）乡村街道景观特征。乡村街道景观更依赖于当地的地理环境，因此呈现出的特征也就越加鲜明，可以从以下角度来进行具体分析。

乡村具有更加丰富的景观层次，因村内的山地、河流、树林等自然元素与街道的结合，形成了视域不同的街道景观，并带来了更加多元化和趣味性的动态环境；从形态角度来看，村庄为了适应不同的地形特征，其街道布局更具多样化，因此导致乡村街道无论是形态还是规模都没有固定的形式，一直都处于不断变化的过程中；乡村街道景观与当地的材料直接相关，村民利用大自然的馈赠，临街界面和街道铺装等材料直接取自当地，使街道呈现出最为质朴的个性特征，彰显了独特的环境美；乡村街道建筑物的外围有许多附属的东西，如院墙、篱笆、猪圈、牛栏、草垛乃至菜园、水塘、沟、坎等，它们夹在建筑物与道路之间，就好似富有弹性的“软组织”，可以起到过渡和缓冲的作用。

3.1.1.2　乡村街道景观国内外研究现状

3.1.1.2.1　国外现状

在理论研究方面，早些年国外著作大多忽略了城市街道的公共属性和街道活力。此后，美国学者简·雅各布斯（Jane Jacobs）洞察到了这一点，并以此视角对城市空间的发展进行了重新审视，1961年出版了《美国大城市的死与生》一书。随后，从城市街道逐步关注到了乡村街道的发展。兰德尔·阿伦特（Randall Arendt）于1994年撰写的《国外乡村设计》，从规划角度探讨了关于乡村居民点街道设计的相关问题，主要针对街道的宽度、弯道、边沟、沿街绿植及死胡同问题进行了探讨。2002年扬·盖尔（Jan Gehl）撰写的《交往与空间》一书，从行人的角度出发，阐述了街道宽度、人行道宽度在不知不觉中影响着居民出行感知等内容。2016年美国学者约翰·布林克霍夫·杰克逊编著了《发现乡土景观》一书，此书中提出三种景观：乡土景观、政治景观和平衡景观，并强调无论城市还是乡村，都包含着多样的建筑形式、空间和布局，像街道和住宅等也要适应环境变化。

日本学者芦原义信也为街道设计做出了杰出的贡献。1975年他撰写了《外部空间设计》一书，结合人眼的视野范围，提出了外部空间的 D/H 理论，该理论为街道设计提供了一种有效的空间秩序。2006年他所撰写的《街道的美学》，除了注重人性化的生活模式和街道的形成，强调行人在街道中的尺度关系外，还阐明了街道的形成与建筑之间的密切联系，运用格式塔心理学，通过“图形”与“背景”的关系，深层次地探讨了街道空间的变化。

国外对于街道的研究主要集中在整体规划上，很少涉及景观层面。以上较为典型的理论书籍也大多针对城市街道，在乡村街道方面的研究较少，但无论是城市街道还是乡村街道都存在着共通性，因此前者对后者具有切实可行的借鉴意义。

3.1.1.2.2　国内现状

在理论层面，1992年彭一刚编著的《传统村镇聚落景观分析》一书，讨论了村落的形态特征，以及村落与街道之间的相互联系，并针对性地研究了街与巷的概念和街道的线性变化；2000年梁雪编写的《传统村镇实体环境设计》中，提到了街巷分别由街道的底面、两侧的垂直界面、天空和小品等组成，对于街道连续性和开合性变化方面的深入研究，为乡村街道景观的发展提供了强有力的支撑；2005年由赵之枫、张建、骆中钊等编著的《小城镇街道和广场设计》一书，从设计理念出发介绍街道的建设工作，阐述了街道的历史演变和发展的空间特点，为乡村街道景观的保护与更新的持续性发展做出了重大贡献；2010年叶齐茂编著的《村内道路》中，将街道的功能性进行了等级划分，并介绍了整治的技术标准，参照标准来规划道路的布局，对乡村街道的整治打下了坚实的技术基础；2016年由方明、邵爱云等编著的《农村建设中的村庄整治》中，主要从技术层面讨论道路整治的重点和措施，为街道的整治提供了技术支持。2023年由许哲瑶、杨小军撰写的《乡村景观改造图解》，从景观角度系统地解析了街巷、交叉口、节点等空间的设计策略。

综上所述，从理论层面和经验层面对乡村街道的相关内容的研究，弥补了乡村建设上的不足之处，取得的成果对于我国乡村街道景观的发展具有重要的借鉴意义。

3.1.1.2.3 现存问题

近年来，城市建设的快速发展影响了乡村街道的发展方向，导致建设中常常以交通功能和效率为准，忽视了街道公共空间的功能性，影响了乡村整体的风貌。

首先，乡村的街道布局没有合理地分级优化，导致功能性与路网不匹配，需要根据村内资源环境，针对性地优化街道网络；乡村街道景观千篇一律，没有注重其个性化发展，失去了村庄传统的文化，应结合街道本身，达到独特性发展效果；有些区域空间尺度不恰当，缺乏村民驻足停留的人性化空间，缺乏车辆停车的开阔场所，因此要结合街道自身的功能性，解决空间尺度上的难题；乡村街道公共设施不完善，需要根据区域的不同功能来设置公共设施；软质景观中绿化配套不齐全，应因地制宜地进行绿化的配置工作；硬质景观中铺装混乱，需按照不同功能性来划分，形成规整的铺装样式，并借助软质景观，达到两者的有效结合。应针对以上问题，逐个攻克，为乡村发展和村民生活增添活力。

3.1.2 乡村街道景观空间形态

3.1.2.1 乡村聚落空间的结构

乡村聚落与村民生活息息相关。我国国土辽阔，南北跨越范围较大，也就形成了南北乡村聚落不同的空间结构特点。可将影响聚落空间结构的原因大致分为自然环境和社会环境，自然环境是乡村形成和发展的基本条件，社会环境便是使乡村凝聚在一起的内在原因。

3.1.2.1.1 自然条件

（1）气候影响。我国南北跨度五十多度，因此气候条件对聚落结构的影响鲜明。例如，北方冬季气候寒冷，建筑多围合成四合院式，也就促成了清晰的“十”字形街道脉络。为保证家家户户能够有充足的光照，防止建筑之间的相互遮挡，从而也就形成了相对较宽阔的街道格局（图3–1–2）。南方气候炎热，光照充足，为了遮蔽阳光，建筑物之间会越加紧凑，且出檐深远，形成了略窄的街道，避免了炎炎烈日下村民的炙晒（图3–1–3）。

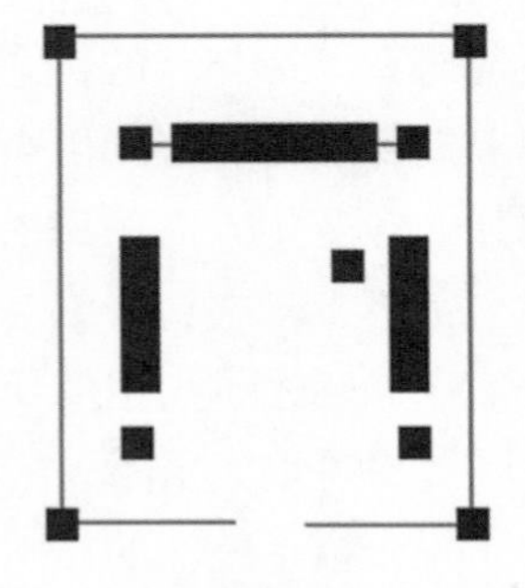

图3–1–2 气候寒冷街道类型

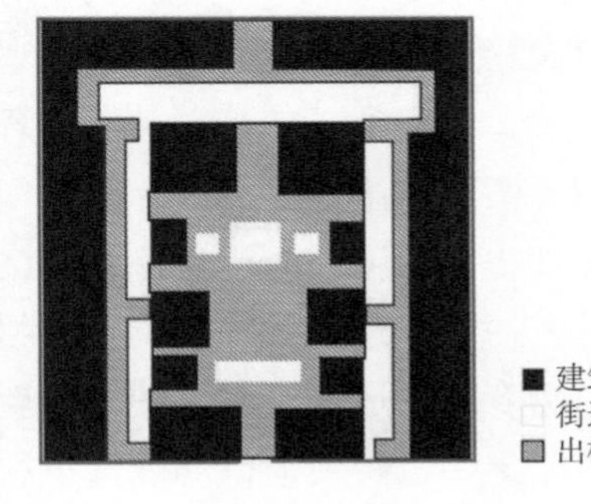

图3–1–3 气候炎热街道类型

（2）地形地貌。我国地形地貌变化丰富，有山地、丘陵、平原和江河等，乡村聚落的发展与地形地貌相关，且大多沿着等高线垂直（图3–1–4）或平行排列（图3–1–5）。

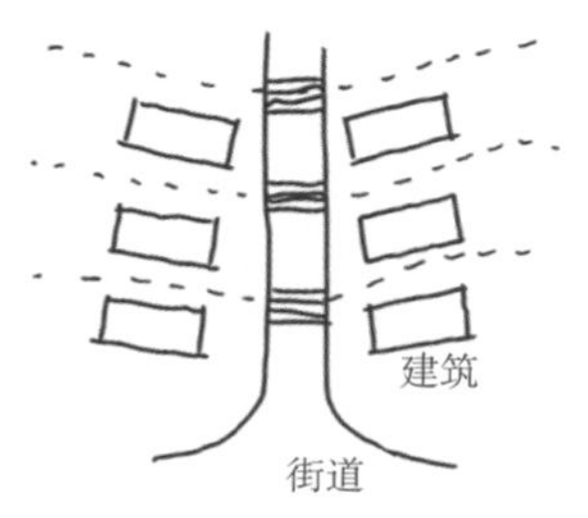

图3-1-4　垂直于等高线

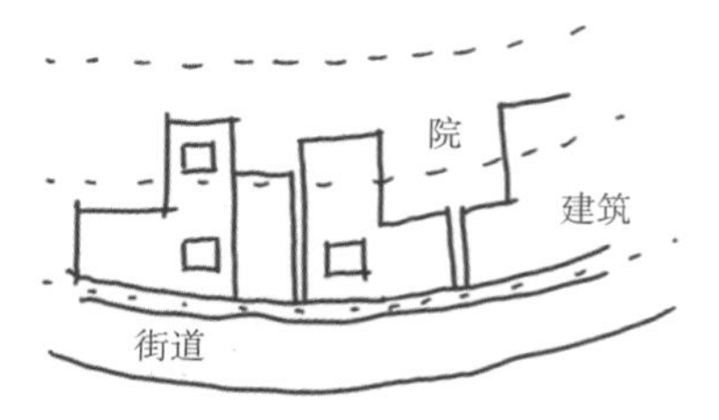

图3-1-5　平行于等高线

“靠山吃山，靠水吃水”的理念是村民适应自然环境的一大特征。例如，从平面来分析，建在山地丘陵脚下的乡村聚落形态沿岗地或阶地呈带状分布；从垂直角度来看，山地连绵起伏，为了迎合整体地势的变化，借助骑楼和商铺等建筑组合成街道，其形态曲折蜿蜒，层次极为丰富。又如，在江河周边的乡村聚落是沿着一侧或两侧逐渐发展而来的，并有桥相通。该地的建筑和街道基本上都与江河平行，沿河岸有许多巷道相连，便于乡村的经济发展。平原地区的乡村聚落虽地形没有明显的变化，但也同样会受到小微环境的影响，大多会避开洼地，多集中建立在地势较高的地方，其建筑轮廓清晰，形成了完整的道路网络关系。

（3）资源环境。不同地区对于当地材料的使用，影响了建筑的风格特征和街道肌理的构成。石材较多地区，便采用石材建造房屋、围墙和景观装置，街道界面也就形成了密集的石材肌理效果（图3-1-6）；以木材为主的地区，建筑构架采用木材，再加上开窗和底商的营造，形成了越加丰富的界面效果（图3-1-7）；以砖瓦为主，构成的建筑影响了街道空间的独特质感，纹路的变化也赋予了街道独特的视觉魅力（图3-1-8）；砖土材质地区，运用优良土质，促成了街道整体厚重、封闭的内在感受（图3-1-9）。

图3-1-6　以石材铺装主街道

图3-1-7　以木材铺装主街道

图3-1-8　以砖瓦铺装主街道

图3-1-9　以砖土铺装主街道

3.1.2.1.2 社会环境

社会环境因素潜移默化地改变了街道空间结构的发展趋势。因此可以将其大致分为伦理道德、血缘联系和宗教传统三方面，系统地剖析乡村聚落产生的内在原因。

（1）伦理道德。宗法等级制度从古至今是一种封建的伦理道德观念，深刻影响着人们的生活环境。例如，随着宗法等级制度的发展，北方形成了围合式的四合院，有着封建伦理秩序，布局规整又具备灵活性，这种建筑形式的群体将墙体连接后促使了街道空间的产生。因此，伦理道德观念是乡村民居建筑和街巷风貌历史中最为鲜活的文化记忆。

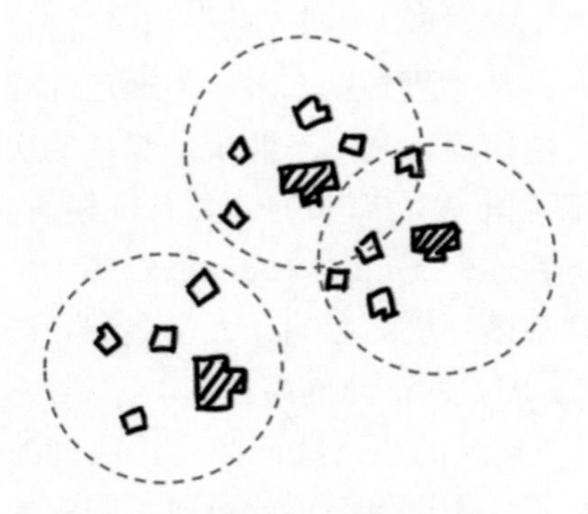

图3-1-10　村落雏形

（2）血缘联系。以血缘为中心形成的村落雏形早已出现（图3-1-10），最早会有一个主体建筑，其向外进行扩散后形成多个家庭组团。历经社会的发展，慢慢形成了较稳固的家庭关系。血缘关系较为密切的村户其街道关联会更为密切且通达性好，随着家庭规模的扩大，也就分成了若干巷道和小路。从街道分布中便可以明显看出村户间亲疏远近关系。

（3）宗教文化。乡村聚落的分布范围广泛，因当地信奉的宗教信仰、生产和生活方式的不同，必定会形成独具特色的聚落形态。例如，信奉佛教的村庄，寺庙通常坐落在村内的主要道路上，是村中标志性建筑，如村中有多个寺庙，也会围绕寺庙进行扩散形成多个组团，该场所与街道相连，两者间的空地也就自然而然地成了村民的公共活动区域，是构成聚落的重要精神支柱。

3.1.2.2 乡村街道空间的布局

乡村街道形成了多种不同类型的带状空间，通过横巷和纵巷进行连接，完善了井然有序的乡村生活。乡村发展是逐步形成的，并不是一蹴而就，因此乡村街道往往给人一种不完整的感觉。地域环境是布局形成的主要原因，将乡村街道空间的布局进行分类后，可大致分为自由式、带状式、网格式、放射式和混合式五种。

3.1.2.2.1 自由式布局

自由式村庄布局一般适用于自然地形条件复杂的地区，通常是由于地形起伏变化较大，街道根据地形呈现不规则变化而形成。其保留了最原始的村庄自然形态，这种线形类型生动活泼，并依附于当地的周围环境，因此才构成了不规则的形态和独具特色的街巷景观。但该布局范围不明确，形成过程中还造成了许多不规则的建筑院落，因此给街道空间发展带来了不便（图3-1-11）。

3.1.2.2.2 带状式布局

由于山地与河道整体形态迂回曲折，所以带状形式的乡村也都跟随其形态弯曲地分布在附近。沿山地分布，整体形态似纽带一样蜿蜒，以主街为支撑，形成了内向型的空间构成，便于两侧居民的交往与生活；沿河道一侧或两侧分布，形成了一个以河道为轴线的带状式布局街道，因与水系连接紧密，所以其格局和景观空间层次也就更为复杂多变。带状式布局横向延展能力较强，纵向延展能力弱，因此要综合考虑并加以深化（图3-1-12）。

图3-1-11　自由式布局

图3-1-12　带状式布局

3.1.2.2.3　网格式布局

网格式布局也被称为棋盘式布局，前者由后者演变而来。布局结构按经纬划分，整体路网清晰明确，因此网格式布局通常应用在较为平缓的乡村地区，形成的乡村规模也较为庞大。城市街道与乡村街道采用的网格式布局有所不同，后者不像前者那样井然有序地排列，也不必遵循严谨的平行关系，甚至还有可能出现合适的移位，使街道空间更加多变并富有趣味。但网格式街道也有形式单一、对环境条件较为依赖等缺点（图3-1-13）。

3.1.2.2.4　放射式布局

放射式街道布局更多分布在城市，少数较为平缓的乡村地区也会涉及。乡村的放射式布局与地形相协调，适当地增加相对应的延展性街道，来满足村民的正常出行活动。可将放射式布局理解为由村庄中心逐渐向四周扩充的状态，虽村内集中、村边松散，但各个街道联系密切，几乎每条街道都能通向中心，呈现层级关系。该布局划分的地块十分琐碎，不利于建筑物分布和街道延伸，因此村庄的边界感就显得格外模糊（图3-1-14）。

图3-1-13　网格式布局

图3-1-14　放射式布局

3.1.2.2.5　混合式布局

混合式街道布局是以上四种样式分别组合形成的，通常乡村受到复杂地形等自然条件的限制，需要因地制宜地使用混合式街道布局。该布局最大的优势是能够适应多样且复杂的自然环境，使建筑体块合理有序地分布其中，既协调了自然环境也为村民的出行提供了便利条件，还能够吸引人群进行更加丰富多彩的基本活动（图3-1-15）。

图3-1-15　混合式布局

3.1.3　乡村街道类型

乡村街道的形成过程较为漫长，且自发演变而来，所以从空间的限定角度看，其形态往往给人凌乱的感觉。最初，一些小的村落仅仅三五户或十几户人家，分散地分布在田地或河边。但随着村庄整体规模的扩大，日益满足不了村民生活和交往的需求，因此便沿一条交通路线的两侧盖房子，也就形成了所谓的“街”。乡村街道可简单地理解为旁边有建筑、能够为村民生活提供便利的道路。可将乡村街道大致分为主街、巷道和小路（宅间小路和休闲小路）三种类型。

3.1.3.1　主街

（1）历史。主街是村内的主干道，可解决村落的主要交通问题。主街延伸到的地方涉及村庄内的建筑和各类公共设施，决定着乡村的发展形态和未来方向。主街与地势地貌特征相适应，基本上与等高线平行，且较为平坦、畅通，像主干一般延展开来。一般来说，主街是村内的主要交通和公共交往空间，平面上尽管也有曲折，但主体是直线性的。

（2）尺度。从空间尺度上看，乡村街道系统中主街宽4～6米，主街的宽度D与两侧建筑的高度H之比（即宽高比$D:H$）大于1（图3-1-16），是汇集村民活动的热闹场所。其两侧均由建筑夹持，但会有建筑中断的位置，中断的街口与巷道相连接（图3-1-17）。

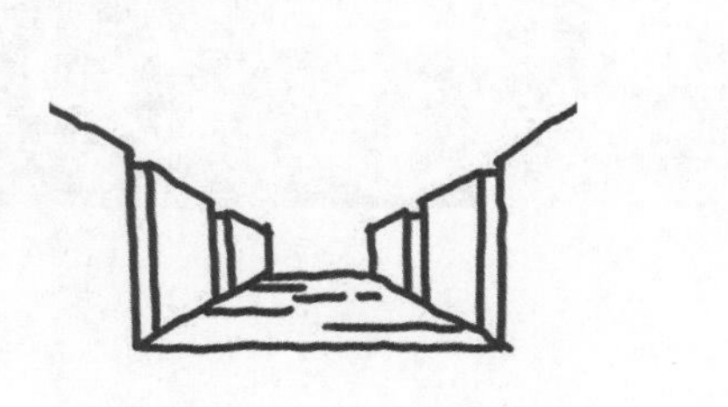

图3-1-16　$D:H>1$

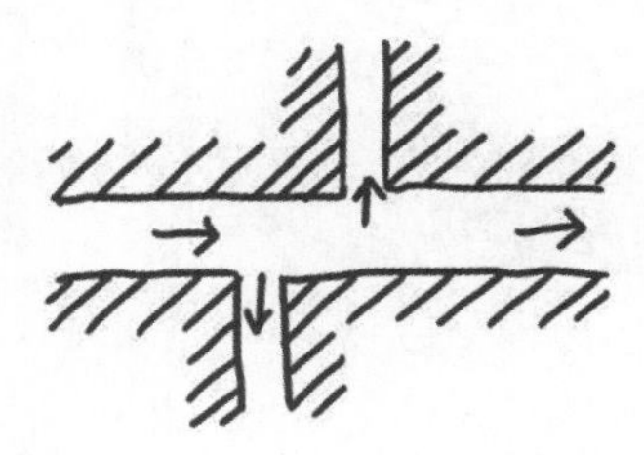

图3-1-17　主街与巷道的关系

（3）特征。一般情况下，主街形态多由多段直线形街道组成，并以平行性的凹凸变化为主。在自然村落中，主街街铺相对较少，但会有承担邻里交往和娱乐活动的街道公共空间，使主街的通过性与停留性并存。主街的侧界面材料和装饰与地域文化相关，层次分明的侧界面能够烘托出主街热闹非凡的景象。其顶界面丰富，轮廓线连续不断且富有韵律。底界面以硬质铺装为主，地面铺装较为完整且平坦，往往中间采用平整石板材料，有利于通行（图3-1-18）。

图3-1-18　主街街景

3.1.3.2　巷道

（1）历史。巷道是次干道，与主街垂直或平行，其宽度略窄，但在村内的交通和景观部分具有与主街同等的重要作用。巷道从等级来讲略微低于主街，作为主街的分支，巷道连通着主街的两侧并逐渐向四周延伸至村庄内的各家各户。形态上就像一根根枝干，连接着主干（主街）和细小树杈（小路），共同形成了井然有序的街道制度体系。

（2）尺度。巷道宽3～5米，宽高比小于1（图3-1-19），能够给予人以温暖、安定的感受。两侧多为不规则住宅或院墙。巷道与主街相比会更加安静，不再是汇集众多群众的公共场所，而是为邻里提供交往和居住的重要宜居空间，公共性减少但私密性增强。

（3）特征。巷道空间连接着千家万户，与村民的生活息息相关，起着分散人流的重要作用。巷道的形态变化更加丰富，其转折点相对较多，减少了巷道的单调感，在大部分传统村落中，往往充当着街道与村户入口之间的过渡空间。

因巷道的侧界面多以建筑的院墙为主，为了减少对村民的影响，形成安全的居住环境，因此其界面少窗，使私密性更强，从而保护了村民最为传统的生活习惯。巷道与主街的底界面相连，具备某种连续性，以石板、碎石、青砖或卵石为主，可以有效地引导行人的路径（图3-1-20）。

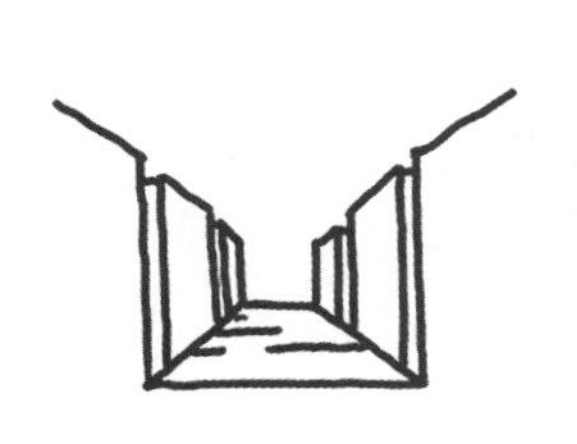

图3-1-19　$D:H<1$

图3-1-20　巷道街景

3.1.3.3 小路

3.1.3.3.1 宅间小路

（1）历史。宅间小路是住宅建筑之间连接各住宅入口的道路，村内宅间小路与巷道相连接，主要以步行、服务和相互交流功能为主，类似于一条人行道路。

（2）尺度。小路宽2～4米，宽高比在0.5左右（图3-1-21），与村户相连的宅间小路不存在过往人流的问题，所以显得格外幽静。

（3）特征。乡村小路遇到的路况相对复杂，受两侧环境影响较大。两侧为建筑的小路顶界面视线狭小，只能看到“一线天”，其底界面与村民的使用性相联系，促使了铺装的多样性（图3-1-22）。

图3-1-21　$D:H\approx0.5$

图3-1-22　宅间小路街景

3.1.3.3.2 休闲小路

（1）历史。村落居民点外开放的小路可称为休闲小路，是围绕村内居民点的田间小路和生产性道路。通常会连接到村边，最后消失在一片田地中，其末端没有明显的边界，具有丰富街巷空间和景观格局的作用。

（2）尺度。一侧或两侧与田地相连，是村民耕种的行走路径，给人一种贴近自然生活的淳朴感受，拉近了人与人和人与自然间的距离。

（3）特征。与农田相连的顶界面视野会更加宽阔，该小路为了减缓地形的坡度，会呈迂回曲折的路线来协调解决，也就是这样通过行走路线的左右变化，扩大了视野的范围，增加了体验感。

3.1.4 乡村街道要素

在凯文·林奇的著作《城市意向》一书中，提炼出了城市五要素：道路、标志、边界、节点和区域，并认为无论多么复杂的城市结构，都能通过以上五点要素被解构。因此，将城市五要素补充和深化后可用在乡村街道空间中，并进一步被划分为界面、比例、节点、历史、文化和其他六大要素。

3.1.4.1　乡村街道空间界面要素

乡村街道界面由侧界面、底界面和顶界面构成，共同决定了街道空间内基本的尺度关系和街道氛围。侧界面与地面垂直，也称为垂直界面，其沿街立面的变化极为丰富；底界面为地面，通常以地面铺装作为引导；顶界面是屋顶围合的天空区域，因此与屋面轮廓线紧密相关。

3.1.4.1.1　街道侧界面

侧界面是街道整体形象最直接的反映，是决定街道性质的重要原因，也间接促成了街道视野的变化和方向，因此要从虚与实、宽与窄和临街立面的运用上来考虑侧界面的特征。

（1）虚与实。虚与实针对的是街道侧界面的空间变化，虚实是相对而言的。实是指侧界面中的实体墙，虚是指门窗、临街门面、入户门楼等，虚实两者对比并衔接后就促成了节奏更加生动且极富趣味的界面关系。若沿街建筑为双层，底层敞开，上层比较封闭，也会产生虚实关系。乡村街道的建筑“背景”有时会被不经意地处理成积极空间，因此相较于城市的虚实比而言，更加具备一定的连续性和整体感（图3–1–23）。

图3–1–23　虚与实

（2）宽与窄。受地形和地域影响，有的街道由于下层建筑向外延伸，再加上出檐又比较深远，会使街道空间下窄而上宽，这样便增加了街道空间的封闭性。还有一些街道其底部向内收并留出一条通廊，人们必须穿过通廊才能从街道进入店铺，形成下宽上窄，这种街道的底层其空间层次变化也极为丰富，尽管从整体看街道空间异常封闭，但由于底层界面比较通透，并不使人感到压抑。不论哪种宽窄形式都会构成更加富有层次感的侧面关系（图3–1–24）。

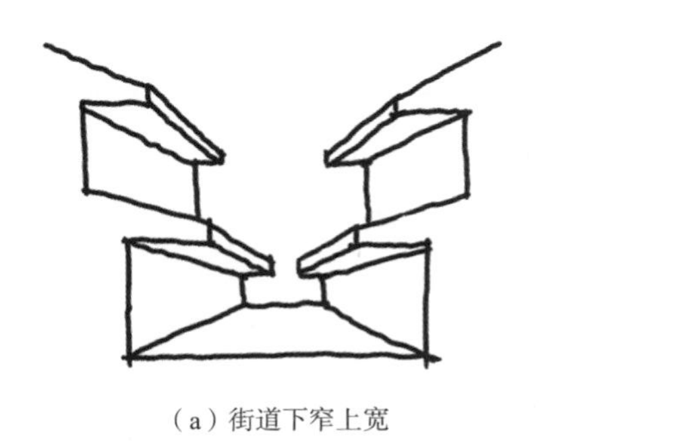

（a）街道下窄上宽

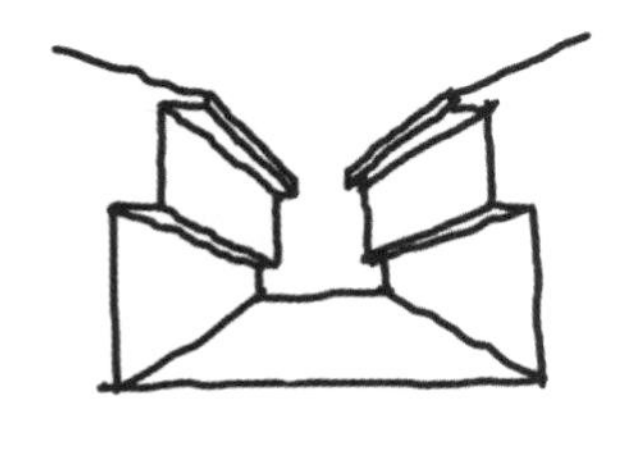

（b）街道下宽上窄

图3–1–24　宽与窄

（3）临街立面。临街店铺是在原有民宅的基础上略加改造，比一般的住户显得更加开敞，因为各家各户经营需求的不同，致使沿街建筑在开间、层数、高度、构造、细部以及虚实变化等方面都有很大的差异。

墙体主要可分为山墙和院墙两种，并与地域特色相关，可烘托街道的乡土氛围。每组建筑的墙体相连，便促成了连绵起伏且极为生动的侧界面关系。街道某些段仅用低矮的院墙来限定空间，院墙之后为住宅的庭院，使人倍感亲切。

民居建筑的屋顶形式自由活泼且富有多样性，平面布局越是自由灵活，其屋顶形式的变化便越丰富。在地形起伏的山区，由于平面充满了曲折和凹凸变化，屋顶形式则纵横交错，相互穿插。

从视觉的角度来看，决定街道侧界面的不仅是建筑本身，还包含着凹凸构筑物。虽然这些构筑物是暂时性的，但对于临街立面而言起着重要的视觉作用。将建筑本身称为“第一轮廓线”，其结构清晰，有序排列；将门店的招牌和装饰用的临时性物品等称为“第二轮廓线”。两者相互结合，才能形成具有活力的临街空间。

3.1.4.1.2 街道底界面

自然多变的地形地貌是底界面的原始形态，乡村街道空间底界面的硬质地铺、线性形态和高差变化共同构成极富特色的丰富的街道空间形式。

（1）硬质地铺。硬质地铺是街道底界面最重要的构成因素，地铺的材质有很多，大多根据当地的地域环境和生活习惯采用本土材质，例如石板、地砖、卵石、瓦片和碎石等，不同材质体现的质感和街道氛围也有所区别。

地铺样式还与导向性相关联，街道中间部分通常使用线性铺装，两边则是其他材质的地铺，不仅引导了人流还加强了街道空间的导向性。

地铺方式可根据街道的宽度来选择，宽度较大的街道采用横铺，可拉开人的视线，达到让行人驻足停留欣赏街道美景的作用；宽度较小的街道采用纵铺，可形成明确的指向性，指引行人到达目的地，作为通道快速通过。

地铺与街道的功能性相关，例如，只为行人提供的步行街，更为注重底层界的灵活性，如需通车的话，底界面要注重严谨有序的人车分流形式。

（2）线性形态。由村民自发建造，在不注重外部空间，极大地扩充自家宅基地后，导致街道形态曲折狭长。平面整体线性可分为直线形、折线形和曲线形三种（图3-1-25）。相比较而言，直线形的底界面更为畅通，行人可获得更为开阔的视野；折线形底界面能够更加缓和地引导人流，达到引人入胜的效果；曲线形底界面形态更加多变，增加了趣味性，还有利于消除行人的紧张情绪（图3-1-26）。

图3-1-25　街道线性形态

（a）直线形街道

（b）折线形街道

（c）曲线形街道

图3-1-26　街道线性形态实例

水渠在村庄中具备排水的功能，也被称为泄洪沟，呈曲线形、折线形和直线形，与街道底界面相连接（图3-1-27），在地面和建筑立面之间以水作为过渡，又因水渠是动态的，便产生了流动感，最终形成活泼的底界面关系，并担负着举足轻重的功能性和审美责任。

（a）曲线形水渠

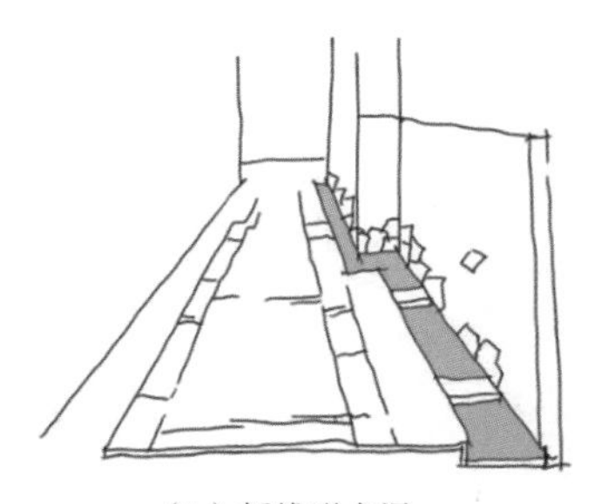
（b）折线形水渠

（c）直线形水渠

图3-1-27　水渠线性形态

（3）高差变化。根据底界面的地势关系，可以将其分为平缓、坡度底和台阶式三种底界面。平缓式通常分布在地势较为平坦的地方，有利于出行；有坡度的底界面受到高差影响，导致了功能性比较单一，但可促使快速通行；台阶式最为典型，依山而行，因此街道高低起伏，形态蜿蜒曲折，呈现一段平缓、一段坡地的样式。

高差变化还影响了视线的忽高忽低，仰视更促使人观看界面色彩和纹理等细节；俯视随着视野扩大，便与层层跌落的屋顶共同促成了街道空间的层次变化。

3.1.4.1.3　街道顶界面

街道顶界面是两侧建筑立面顶部轮廓线与天空之间围合成的天际范围，属于侧界面的延伸。可从天际线、人工装饰和自然植被三方面分析。

（1）天际线。乡村建筑高矮不一，促使屋顶轮廓线高低错落。天际线受屋顶轮廓线的影响，南北地区屋顶样式各不相同，屋顶坡度越陡峭，天际线的形状也就越加丰富且强烈；房屋高度和屋檐的延伸则会使天际线的大小受到影响。较为狭窄的街道，也就促成了“一线天”；主街较宽，透视效果更强，并能够在延伸和叠落中找到一丝平衡感。因此，富有变化的天际线能够增加韵律感并促成丰富的景观效果。

（2）人工装饰。顶界面还包含了“第二轮廓线”的内容。民俗节日期间有灯笼和彩旗等烘托气氛的装饰元素，其样式、质感和颜色对顶界面都产生了深刻影响，并拉近了人与街道之间的关系；具备功能性的遮阳布等，是良好的遮阳场所，对顶界面形成了空间限定的作用。人工装饰与当地村民的生活习惯息息相关，体现了浓厚的生活气息。

（3）自然植被。街道顶界面的植被从景观角度上看，起到柔和衔接街道的重要作用；功能性上起到了遮阴效果，为来往的行人提供休憩场所，并促使行人停留，使街道空间更加贴近自然。

3.1.4.2 乡村街道空间比例要素

乡村街道空间结构具体指的空间开合比、高宽比和视线比，与街道空间不同功能相协调后，逐渐促成了完整的街道空间序列。

3.1.4.2.1 开合比

乡村街道的开合比可以理解为：由于地形变化、街道功能性及建筑物和村民需求的影响，导致了街道两侧的立面会有部分的凹凸变化。如后退的院落、巷口等空间，改变了街道的空间形态，以此来增加街道空间的私密性和复合性，并有效地过渡了入户与街道之间的关系。与城市街道不同，城市街道的两侧基本都是整齐地排列，使整个空间具备良好的完整性，而乡村街道的建筑都是自发建造，因此形态参差不齐，开合比也就宽窄不一（图3-1-28）。

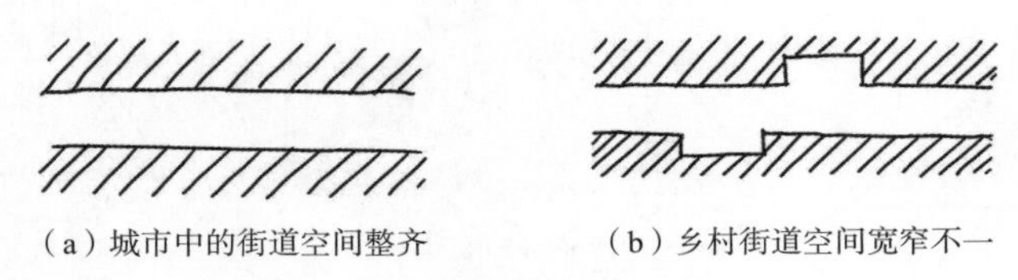

（a）城市中的街道空间整齐　　（b）乡村街道空间宽窄不一

图3-1-28　开合比

3.1.4.2.2 宽高比

街道的宽高比是街道宽度（D）与建筑高度（H）的比值（$D:H$），可将其分为三种类型。$D:H$大于1时，会减少封闭感，渐渐被开敞的感觉取代；$D:H$等于1时，这样的街道空间可以满足村民的正常生活，使人感到较为亲切；$D:H$小于1时，人们看到的沿街建筑则是局部的，在心理上会产生强烈的包围感（图3-1-29）。

（a）$D/H<1$　　（b）$D/H=1$　　（c）$D/H>1$

图3-1-29　街道的宽高比

图片来源：芦原义信，《外部空间设计》，尹培相译，北京：中国建筑工业出版社，1985。

3.1.4.2.3　视线比

当$D:H=1$时，垂直视角为45°，为全封闭界限，行人会将视线集中在细部；$D:H=2$，垂直视角为27°，为封闭的界限，较容易注意沿街立面关系；$D:H=3$，垂直视角为18°，为部分封闭，可观看到界面的整体轮廓关系（图3-1-30）。

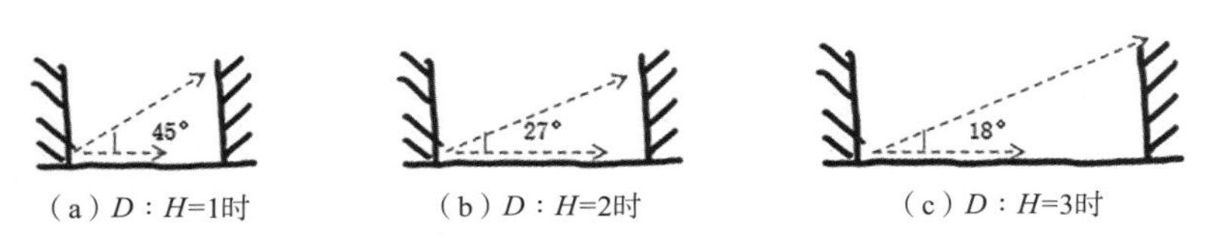

（a）$D:H$=1时　（b）$D:H$=2时　（c）$D:H$=3时

图3-1-30　视线比

3.1.4.3　乡村街道空间节点要素

街道通常由街口、街尾、交叉口和广场等具有标志性和地域性的区域串联而成，且各个节点功能性有所区别，最终促成连续性和多样性的街道特征。节点位置决定了街道每一段距离的长短。当距离过长时，就会导致整体空间略显单调；距离过短时，又会导致其散乱无序。所以应结合整体街道空间，按照需求和功能进行精准划分。

3.1.4.3.1　街口

街口是街道空间中的前端部分，是人们途经村庄所获得的第一印象，彰显一个村庄的文化底蕴和人文特色，极具代表性和导视性。进入街道空间的方式大约有两种：正对着街口进入，随着距离的缩短，街道空间对人的吸引力越来越大，因此建筑的体形和外轮廓线远比细部上的变化更为重要；经过村口的一侧然后再转入街道空间，街口一侧的建筑多呈曲线形，起到引导的作用，并在不经意的情况下突然呈现街道空间，使人产生某种兴奋的情绪（图3-1-31）。

因此，可针对性地通过在街口处设置构筑物、入口广场、入口建筑（门楼、桥等）的处理方式进行街口内外的连接。同时要注意其体量、材料和色彩都应与当地传统文化相结合。

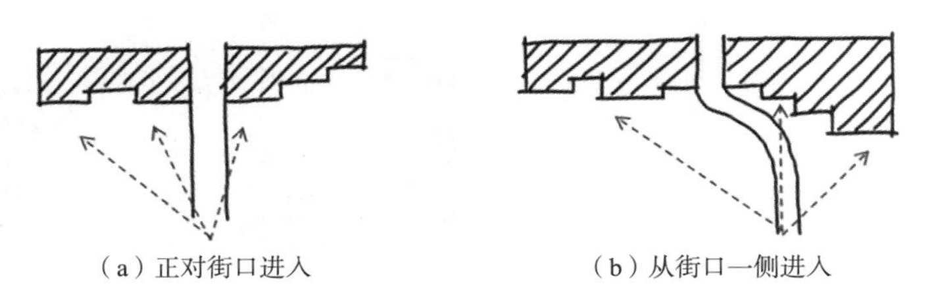

（a）正对街口进入　（b）从街口一侧进入

图3-1-31　进入街口类型

3.1.4.3.2　街尾

一些自然村开始没有明确的进口和出口，随着时间的推移，越发注重整个村庄的形象和传统文化底蕴，也就需要开始考虑街口和街尾的作用。街尾即街道的尽端，是街道空间向外延伸的过渡空间。在街尾的设计中应考虑添加构筑物或石头、枯木等景观设施进行收束，并融于周围自然环境中。

3.1.4.3.3 交叉口

两条及以上的街道相交便形成了交叉口，交叉口经过错位相交后形成了最为熟悉的“丁”字、“十”字和“Y”字样式（图3-1-32），“丁”字型交叉口封闭了视线方向，但具备良好的场景框取效果；“十”字型交叉口视线通透且交通流畅；“Y”字型交叉口视觉具备通透感，且景观效果多变。

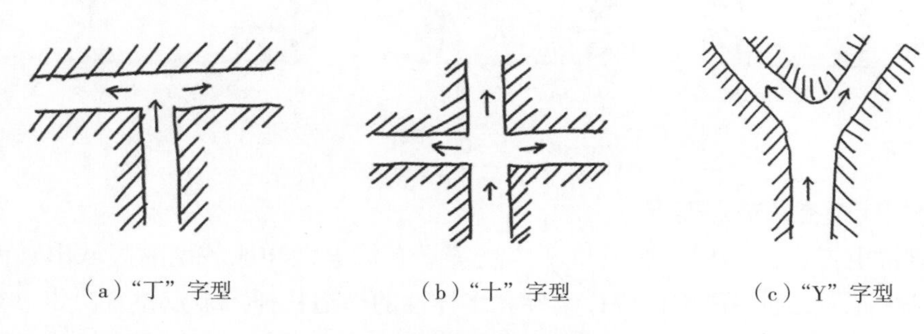

（a）“丁”字型　（b）“十”字型　（c）“Y”字型

图3-1-32　街道交叉口类型

3.1.4.3.4 广场

广场作为重要的聚集性公共空间，由周边建筑和景观共同围合而成，乡村广场相较于城市广场，后者外轮廓更加清晰，前者无论是规模大小还是布局形式都很难界定。

广场一般分布在村庄的主要节点处，与当地的生活习惯和宗教伦理相关联。与祠堂有关的广场主要是为了满足村民的祭祀活动，具有纪念性。为戏剧提供集会场所的广场，则更加注重村民的娱乐性（图3-1-33）。以树为中心的广场，则更具生活性。以交通枢纽为主的交通广场一般比较嘈杂。虽性质不同，但都能够为村民的活动提供场地，为生活增添多样的乐趣。

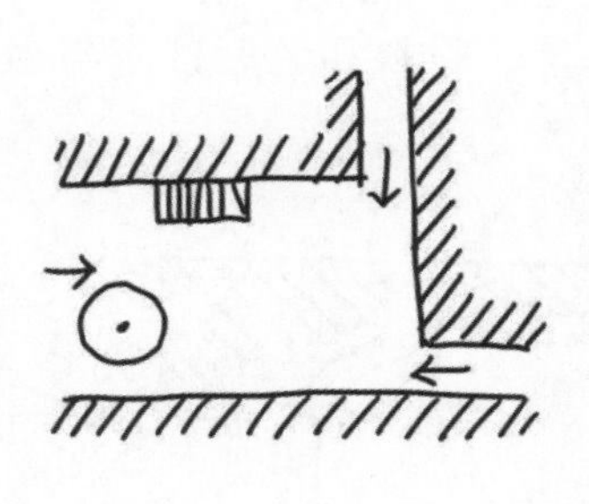

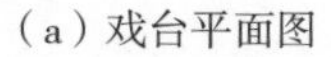

（a）戏台平面图

（b）沙溪四方街戏台

图3-1-33　戏台

3.1.4.3.5 标志物

街道中的标志物代表着一个村庄悠久的历史文化，通常分布在街道中的起点、终点和重要转折点，不同的标志物可以给予行人不同的节奏感和丰富的感受。标志物一般为较高的特殊建筑（塔、宗祠）或过街牌楼等，有些标志物在远处仍能够吸引人群视线，可引导路径和方向，在整个街道的空间节奏中起到了点睛之笔的重要作用，具备可识别性，并形成对景或借景的效果（图3-1-34）。

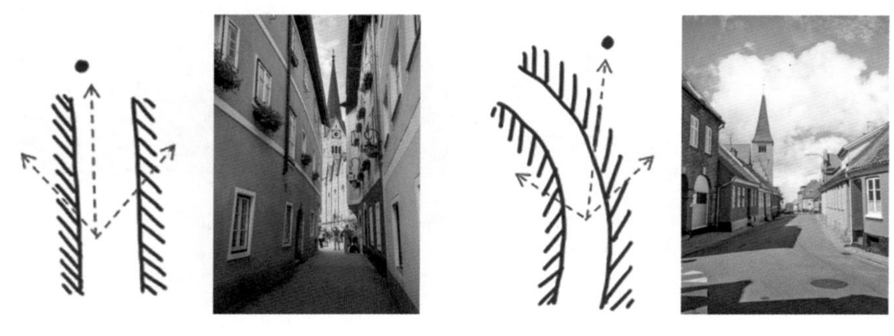

（a）标志物对景　　（b）标志物借景

图3-1-34　标志物

3.1.4.4　乡村街道空间历史要素

乡村街道空间承载着乡村记忆，在设计中通常会选择具有代表性的节点进行保护与再设计，例如古桥、古井、古碑、古树、祠堂和庙宇等。历史要素节点作为可记忆性的场所而存在，在街道景观的形成过程中具有重要作用。

3.1.4.4.1　古桥

古桥可分为风雨桥、石板桥、亭桥和拱桥等，桥体跨过河流，因此大多与街道垂直。桥在街道空间中作为重要的交通设施，桥的存在突破了街道空间的狭长封闭形式，为单调的街道环境增加了强有力的韵律。除此以外，桥形态上的变化往往更能够吸引人的注意力，最独具特色的便是拱桥，大多分布在南方，拱桥桥体高于地面呈弯曲形态，会给予人视野上的变化，上下皆可通行，保证了村内通行的需求（图3-1-35）。

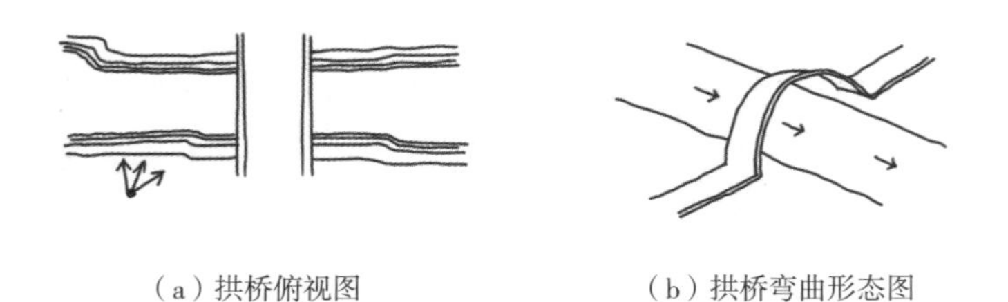

（a）拱桥俯视图　　（b）拱桥弯曲形态图

图3-1-35　古桥

3.1.4.4.2　古井

古井承载着村庄的文明进程，联系着各家各户的日常生活，在为村民提供饮水来源之余，又促进了村民之间的交往，成为各家各户的重要情感纽带。古井大多分布在街道空间中较为宽敞的转角处（图3-1-36）。现今古井在功能上利用率逐渐降低，但并不妨碍仍旧是街道空间中极具特色的历史要素。

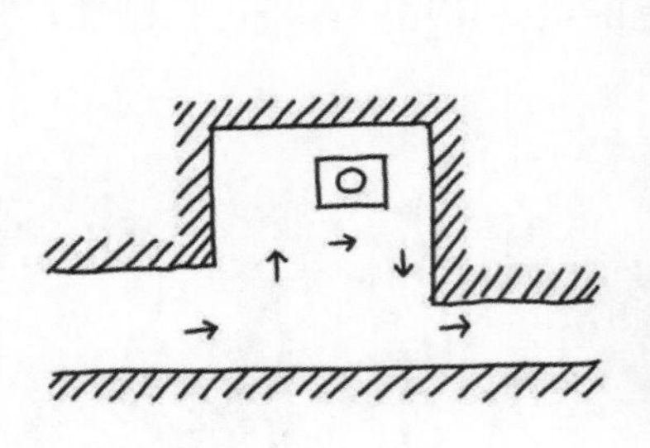

图3-1-36　古井

3.1.4.4.3　古树

古树多分布在街口、街尾和街角处，历经长时间的生长后高大挺拔，夏日遮阳冬日避风雪，村民聚集后自然而然也就形成了群众性的公共空间。以古树为中心并作为空间的支点，除了可满足日常的交往需求以外，每当到传统节日还可将空间进行扩充，形成庆典活动的广场空间。因此其规模不同且没有边界，可以随时间和功能性进行相应的扩充，使树下的乡村生活氛围变得越发浓厚（图3-1-37）。

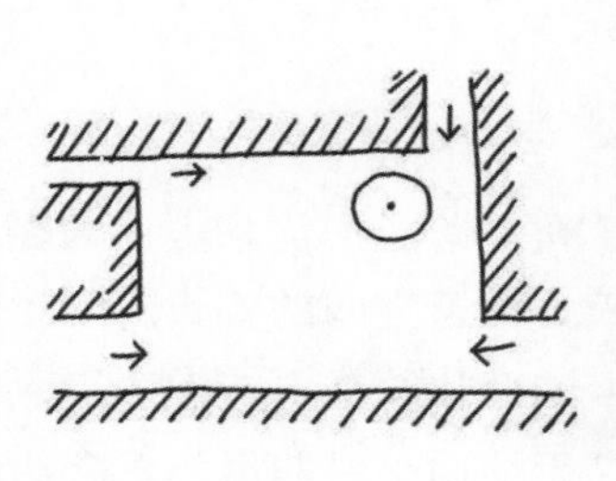

图3-1-37　爨底下村某街古树空间

3.1.4.4.4　祠堂

祠堂和庙宇都承载着数年历史，祠堂映射着宗族关系，庙宇反映了宗教信仰。祠堂联系着村内的家族文化，具有独特的历史地位。从建筑角度来看，其装饰艺术和建筑结构，无不体现着当地民居的风貌特征；从街道景观角度来分析，祠堂的位置大多临街，虽大部分年久失修，但仍能够吸引村民前来聚集闲谈。因此需要在保护原有古建筑的基础上，激活街边历史节点的生命力（图3-1-38）。

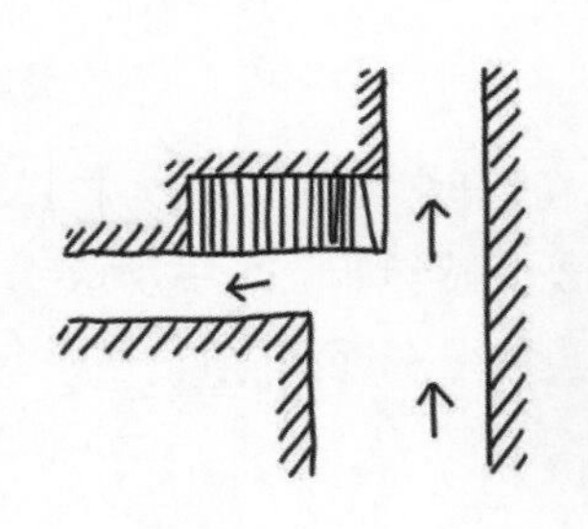

图3-1-38　溧水仓口村祠堂

3.1.4.5　乡村街道空间文化要素

文化要素主要包括民俗文化、历史人文和邻里交往等，既有经济价值，又有人文和历史价值。文化要素在与街道空间长期的对弈中又相互融合，在一定程度上满足了村民们对街道环境的归属感。

3.1.4.5.1　民俗文化

乡村由于地理位置的不同，在历史发展过程中形成了各自的生产、生活方式和风俗习惯，并赋予了对村落街巷风貌影响深远的地域性特色。传统手工技艺与村民们的衣、食、住、行等日常生活和社会生产有着紧密的关系，如安徽省宏村的灯笼文化，贵州省榕江县乌吉苗寨村的刺绣工艺等，可将当地的手工艺与街道界面元素挂钩，促成具有民俗特色的传统街巷空间。

3.1.4.5.2　历史人文

历史人文要素具体包括村落的历史遗迹、文保古建、名人故居等物质财富，非遗文化、乡村的历史名人及故事、历史上发生的重要事件等精神财富。在设计具有历史人文积淀的村庄时，要保护并结合历史人文因素，赋予其新的现代价值，来展现一个村庄和街道空间独特的历史文化内涵。

3.1.4.5.3　邻里交往

邻里交往空间是村庄内有辨识度和时代记忆点的场所。经济环境及社会环境的差异影响着人与人之间的交往方式和行为特征，在村落的邻里交往中，大多聚集在生活广场、墙角、树下等场所。对村庄内街道剩余空间进行整合，通过街道公共空间的激活营造，来拉近邻里交往的距离，满足村民在街巷内日常交往的情感需求。

3.1.4.6　乡村街道空间其他要素

3.1.4.6.1　绿化

乡村街道绿化需综合考虑，街道两侧可选择乔木和灌木结合的形式，促成高低错落有致的层次。选择适宜当地气候条件的植被，其中减少维护成本的经济类植被是乡村绿化的首选。还要根据季节变化来选择适合的植被种植，可促成不同季节的景观效果。

3.1.4.6.2　色彩

色彩与当地的建筑材料和功能都有着紧密的联系。例如，砖、石、瓦作为材料彰显着沉稳和灰色调的魅力；木、竹材料则呈现温暖的暖色调氛围。

主街会用有颜色的装饰物件来增添商业气氛，色彩较为丰富；巷道和小路狭窄，很少涉及买卖活动，因此整体色彩单一。乡村街道的色彩不需太过艳丽夺目，而需要在反映地域性材料的同时，根据不同街道的功能性有序地进行整体丰富才是最好的选择。

3.1.4.6.3　行人

街道空间是为人服务的，设计应围绕人来进行。遵循人的基本尺度是设计的前提，从宏观角度来看，人与建筑的高度比达到1.3较为舒适；从微观角度来看，人与街道景观间的尺度关系要以设计的标准数据作为支撑。

3.1.4.6.4　公共设施

可将乡村街道公共设施分为交通设施和基础设施两大类。建设过程中应遵循当地的发展环境和文化传统，使其能够保证村民最基本的生活，并为乡村的可持续性发展提供强有力的保障，成为当地文化的简易缩影。

3.1.5 乡村街道系统设计原则

3.1.5.1 地方性原则

街道以最直观的角度展现着乡村发展的历史进程，需要挖掘历史文脉，明确设计基调，尊重并合理利用地域性元素。还可将地方传统民俗和节日活动引入街道空间中，并通过强调界面各个要素的方式，来突出街道空间的景观个性，从而保障地方性元素和居民文化归属感。

3.1.5.2 参与性原则

乡村街道是公共场所，不属于具体的某一个人，村民们自发性地完成街道保护与更新工作极具价值和意义，因此要进行全方位普及。并通过介入前期街道材料选取、中期街道建造和后期维护的方式引导村民参与，在建造过程中发挥自己的长处，增加对街道景观理解的同时还加深了文化认同感。

3.1.5.3 多样性原则

乡村街道是承载居民生活重要的公共空间，街道的主体活动者是人，乡村人群复杂多样，不同年龄段的群体，其活动类型也多种多样，因此需要考虑不同人群的需求，针对性地发挥街道多功能属性的优势。并兼顾空间尺度性、舒适性、安全性和便利性全方位的需求。同时还要发挥空间类型的多样性，才能够给予人更加丰富的体验感。

3.1.5.4 低造价原则

低造价也可以理解为低消耗，是省时、省工、省料的设计方法。省时是指建造周期用时短，可以采用较容易且稳固性强的搭建方式；省工是指用较少的工人投入，可让村民参与其中，既享受建造乐趣还能彰显当地村民的自豪感；省料方式可结合乡村周边自然条件，在呼应周围环境的同时还能达到环境系统内部的良性循环。低造价并不意味着缺失设计的有效性，更不是以降低成本为代价来损耗设计，因此需要在“代价”和“效用”之间寻找到一个平衡点。

3.1.6 乡村街道系统设计策略

在原始村落空间中村民除了居住，还需要兼具休憩、交往和生产的街道空间，因此，本文主要从提升街道空间网络、完善街道空间序列、优化街道线性形态、激活街道空间节点、强化街道界面肌理、优化其他街道元素这六方面，进行乡村街道系统由面域到线再到点的推进式设计策略。

3.1.6.1 提升街道空间网络

3.1.6.1.1 *优化街道空间布局*

首先，明确乡村街道的空间布局形态，总结发展格局和特色文化脉络。传统乡村中有许多独具特色的街道，可将此类主要街道作为重点轴线来控制，次要街道则作为分支，在维持原始街道布局的基础上，逐渐细化结构体系。其次，在保留街道原有核心结构的基础上，划分节点位置并加强整个片区的中心性。最后，使标志性节点呼应于线性街道的关联。通过这种“骨架”与“片区”结合的形式来优化乡村街道空间的网络布局（表3-1-1）。

表3-1-1　乡村街道空间的网络布局分析

网络结构	示意图	分析
疏通街巷“骨架”结构		按层级分析现有街道，并按需调整街道分布
整合并截取历史特色（迁建历史建筑）		重点维护和修建沿街历史建筑，保留街区特色
街道与标志物之间的“莲桥塔影”		建立标志性节点与街道之间的关系
保留节点、整理“片区”		使古树等小节点和着重整修的“片区”街道景观，能够覆盖整片街区

例如，莲桥街便是以保护和恢复街区历史风貌为重点进行的再设计，标志性古建筑则采用“莲桥塔影”的形式，贯穿着各个街道与其之间的视觉关系（图3-1-39）。

（a）街道与古建筑的“莲桥塔影”　　（b）保留古树

图3-1-39

（c）改造后街道

（d）改造前街道

（e）改造后古建筑

（f）改造前古建筑

图3-1-39　莲桥街

3.1.6.1.2　片区与街道的关联

传统乡村风貌的片区与村内的现有资源相结合，由点扩散后并以面的形式呈现，不同片区主题与街道之间有着密切的关联，可将乡村片区大致分为生活居住区、综合服务区、宗教信仰区、农业生产区和休闲娱乐区五部分。

生活居住区街道两侧多由住户单元组成，边界感和通达性较为明确，通过协调街道景观，使其满足居民日常的休憩和交往需求，并给予人更多回归亲切和宁静街区原始生活的感受（图3-1-40）。

图3-1-40　生活居住区街道

综合服务区街道两端有明确的空间界定，彰显了领域性。由滞留和半滞留空间相串联，具有隐含的路径属性。街道有多重功能相叠合，因此极具场所感。应通过调动街区景观氛围感，来营造热闹非凡的街区景象（图3-1-41）。

图3-1-41　综合服务区街道

宗教信仰区街道具备明确性，需要挖掘更为深层次的文化底蕴，并结合传统文化打造乡村符号，深化街道界面的宗教信仰主题，再次唤醒被村民遗忘的文化烙印（图3-1-42）。

图3-1-42　宗教信仰区街道

农业生产区街道线性复杂多变，与地形联系密切，包括生产和生活两方面，承载着农业展示和农事活动，添加农具展示和农耕体验来突出街道农耕氛围，呈现人与农耕环境的街区风貌（图3-1-43）。

休闲娱乐区街道由多个节点串联，遵从乡村的地形地貌特征，充分利用自然资源和街区公共空间，促成形态多变且环境宜人的街道娱乐性景观（图3-1-44）。

图3-1-43 农业生产区街道

图3-1-44 休闲娱乐区街道

3.1.6.2 完善街道空间序列

3.1.6.2.1 整理街道序列

芦原义信在所著的《街道美学》中对序列空间进行了阐述，认为人们通常将街道和乐章联系到一起，将其视为有着清晰“章节”的序列空间，该空间有“序曲—发展—高潮—结束”整个过程。将人作为街道空间内部的动线依据和切入点，可以更加深层次地探讨各个要素之间的动态顺序和序列逻辑。对居民来说可以增强宜居性和亲切感，对于游人来讲可以增加识别性和体验感。

一条街道主要是由彼此不受影响的“段”所组成，每个段间借助空间上各个节点紧密连接，使各段间不仅相区别还相互联系，通常采用街道空间中的节点来强调段的关系，主要节点的景观设计则作为街道序列中的高潮出现。

3.1.6.2.2 整合街道序列节奏

（1）整合平面序列。街道的街口和街尾作为强调街道领域和范围的位置，是开始和结束的部分，具备象征意义，也是一段街道精神内核的标志性区域。高潮节点通常为村落中某个标志性建筑或景观广场等空间，也可理解为景观设计与功能上的高潮部分。空间引导主要目的是柔化并引导起始节点与高潮节点之间的空间关系，往往通过多个小景观来吸引行人，达到串联空间节点和引人入胜的作用。街道空间序列具备空间引导和生活记忆的方向性特征，呈现街道的叙事形式。

例如，宝安区沙井街道便可以直观地看到平面序列的空间引导关系，经过各个节点的串联和路径引导，到达街道节点高潮部分，这里聚集了来往的人群，是整条街道的“点睛之笔”（图3-1-45）。

（a）平面序列结构（一）

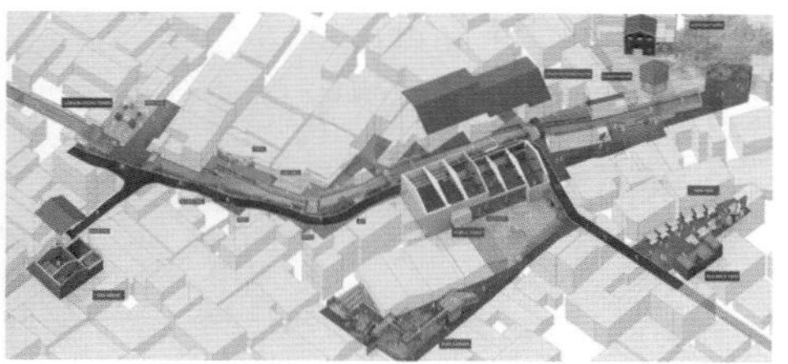

（b）平面序列结构（二）

（c）街道标识引导

（d）街道墙绘引导

（e）街道空间功能性串联节点

（f）街道空间装置性串联节点

（g）街道高潮节点（一）

（h）街道高潮节点（二）

图3-1-45　宝安区沙井街道

（2）推进空间序列。开合变化主要针对的是沿街建筑的连续性，促成了公共空间、半公共半私密空间、私密空间三种开合序列形式（图3-1-46），利用不同的开放程度来达到街道空间多样性的目标。

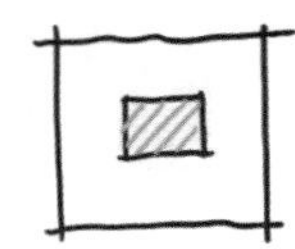

（a）公共空间

（b）半公共半私密空间

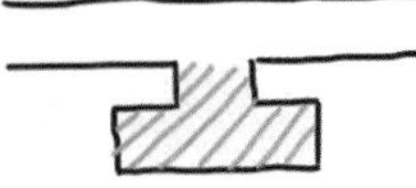

（c）私密空间

图3-1-46　空间序列形式

街道的空间序列变化可以通过开合变换进行街道节奏的推进，开合关系影响街道的动静变化，往往两者相辅相成、紧密相连。通过利用院前空间和其他剩余阴角空间的方式来打破封闭式街道形式（表3-1-2）。

表3-1-2　开合变换形式分析

名称	示意图	分析
开合变换、街院相连		空间序列需要推动街道与院落相连接的形式，来促成街道空间的公共性

例如，雨儿胡同便将封闭式的建筑与街道的前庭空间改造成开敞式的休憩场所，在增加了植被造景后，更能够引导向积极空间的转变，构成更有活力的街道景象（图3-1-47）。

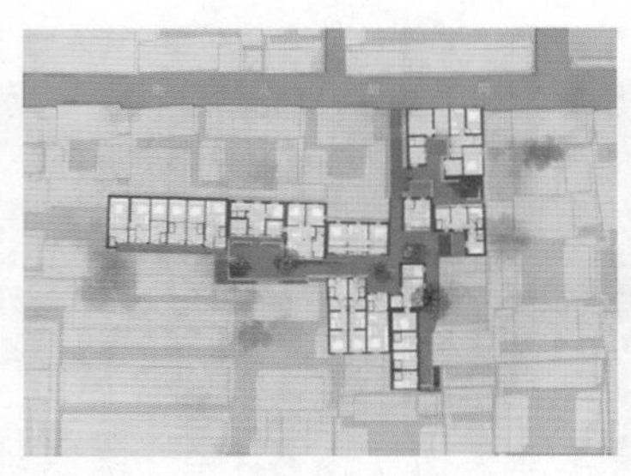

（a）街道空间布局图

（b）街道空间示意图

（c）改造前街道

（d）改造后街道

（e）改造前街道阴角空间

（f）改造后街道阴角空间

图3-1-47　雨儿胡同

3.1.6.3　优化街道线性形态

3.1.6.3.1　改善线性空间

（1）整理线性空间。尽可能地遵循传统街道模式，在维持原有街道的基础上，不做过多的改动。如果遇到情况复杂，无法满足村民未来发展需求的旧街道时，可相应地将其延伸、拓宽、收缩，促成更加合理的街道空间形态。还需整理街道的灰空间，拆除破败和乱建的街道空间，结合建筑前区，整合边角空间，将其进行明确的整合后融入街道结构中，可弥补街道的断裂肌理。一条完整的街道由多种线性组合而成，因此要进行梳理，有针对性地采取措施（图3-1-48）。

（a）整理线性街道

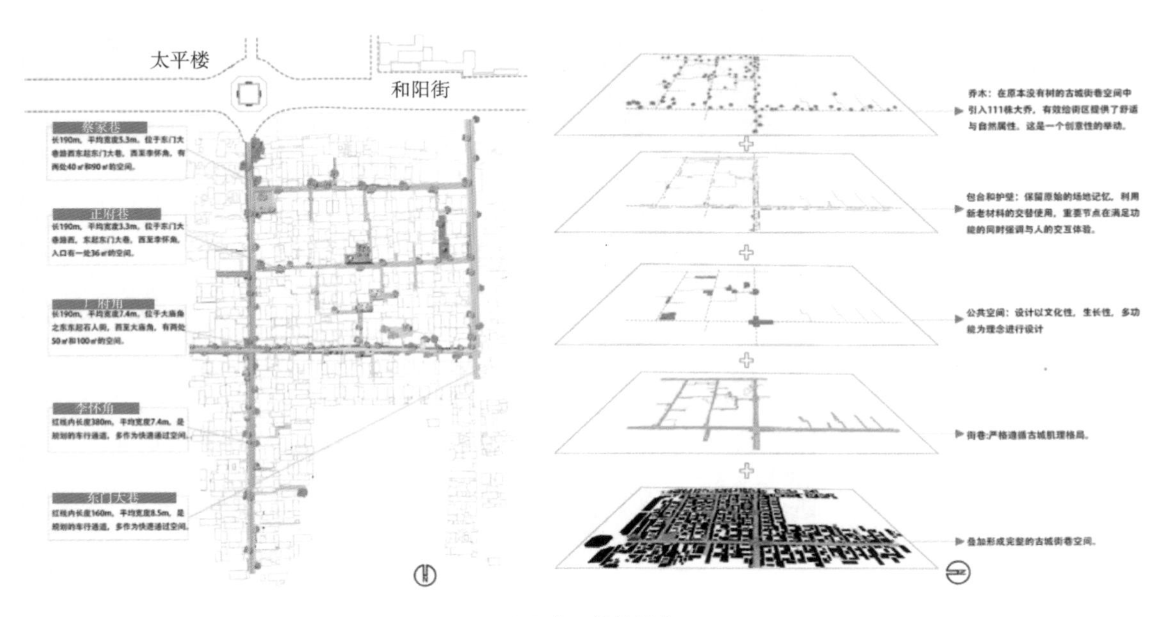

（b）梳理线性结构

图3-1-48　改善线性空间

（2）线性分级优化。直线形街道要注重前端、中端和尽端的景观设计，前端为起始点，可运用引导性景观或景门的方式来营造；中端可通过座椅、景观池、景观设施等相协调，来形成流畅的视线效果，达到街道前后空间的衔接；尽端可通过放置植被景观或标志性节点的方式来收束视线。

线性流畅的直线形平缓主街，最主要的就是关注其畅通性，通过良好的街道景观元素来形成流畅的视域。机动车和行人是动态的，因此沿街景观需避免其突然形成的断裂空间。对于尺度较小的直线型街道，需要注重景观的连续性与节奏，避免视觉疲劳感，营造交往、宜居氛围感。

折线形街道线性复杂，这类转折关系是线性街道的停顿，因此需着重关注路线转折位置的景观塑造。以不妨碍街道正常通行为基础，可以将折线转角设计为绿化或休憩的节点空间，有条件的街道转折处还可设置为行人提供休憩场所的凉亭空间。

曲线形街道可通过景观过渡来形成心理暗示，尤其是侧界面的适当处理，以保证街道的连续性，还可增添石凳等休憩节点，达到衔接街道景观的作用（表3-1-3）。

表3-1-3　线型街道示意图及设计要素

类型	场景示意图	设计要素
尺度较大的直线形主街		景观植被要素促成两侧流畅的视域；由第二轮廓线景观要素贯穿
尺度较小的直线形街道		尽端种植植被，放置景观花池或休憩座椅等
折线形街道		折线转折处节点位置需与街道主题和功能性相关；底界面铺装的特殊处理
曲线形街道		曲线转折位置的景观节点需引人入胜；景观植被的柔化衔接

3.1.6.3.2　线性业态升级

延续街道线性业态肌理是增加村落文化识别性的前提，激活线性业态则是赋予线性街道持续性发展的内在动力。

（1）延续线性业态。例如，村内最主要的农业生产路线，需运用村内的农耕元素，为村民来往的路上增添休憩场所，还可设置农具悬挂设施，达到回忆性与应用性的结合。图3-1-49中，将非物质文化遗产剪纸与现代工艺相结合，设计出了别出心裁的景墙，彰显了农耕文化记忆。石头座椅上也通过图案来普及传统的农耕器具，能够让村里的老人们在闲聊时回忆起曾经农忙的热闹景象。

图3-1-49　客家文化“客厅”街道

（2）激发业态活力。要遵循新与旧相交织的有机更新形式，在唤醒街区生命的同时，带领街区文化向外延伸发展。同时还要将其历史价值和生活性变成文化的产物，通过展示、售卖等方式来传递历史信息，促成新与旧的融合发展（图3-1-50）。

图3-1-50

图3-1-50　激发业态活力案例

3.1.6.4　激活街道空间节点

3.1.6.4.1　提升节点空间

（1）划分街道节点。在节点激活的过程中并不需要创造更多新的或者尺度过于大的节点，只需要将村内居民生活的情感节点加以重塑和提升，按照节点类型来加深其符号性特征。有条件的村庄可根据要素划分为景观节点和历史节点两部分，不同节点之间相互串联共同形成了完整的街道空间。从节点的面积大小和发展潜力两方面来划分主要节点和次要节点，主要节点可重点修复，次要节点便可通过设置简易设施的辅助来达到节点活化效果。例如，宰湾村节点划分便采取了以上方式（图3-1-51）。

（a）宰湾村节点划分过程图

（b）村标

（c）豫北民居展厅

（d）“椿”暖花开装置

（e）有囍有鱼广场

图3-1-51　宰湾村节点划分

（2）景观节点更新。村内的景观性节点大致可分为始末空间、交叉口空间和广场空间。街道的始末空间作为一个村庄的形象，需结合街道和地形，设立乡村的标志物，如具备乡土元素的雕塑或指示牌等，可结合当地的自然资源，如古树和山石，与村口进行呼应，加强村庄的地方性和识别性特征。

例如，坪上村的入口结合了弯曲的街道，标志物采用当地石板瓦与山石结合的垛木结构，以此来回应当地的传统元素，构成场所感的村口空间（图3-1-52）。又如，尧山村入口呼应了街道和地形特征，拉近了人与农田之间的关系，结合当地材料，采取低造价的手段，共同促成了村口位置的场所感（图3-1-53）。

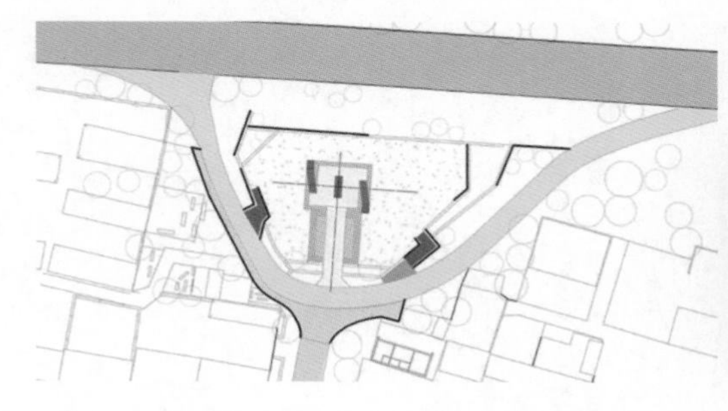

图3-1-52　坪上村入口

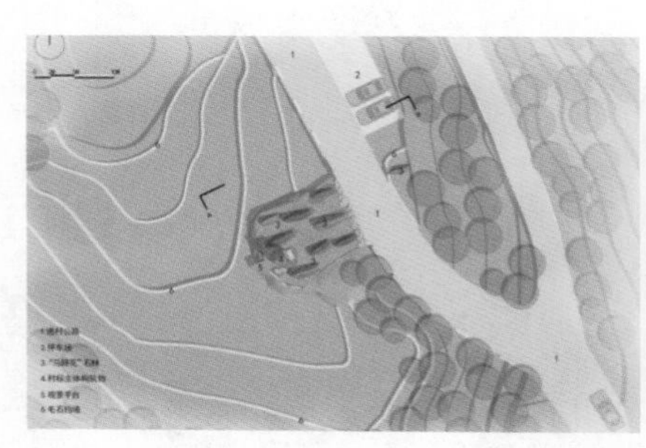

图3-1-53　尧山村入口

交叉口的改造可以达到引人入胜的效果，能够有效地聚集水平街道上的景观，还能以交叉口景观为中心向两端延展。街道交叉口在不妨碍交通的前提下，可针对性地采取抹角处理，预留出的空间便可相应地设置景观节点，处理好街道与行人之间的关系。通过设置休憩凉亭、街边座椅等，促成村民聚集，形成适宜村民喝茶、聊天、打牌、唠家常的场所。还需注意有高差的交叉口空间，应促成整体高低变化有序，对比协调统一的交叉口景观样式。

例如，尚村的交叉口设计，在坍塌的老屋主体内设置了6把竹伞，竹伞支撑起了高低起伏的拱顶空间，与周围建筑相呼应。通过改造凉亭的形式激活了街道的交叉口空间，为村民打造了良好的交往休憩场所（图3-1-54）。

图3-1-54　尚村的交叉口设计

又如，浙江省温州市藤桥镇小岙村街道交叉口，具有一定的高差，为了迎合地势南高北低的形式，采用石头矮墙与楼梯进行街道高差的连接，同时促成了村民在此停留交谈（图3-1-55）。

图3-1-55　小岙村街道交叉口

广场空间具备连接街道和集中人流的特点，需要依据场地风貌特征来深化不同广场主题，铺装材质和广场的配套设施不仅要遵循场地地形的变化，还要从各个角度呼应广场的主题风格。通常乡村小广场都具备两用或多用性，极大地满足了村民不同的活动需求，可激发乡村最为原真性的情景。

例如，北街广场以戏台为中心，塑造成了集戏曲表演与集会相融合的公共场所。空间保留了原有的植被和休闲设施，通过砖和石子修复地面，戏台广场不仅承载着村民的娱乐记忆，还回归了最真切的情感（图3-1-56）。又如，上坪古村的小棚架具备两用性，平时可作为凉亭；在特定时间里，它又会变身为乡村传统戏剧的表演舞台，而此时周边的建筑窗口则成为观赏表演的最佳位置（图3-1-57）。

图3-1-56　北街广场

图3-1-57　上坪古村棚架小舞台

（3）历史节点更新。村内历史性节点相互串联，根据节点的重要性，在设计中可将其分为大小不一的节点空间，能够形成一条以历史文化为中心，且具备节奏感的街道游览线路。

对于古建筑的设计需要以修缮为主，打造最为原真性的体验空间是发展乡村经济的有效途径；现如今，有的古井仍旧具备实用性，因此可以先拓展实用功能，并在此基础上结合乡村文化特色打造主题性的场所景观，活化周边区域的同时，还可带来更为丰富的体验感（图3-1-58）。

图3-1-58　古井改造

古树通常具有百年的历史，见证着时代的变迁，千百年来古树能够吸引人群来树下遮阳、庇荫，形成没有墙壁的天然公共空间。要想延续其文化属性，可以依托古树，在周边设计具有围合感的景观空间，引导休憩交谈行为（图3-1-59）。

图3-1-59　天马村古树

对于古桥，可根据通行要求，将本土材料应用在桥身或桥顶，通过本土元素的植入来激活功能性，促成观景、闲谈的公共空间。例如，李窑村便采用当地的竹子作为支撑，茅草为顶相结合，激活了古桥空间的公共性（图3-1-60）。又如，桐梓中关村的桥便是在原有的基础上增添了当地的石笼结构和竹子照明设施，重建了人与村落、人与自然之间的关系（图3-1-61）。

南焦村是以历史文化节点作为串联，进行历史要素的保护、文化传承、功能提升有机融合的有益实践。村内现存百年老槐树、观音庙、石牌坊、古井、焦家大院等重要历史文化遗存。一个好的乡村街道景观跟历史与集体记忆有关，因此设计中使用了当地的材料，达到了功能和文化的有机融合，对于乡村文化传承方式具有重要价值（图3-1-62）。

图3-1-60　李窑村古桥

图3-1-61　桐梓中关村古桥

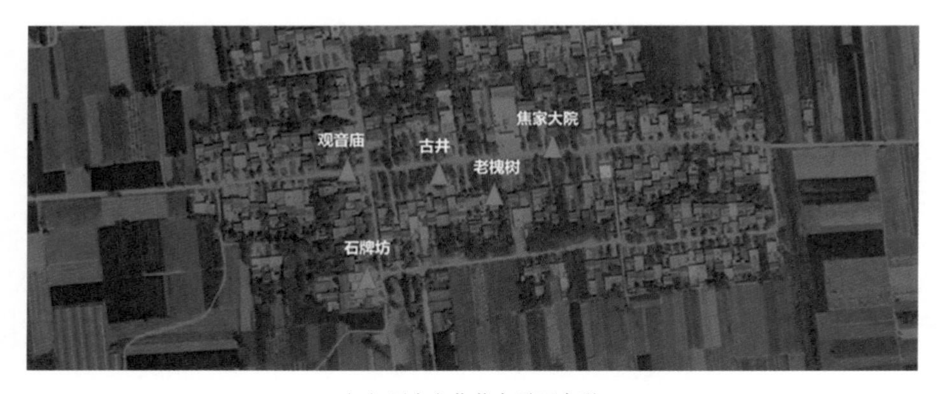

（a）历史文化节点平面串联

（b）观音庙　　（c）古井

图3-1-62

（d）焦家大院

（e）老槐树

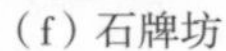

（f）石牌坊

（g）石牌坊局部底界面

图3-1-62　南焦村历史文化节点

3.1.6.4.2　激活节点场景

（1）丰富景观节点。街道空间作为公共活动的物质载体，承载着更加丰富多样的节点内容，节点丰富的形式影响着村民的生活和参与程度。只有让节点空间承载并延续村民的公共生活，才能使街道空间具备人气，让节点区域活起来，催化村民多样化行为的产生。

综上所述，可将该类别的景观性节点大致分为雕塑性质景观、座椅性质景观、水渠性质景观和过街性质景观四类。雕塑性质的景观可放置在沿街、街道的阴角空间位置或交叉口处，这样可以作为标志物撑起整片街道空间（图3-1-63）；座椅性质的景观大多分布在沿街，可根据街道需求和高差，设计坐、卧等不同样式的座椅，达到激活空间的作用（图3-1-64）；水景性质的景观，通常与街边泄洪沟相连，解决行人夏天纳凉、冬天观景的需求（图3-1-65）；过街性质景观以过街门楼为主，作为标志性景观节点，彰显街道地域特征的同时还引导了行人的视线（图3-1-66）。

图3-1-63　雕塑性质景观节点

图3-1-64　座椅性质景观节点

图3-1-65　水景性质景观节点

图3-1-66　过街性质景观节点

（2）提升记忆节点。以往的片刻记忆会留存在环境中，需要我们通过设计将其唤醒，展现出强烈街道文化氛围。大到承载历史活动的荒废建筑，小到街边被遗弃的碾盘和水井等公共设施，都是时代发展的“见证者”。在优化空间功能的基础上还应增加体验感，通过体验的形式来促进行人与街道节点之间的关联，从而激发村民对街道节点的情感。

例如，位于大同古城东南邑的大庙角历史街区，便将空置废弃的街角场地改造为充满历史记忆的公共空间。改造中一系列零碎的老物件以全新的视角陈列于场地中，实现历史与现在时空的交叠，使人们在参与互动的同时引发对过去与未来的思考（图3-1-67）。

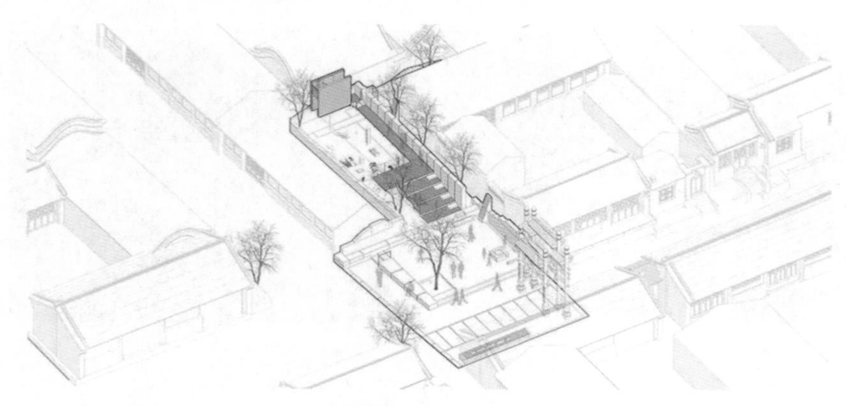

（a）大庙角历史街区轴测图

（b）大庙角历史街区细节图

图3-1-67　大庙角历史街区

3.1.6.5　强化街道界面肌理

3.1.6.5.1　更新沿街完整界面

（1）修缮沿街建筑。延续街道特色最主要的方式就是保护沿街的原始建筑，临街建筑受损，极大地影响了街道的空间环境。传统建筑大多都老化破损，结构不稳定，但存留价值高，可将其进行保护修缮，运用当地的材料和传统手工艺将沿街老旧建筑进行局部整修，以求恢复其原始的建筑风貌。

还可根据街道条件和需求植入新的功能属性。例如，洙凤村知青医疗站外观的改造，延续了原有空间构成要素所积累的共有记忆，使功能性再次被重新启用（图3-1-68）。对南昌三井眼历史街区的古建筑进行修复时，重点在于复原建筑的界面原始风貌，并采用跟以前一样纯木构做法，加固了建筑结构，功能上也进行了强化（图3-1-69）。

图3-1-68　洙凤村知青医疗站

图3-1-69　南昌三井眼历史街区

（2）整合沿街界面因素。传统乡村的建筑材质和色调是构成街道界面氛围感和统一性主要的物质要素，因此沿街材质及色彩是整合界面要素的第一步。村内常用的传统材质有青砖、红砖、山石、夯土、瓦片等。砖墙的优势在于可通过不同的构筑方式达到新颖的视觉效果；石墙一般不需要强加修饰，可呈现凹凸不一的院墙质感；夯土墙沉稳厚重，形态变换以镶嵌为主；瓦片作为重要的乡土装饰元素，通常会搭配其他材质。

这些材质都极具地方性特色，本土材质的运用可使街道界面风格和色彩更为连贯，因此院墙大多实行旧材新用的组合手法（表3-1-4）。

表3-1-4 材质组合

组合类型	示意图	组合类型	示意图
泥土与陶瓷		石头与陶瓷	
青砖与瓦片		石头与铁丝	
青砖与旧物（窗框）		荆条与旧物（簸箕）	
木条与木柴		竹条与混凝土	
石头和茅草		石头与陶瓷	

3.1.6.5.2 强化沿街界面层次

（1）丰富侧界面。首先，侧界面可通过第一轮廓线和第二轮廓线相结合的方式来营造丰富度。第一轮廓线的面状建筑的屋顶呈高低错落形式，首先需要注意整体形态的有序变化、墙体的再生处理并结合建筑退界和门窗比例，来规整侧界面的虚实层次。

例如杭州富阳东梓关村，建筑基底边界和院落边界形成了一种完整的立面交织形式，建筑屋顶轮廓线和建筑立面的开间、开窗的连续性组合，以及上层与底层的虚实对比，呈现出层次感丰富的侧面关系（图3-1-70）。

图3-1-70 东梓关村侧界面

其次，要注重门、窗户等细节设计，通过保留和强调固有传统结构突出细节把控。例如，宋家沟村街道门框保留原始构架，并在此基础上进行加固和粉刷，窗户可保留现有窗花结构和图案，并翻新处理。第二轮廓线主要由墙面招牌和景观设施组成，按功能需求来增加第二轮廓线的物质内容，并统一设计语言和高度，以此来达成第一、第二轮廓线相互协调的视觉效果（图3–1–71）。

图3–1–71　宋家沟村门窗改造

街道侧界面主要由院墙构成，首先清理依附在侧界面上的广告信息和陈旧设施，保留原始街道的用材和视觉色彩，以强化肌理特征为主，再按需植入当地材料，通过使用传统工艺重置肌理（图3–1–72、图3–1–73）、绘制墙绘（图3–1–74）、沿街装置（图3–1–75）等方式，来凸显村内人文生活方式和传播地域文化特征。采用针对性措施，表达不同街道侧界面的形式语言。

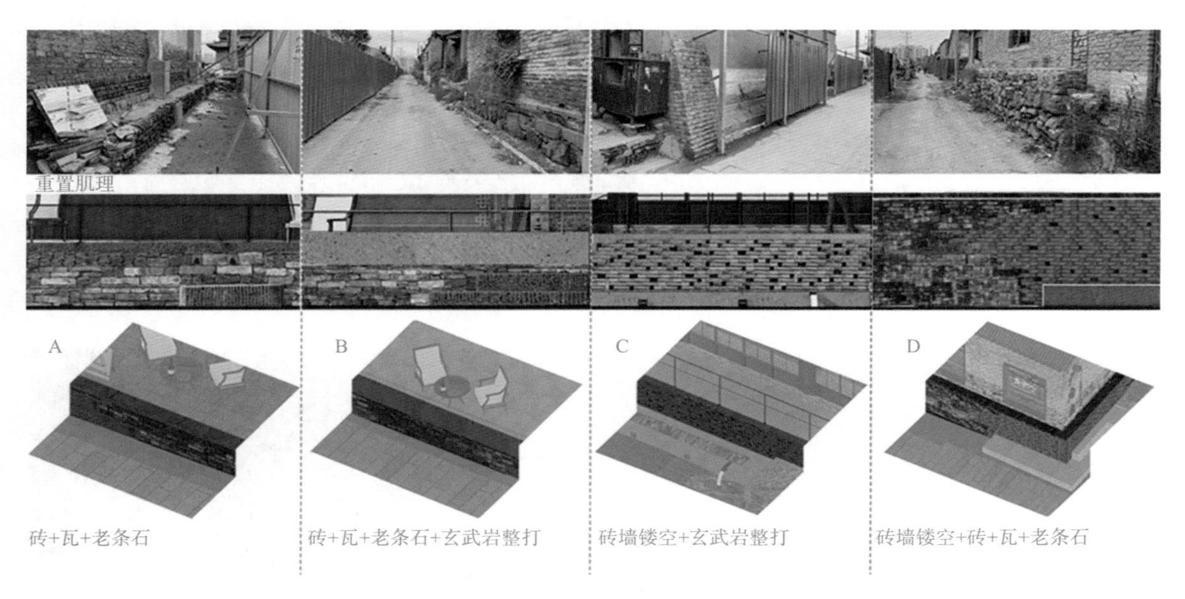

图3–1–72

图3-1-72　墙体局部材料再生

图3-1-73　新老墙体材料融合

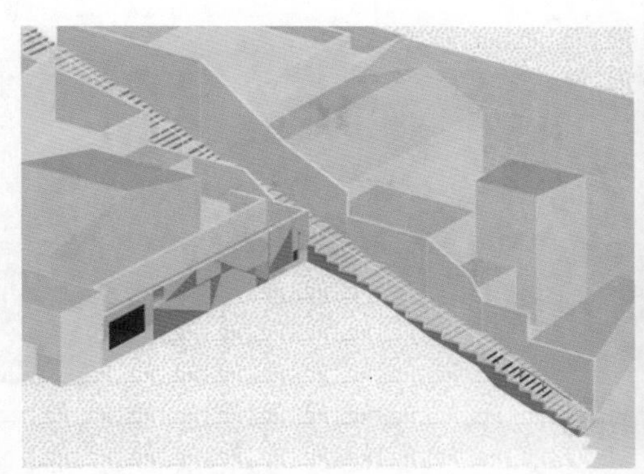

图3-1-74　街道墙绘活化

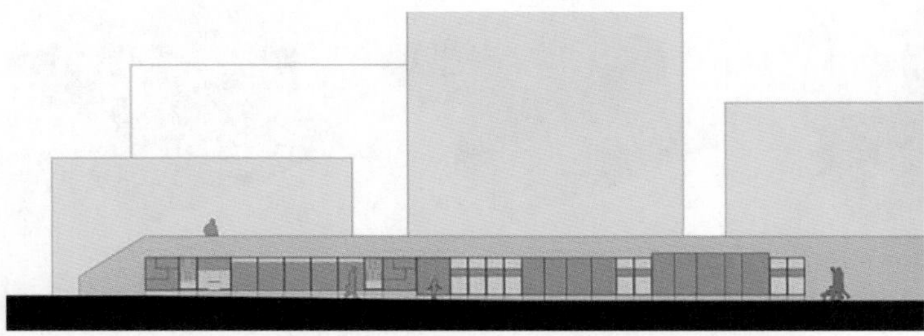

图3-1-75　街道装置介入

（2）丰富底界面。若按街道等级来划分底界面，主街通常以轮廓较大的石板或石块拼接而成，可使街道保持平整；巷道大多由砖块拼接，显得格外沉稳大气；小路则由凹凸不平的石子或有棱角的碎砖拼接而成，可与周围草地相互穿插，达到与自然融合的效果（表3-1-5）。

表3-1-5　材质解析

名称	铺装示意图	分析
石板	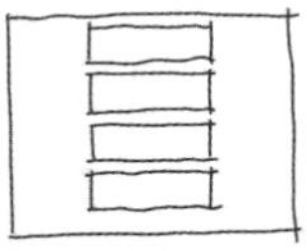	石板平整且规则，可横竖组合拼接
石块	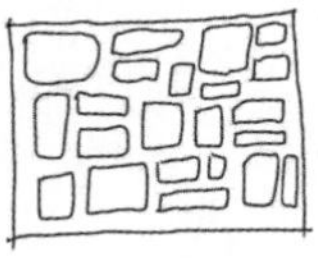	石块轮廓较圆，由大石铺地，小石填充缝隙
砖块	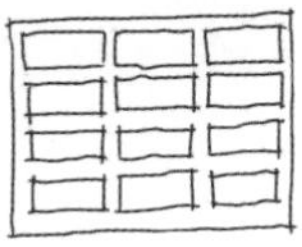	砖块由短边拼接，拼接造型多变
石子		石子形态大大小小、凹凸不平，利于增大摩擦力
碎砖	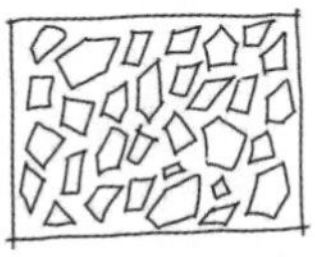	带棱角的碎砖可增添小路质感

材质的组合影响了底界面的视觉效果，大部分村庄底界面都是水泥路和土路的结合，造成了路面硬化现象。因此在设计中，地面铺装可以使用不同材质的拼接，来代替村内单一的地面材质。例如石子与石板、青砖与石板、石块与草地等形式的穿插（表3-1-6）。

表3-1-6　材质组合

材质名称	示意图	材质名称	示意图
石子与石板		青砖与石板	
碎石排列		石块与草地	

按照街道不同区域的用途及功能进行铺装划分，不同尺度的街道可根据场所慢行系统的必要性增加底界面的摩擦度，需要顺畅通行的可采用青砖与石板的方式，缓慢通行的可采用石子与石板相结合等形式，增加铺装界面的凹凸变化来增大摩擦力；街道的交叉口、节点和入口等位置的铺装，需要与原有街道铺装进行区别，此类重点强调区域可使用线性引导方式的铺装来强调场所的特殊性，底界面不再单调乏味（图3-1-76）；街道边缘位置如需与草地相连接，便可通过石块与草地、木条与草地相穿插的过渡形式来表现场所的自然氛围感。

图3-1-76　引导性质的铺装

具备文化底蕴的街道，可通过在铺装上雕刻文字或图形的方式，既能深化地铺的文化含义，又能增加地面摩擦力，保障安全通行。老西村村落肌理就是被简化为图底形式，局部地面采取雕刻方式来传达特有的文化记忆（图3-1-77）。

图3-1-77　老西村局部底界面

具有高差的底界面，需要在不妨碍正常交通的情况下，参考街道功能性并对其进行更新设计。以台阶式底界面为例，需要通过设计将台阶上下空间进行连接。例如，在台阶旁设置扶手，增加平台休憩位置，促成休憩空间（图3-1-78）；还可加入景观装置，结合可休憩的台步，形成连贯的台阶式景观序列（图3-1-79）。

村内有泄洪沟的街道通常杂草丛生，需要将泄洪沟进行清理和整治，并结合两侧植被来解决街道的渗水问题，达到不同时期泄洪沟景观的丰富变化。同时还可通过石或木的连接来建造泄洪沟的辅助通行设施，促成功能与形式的统一。图3-1-80便是宝安区沙井街道泄洪沟的周边植被和亲水平台的设计，可增加体验性。

图3-1-78　入口处底界面

图3-1-79　景观装置底界面

图3-1-80　宝安区沙井街道

（3）丰富顶界面。顶界面的天际线是在天空的背景下，人们对于街道轮廓线的感知。需要在保护原有街道天际线的基础上，整理破败景象；增加人工硬质景观，悬挂功能性的招牌和挂牌等，都可按需来设置；软质植被景观种类繁多，色彩随季节变化，可增添街道氛围感，无论植被栽种在院墙的内部还是外部，都会间接影响顶界面的层次变化；沿街建筑屋顶是形成天际线最为基础的部分，因此应尽量达到屋顶形态和材质的统一性。

顶界面有自身的节奏和韵律，有些街道区域缺乏遮阴的场所，因此可以运用当地材质，通过在街道顶部搭建木架、钢架、竹架的方式来形成框架结构，并在此基础上添加遮阳物件，如草帽、竹编、油纸伞、遮阳网等，还可通过顶界面传统图案镂空设计等方式，形成功能性和观赏性的有机更新形式。既丰富了顶界面，又提高了街道空间的场所感（图3-1-81）。

图3-1-81　不同类型顶界面

3.1.6.6　优化其他街道元素

3.1.6.6.1　改善公共设施

（1）协调交通设施。乡村街道内的机动车占据传统狭窄街道，给村民的街区生活和周围景观都造成了严重的影响。可以根据乡村街道的不同尺度关系来限制机动车通行，合理规划村内的出行方式，控制机动车整体的数量，在车流量大的位置增加错车空间。将宽度较窄且具有安全隐患的路段改为禁止机动车行驶路段，鼓励步行或骑行的方式，停车场设置在禁止车辆通行的街道初始位置，以便车内人员停车后步行进入街道，以此来提升街道的通行结构，协调人与车的关系。

除此以外，还要设置相应的指示牌和公告栏等辅助性交通设施，形态和材料要迎合村内的物质文化和精神文化。还要结合铺装形式来辅助慢行系统的形成。摩擦力的不同可相应地影响行车速度，通过铺装材质的凹凸结合来加大摩擦力。例如，有村民集中的区域可结合此方式来引导车辆慢行通过，有利于提高乡村街道环境的安全系数（图3-1-82）。

图3-1-82　协调人车关系

（2）保障基础设施。基础设施作为乡村街道改造的重点内容，直接关乎街道的整体形象。需要排查并梳理村内基础设施潜在的安全隐患问题，将老化或故障的基础设施进行替换和修缮，通过完善基础设施建设，使街道空间形成整齐美观的形象。

卫生设施的治理，首先要加强村民的环境保护意识，其次在元素选取上应呼应当地元素，达到协调统一的视觉效果。由当地材质建成的公共卫生间，可以作为街道的地域符号，展现地域文化景观魅力的同时，还能解决基础的公共卫生问题。例如图3-1-83所示街道交叉口的东山公厕，无论是形态还是材质都完美地契合了村子的风貌特征，同时还带动了周边场地的公共性活动。

图3-1-83　东山公厕

消防设施与乡村街道的安全问题密切相关，尽可能地每隔一定的距离设置一个消防设施，加强街道消防设施布局，加大宣传力度并提高村民的消防意识，这样才能够提高街道的安全指数。材质和造型可以结合当地的地域特征，例如，消防栓可采取隐藏式的窗户形态呈现，完美地融合街道的风格特征。

活动设施的完善可以通过建立休闲座椅和活动配套设施等方式，来打造怡人的聊天空间、娱乐空间、活动空间，为街区生活增添活力和乐趣。例如，为儿童提供的娱乐空间，可通过村内易获取的材料进行再设计，并与休闲座椅相协调，丰富娱乐方式的同时还营造了更加本土化的活动设施类型（图3-1-84）。

图3-1-84　娱乐空间

传统村落的标识系统大都形态单一且不具代表性，因此要利用当地常见的材料进行再设计。可按功能进行划分，例如指向类和展示类等。指向类标识可以引导街道方向（图3-1-85）；展示类标识可促进标识系统与行人的互动性，并增添体验感（图3-1-86）。

图3-1-85　指向类标识系统

图3-1-86　展示类标识系统

照明设施的材质和形态要综合考虑本地因素。可通过提取本地传统文化元素的手段，将元素的形态简化后再设计，从而达到街道整体风貌的一致，还要统筹兼顾夜间照明设施的色彩氛围效果。

例如图3-1-87中的路灯，灯顶部形态由坡屋顶简化而来，灯体采用简易梯形造型，两部分相结合后，使其完美地与街道空间融为一体。又如图3-1-88中的路灯，将瓷器花瓶倒过来后又进行了镂空设计，在形态变换的基础上还兼顾了照明纹路的样式，烘托了街道的氛围感。

图3-1-87　梯形造型路灯

图3-1-88　花瓶镂空设计的路灯

3.1.6.6.2　提升街道绿化

（1）绿化整治措施。传统乡村街道内的绿化覆盖率低且类型稀少，缺少合理的景观配置，还因街道空间较为狭窄，造成了景观层次单调的现象。因此可以将街道绿化大致分为街道节点绿化、尽端绿化、沿街绿化和院墙绿化四部分。

①街道节点绿化。需要根据街道节点的位置来统一协调公共绿化节点的数量，村口或转折处以大型乡土乔木构建乡村景观骨架，尤其是存在许久的古树作为街道空间的支撑，局部补种本土灌木来营造整体效果，以满足绿化和遮阴的要求，使其成为重要的社交场所（图3-1-89）。

②街道尽端绿化。一条街道尽端若是扩散性的，可通过设置较高大树木作主景，小植被作配景来形成街道尽端的标志物，引导视线并自然收束（图3-1-90）；若尽端为遮挡视线的院墙作为封闭，则可搭配低矮植被或景观装置，促成街道尽端的小微景观（图3-1-91）。

图3-1-89 灶下村街道节点绿化

图3-1-90 扩散性街道尽端绿化

图3-1-91 封闭性街道尽端绿化

③沿街绿化。主街的沿街绿化可以通过增设盆栽或花池等方式来增加街道的绿化节点，可采用本土材料来进行围砌，不仅材料上容易获取，观感上也更为朴实自然。针对绿化层次性问题，应遵循当地的气候环境，从花卉到树木，结合季节效果和高低形式，来突出沿街绿化的季节美感和层次结构（图3-1-92）。乡间小路沿街绿化可采取与周围乡土绿化相协调的方式，以便减少人工成本，如蒲苇、狼尾草、芦竹等乡土观赏草，再配以野生花卉，形成乡野街道景观。涉及泄洪沟的沿街绿化，可种植香樟、垂柳等乔木，选择萱草、鸢尾护岸，挺水植物则选用莲、水芹和菖蒲等。

图3-1-92 沿街绿化层次

④院墙绿化。院墙绿化可以选取有条件的庭院，将庭院内的绿化空间进行修理，在保留原有绿化的基础上，增添新的植被来协调。还可通过攀爬类植被进行院墙内外的连接，选用葫芦、丝瓜、葡萄等进行垂直绿化，柔和院墙边界，形成立体化植被，并采用木架或竹架搭

接固定的形式来稳固攀爬类植被，自然地形成庭院与街道的过渡（图3-1-93）。

图3-1-93　徽州某村落街道攀爬类植被

（2）经济植被选取。村落街道植被的选取需依据当地的地理环境和自然资源条件，通常乡村更适宜种植经济类植物。其种类繁多，除经济类树种和部分用材类树种以外，主要包括农作物，其次为观赏植物和药用植物。采用经济植物作为街道绿化，能够增加村民收入的同时还能增进游客对于农作物的了解，增添人与植被的互动性，整体能够做到投入少、回报高、推广快的作用（表3-1-7）。

表3-1-7　经济类植被

种类	品种	示意图
经济类树种	香椿、核桃树、栗树、柿树、杏树、李子树、苹果树、棕榈树、橡胶树、柑橘树、金橘树等	核桃树　栗树　李子树　苹果树
用材类树种	油松、胡杨、槐树、杨树、柳树、榕树、樟树、云杉、臭椿、红松、落叶松等	槐树　柳树　榕树　杨树
农作物植物	小麦、水稻、玉米、高粱、糜子、谷子、大豆、大麦、荞麦、花生、向日葵等	小麦　玉米　向日葵　高粱
观赏类植物	梅花、月季、菊花、玫瑰、芍药、山茶及花灌木等	梅花　月季　菊花　芍药
药用类植物	甘草、车前、薄荷、枸杞、蒲公英、玉竹、银柴胡等	甘草　枸杞　蒲公英　玉竹

3.2　乡村公共空间设计

3.2.1　乡村公共空间概念界定

3.2.1.1　公共空间

公共空间这一概念最早源于“公共领域”，由社会学家查尔斯·马奇（Charles Masge）和政治学家汉娜·阿伦特（Hannah Arendt）提出。其中，汉娜·阿伦特（Hannah Arendt）认为“公共领域是一个人们可以进行自由交往对话、进行政治活动的场域”。而后，这一议题也逐渐从政治、社会学领域延伸至城市规划等学科领域。在城乡规划学中，李德华先生在《城市规划原理》（第3版）一书中将城市公共空间定义为“人们日常和社交活动所用的户外活动场所，包括道路、公园等空间”，主要强调物质性的实体空间。

我国学者李小云认为，公共空间是公众可以自由进入、进行日常交往与参与公共事务的公共场所的总称，包括广场、市场、洗衣码头、寺庙等固定的公共场地，也包括由于红白喜事、村民集会等活动所形成的公共场所。麻欣瑶认为，公共空间一般是指能够容纳人们的公共活动以及人与人之间交往的物质空间。

综上所述，公共空间既是以物质要素为基础的空间与场所，也是这些空间所产生的组织和活动的制度化形式，具有社会层面和物质层面的双重属性。

3.2.1.2　乡村公共空间

乡村公共空间是由西方“公共领域”的概念结合我国乡村本土的特殊性形成的较为规范的概念。乡村公共空间的提出始于社会学，主要指社会内部业已存在的一些具有某种公共性且以特定空间相对固定下来的社会关联形式和人际交往模式结构形式，包括两个层面：一是指乡村社区内的人们可以自由进入并进行思想，交流的公共场所如寺庙、祠堂、集市等；二是指社区内普遍存在的一些制度化组织与制度化活动形式，如村落内的企业组织、村民集会、红白喜事活动等。

我国学者王玲认为，乡村公共空间立足于乡村社会，具有“草根”意义，不等同于西方经验的公共领域和城市公共空间，它是介于村民家户及个体等私人空间与国家公共权力领域之间的一个概念。朱海龙认为，农村公共空间并不单是一个拥有固定边界的实体空间，同时还是一个被附加了许多外在属性的文化范畴。陈铭认为，村庄公共空间是村民公共生活、邻里交往的场所。郭鹏认为，农村公共活动空间可以看作供村民日常生活和社会生活公共使用的室外空间。而规划领域的界定则偏重于物质实体，是供村民公共生活、户外交流的集中场所和日常社会生活公共使用的室外空间的总称，如打谷场、古井、大树、洗衣码头等（图3–2–1）。

图3–2–1　乡村公共空间

综上所述，乡村公共空间是村民能够自由进

出，对所有人开放，并展开公共活动的物质空间（室内与室外）载体，如大树、洗衣码头、祠堂等；同时还包括非实体的要素，包含“公共领域”的一些非空间“媒介”如公共舆论（报纸等）、社团（宗教等）、活动组织（红白喜事等）。

3.2.2 乡村公共空间演变历程

村庄公共空间的演变历程从本质上讲，是公共空间的功能和形式对社会发展的适应过程，是由乡村公共空间的功能和形式与社会发展需求的矛盾所决定的。

3.2.2.1 传统乡村社会时期（1949年以前）

在传统乡村社会时期，乡村内部较为封闭，生产水平落后，农民仅能凭借血缘、亲缘和地缘关系维系乡村内在秩序和社会组织关系。在乡村日常社会交往活动中，共同的价值观念、固有的行为规范以及具有绝对权威的组织制度长期制约着乡村公共空间发展，使其与外部环境联系较少，呈现出自主性内生发展趋势。这个时期的农村公共空间，即是指为满足自己的需要而建造的用于社会交往的公共场所，如临房空地的边角、休闲广场等，而祠堂、庙宇等，则是有权有势的乡绅主持的。在农业文明发展的大背景下，在“自足型”经济格局的作用下，农村的生产与社会活动多集中在生产性的公共空间与居住型的公共空间上，街巷、井台、河道、庙宇、祠堂、晒场、交通车站、市场、洗衣码头等都已有了一定的规模。乡村公共空间形态丰富、层次鲜明，集多种地域功能于一体，并在维护乡村秩序、联系村民情感等方面发挥重要作用。

3.2.2.2 行政干预乡村时期（1949—1978年）

中华人民共和国建立之初，国家“自上而下”地利用行政权与组织严密的规划控制农村空间体系，使自治型农村空间秩序逐步削弱，政治型公共空间占据了支配地位。住宅中的庙宇、祠堂、舞台等具有传统文化特色与宗教信仰特点的公共空间均受到限制。随着我国农村社会主义改造的结束，农地所有权关系以集体所有的形式表现出来，农村公共空间的政治教化作用凸显，农户集体意识渗透到了整个村庄的公共空间体系中。礼堂、集体食堂、大队部和供销合作社等公共空间的产生，充分反映了国家管理权力对农村经济发展的控制力。村庄的公共空间是按照集体的组织秩序与生活规则来进行的，它是一个程式化的、仪式化的展示平台。

3.2.2.3 乡村改革复兴时期（1978—2002年）

改革开放以来，随着市场经济的发展，农村传统的熟人社会秩序发生了变化，生产力被解放，国家行政权力在农村的影响力也在不断减弱，农村的自主性也在不断地彰显，而精英农民则是农村公共空间的继承与发展的主要参与者。在经济发展受限的现实条件下，传统村落的地域空间格局呈现出消解的趋势，井台、晒场等传统的生产与生活性公共空间的服务功能日趋弱化乃至消亡。村民普遍认同的风俗习惯和价值观念发生转变，沟通交流的场所和形式更加丰富，生活性公共空间活力显著提升。“自下而上”的村民主体权利回归，市场交易的合法化进一步激活了农村区域经济发展的活力，农村生产性公共空间得以复苏，生活性公共空间（如小卖部、街巷、交叉口）成为农户接触最多、最紧密的区域。

3.2.2.4 城乡快速流动时期（2002—2017年）

随着新型城镇化进程的加快，我国农村地区的发展出现了明显的城乡差异，大量的工业、人力等要素向城市集中，农村空心化问题日趋严重。在农村地区，传统的农业生产模式被机械化管理所替代，农民的集体生产体验遭受巨大的冲击，生产活动的公共空间继续存在，但边界模糊。与此同时，社会群体交往活动的减少，农村社区的凝聚力与集体认同感逐步降低，原有的文化传统、价值标准对其的约束也在不断弱化，生活性公共空间的利用程度在不断下降，生态公共空间遭到侵占、破损等问题日益突出。市场经济的新生力量渗入了农村的空间体系，街心胡同里出现了许多商铺。一些具有共同文化特征和习俗的农村传统公共空间，如临屋空地、道路交叉路口等，被侵占、改建或闲置。

3.2.2.5　乡村振兴重构时期（2017年至今）

在城市文化的影响下，农民的休闲娱乐模式发生了变化，农村的公共空间越来越不能满足他们的日常生产与社交需要。因缺乏对地理环境、风俗习惯及现实需要等因素的综合考虑，导致农村公共空间营建样式单一，忽视了区域空间中的人文精神与特质文化的投影与渗透，使村民很难产生归属感与依赖。农村公共空间的社会职能的弱化，也导致村民对公共问题的关注程度下降，使原本积极、广泛的参与常常沦为走过场。在农村税费改革之后，丧失了最大经济来源的村集体组织的公信力受到影响，而私人侵占造成的集体资产流失，对村集体经济的可持续发展造成了更大的阻碍，同时也带来了一系列农村公共空间硬件设施匮乏、维护效率低下、主体缺位等不安定因素，使农村公共空间的重建陷入了困境。在不同的历史时期，农村公共空间等资源的无序、低效、闲置等问题，已成为制约我国农村地区转型发展的瓶颈。在我国乡村振兴战略实施过程中，从满足人民日益提高的美好生活需求、激发农村内生动力、促进农村社会可持续发展等方面，重构农村公共空间的公共性，使其在社会发展过程中发挥多重价值。通过共建、共治、共享，提升乡村公共空间可达性，改善公共空间服务功能，优化公共环境景观设施，丰富乡村居民的公共生活。

3.2.3　乡村公共空间及其景观特点

乡村公共空间按照其功能可分为日常生活性空间、生产性空间、仪式纪念性空间、娱乐性空间、政治性空间五类。其中，日常生活性公共空间有村庄中的古树下（乘凉闲聊）、水井（洗衣）等场所；生产性公共空间包括晒谷场、老磨坊以及农田等；仪式纪念性公共空间最常见的是大小规模的庙宇和祠堂；娱乐性公共空间有村口、公共休闲设施区域和戏台等；政治性公共空间主要是村庄中的居委会等。

3.2.3.1　日常生活性公共空间

3.2.3.1.1　水井

村中的那口老井，满足了人们的日常生活需求，是生产生活的空间，是村民们交流的公共空间，是令人敬畏的信仰空间，同时也是秩序规范的道德空间（图3-2-2）。

图3-2-2　乡村水井公共空间

3.2.3.1.2 集市

乡村集市不仅是一个进行消费、交换、贸易等经济活动的场所，而且是人们进行娱乐活动、情感交流等的主要场所，它有着很大的社会作用。传统的农村社会具有“地方化”特征，农户的活动地域受限，地域与地域之间的联系不多，居住空间比较封闭，形成一个个封闭的小圈。除与有亲属关系的亲戚朋友以及在红白喜丧等重要节日与人交往之外，村民之间的相互认识和交往，尤其是乡村间的相互认识和交往，主要依靠集市、庙会等场所。然而，随着农村市场化进程的加快，乡村工业化、城市化进程的加快，传统市集的社会功能逐渐弱化，而经济功能越来越突出（图3-2-3）。

图3-2-3　乡村集市公共空间

3.2.3.1.3 古树

村庄的根基是古树，村庄的灵魂也是古树。大部分的村子里，都有一些高大的树木，这些树木，都是村子里的自然生长出来的，它们被称为“村树”，是村子的象征，也是一种精神的归宿，在村民们的心目中占据着非常重要的位置（图3-2-4）。

图3-2-4　乡村古树公共空间

3.2.3.1.4 水滨

水对一个村庄的发展至关重要。河流、湖泊和池塘等系统，是农村生活用水和灌溉用水，同时也供应各种水产。在江南和华南等水系发达的地方，大量的货物都是靠船运出去的，同时水上还可以进行一些乡村商业、戏曲表演和日常休闲等活动。在此基础上，以打水为主要内容的沿河生活方式，水滨形成了居民间沟通和交流的场所。芒福德相信，中世纪欧洲城市里的喷泉、乡村里的水管，都是当地居民的“当地报纸”。池畔、河埠、桥台、井台、船坞等滨水空间，在中国传统村落中扮演着相似的角色（图3-2-5）。

图3-2-5　乡村滨水公共空间

3.2.3.2　生产性公共空间

3.2.3.2.1　晒场

每一个村子都有他们自己专用的公用晒谷场，也就是村子里的活动中心。晒谷场在村民心目中是一处休闲、交流感情的地方。到了农忙时节，或者是村里开大会、宴会之类的场合，晒谷场就成了一个露天的聚会场所。在以前，这里是村子里晒粮的地方，也是孩子们打发时间的娱乐场所，跳绳、玩陀螺、滚铁环，这些都是他们最爱的项目。现在，随着乡村城市化进程的加快，传统的晒谷场也因应时代的变化而发生了变化。原来的地方现在变成了游客中心、老人的娱乐室，甚至还有一个临时的停车场。但是，现代美丽乡村建设要求具有更加多元的人群构成的文化广场，在保持晒谷场原有功能的前提下，不影响其内在属性的转换和调整（图3-2-6）。

图3-2-6　乡村晒场公共空间

3.2.3.2.2　耕地

耕地是村落公共空间中十分重要的部分，也占据着较大的面积，村民日常生产活动基本都是在这里完成，耕地对村民来说具有极其重要的意义，不仅是他们获取生活资源的基础，更代表了他们的生计、家庭财富和社会地位，同时还承载着他们的文化和历史（图3-2-7）。

图3-2-7　乡村耕地公共空间

3.2.3.2.3　磨坊

磨坊是传统的生产工具，是我国悠久农耕

图3-2-8　乡村磨坊公共空间

文明的见证。大多数村落都会有悠长历史的老磨坊，以前村民会把生产的豆子等作物放到磨坊里碾碎成粉末，是非常具有代表性的生产性公共空间，是以前村民日常使用频率很高的物件，也是可以代表传统乡村的典型公共元素。有些地区的村落还会有水磨坊等类似的生产工具。随着改革开放和迈进新时代，人们的生活质量和生活方式已经发生了质的飞跃，各地古老的水磨坊和一些老物件固有的“使用功能”已经逐渐蜕化，慢慢退出了历史舞台（图3-2-8）。

3.2.3.3　仪式纪念性公共空间

3.2.3.3.1　祠堂庙宇

这一类型的空间以传统的公共空间为主，是村民们自发建造的，用来为村民们祈福纳祥，祈求避灾避祸，同时也是许多村落举行重要活动及各种文化交流的地方。宗祠是一个承载着宗族文化的公共空间，也是祭祀祖先、举办宗族活动的地点，它在村庄里的布置体现着传统的秩序理念，而且，在每年的重大节日或地方民俗性节日期间，都会在宗祠内举办大型的祭祀活动，以体现“尊祖崇宗，重孝”的思想。因而，宗祠在村落中是代代相传的一种精神纽带，它承载着传统的宗族观念。

但在特定时期，农村聚落的变化也会对宗祠、寺庙等公共空间产生影响。一是公共建筑的“消失”和“转型”，除个别的历史建筑得到了有效的保护外，传统农村社会的解体使宗祠等公共建筑消亡，使整个村落的中央形态逐渐消失，成为一个单一的、同质性的、独立的村落。二是早期介入学校、商业、村委会等新的功能，主要是利用祠堂、庙宇等老建筑，使之与传统村落风貌相和谐，但在经济发展过程中，此类建筑也随之发生了更新与转变，采取了现代化的平面与建筑形态，破坏了原始村庄风貌的完整性（图3-2-9）。

图3-2-9　乡村祠堂公共空间

3.2.3.3.2　牌坊

牌坊是封建时代的一种文化符号，在程朱理学思想的影响下，很多村庄都建立了具有纪念意义的古碑。牌坊从形式组成上分为上、下两层，上层是门楼，下层是仿木结构的地基。

牌坊是一种具有纪念意义的建筑，牌坊的材质以石头为主，具有一定的历史价值。在纹饰方面，方砖雕饰繁缛，多以高浮雕为主。清代石坊趋向简单，强调整体造型，在形制上多采用冲天柱式。

为达到宣扬与歌颂的目的，牌坊不仅力求高大雄伟，而且注重位置与布局，其主要安置的地点多为村中的宗祠及村入口，也有设在村尾和村路的节点。宗祠前面的牌坊叫“祖堂”，是一种象征性的牌坊，两个传统的建筑，相辅相成，形成一种“荣宗耀祖”的氛围。在村口设置牌楼，可以使村口的景观更加丰富多彩（图3-2-10）。

图3-2-10　乡村牌坊公共空间

3.2.3.4　娱乐性公共空间

3.2.3.4.1　村民活动中心

这类空间是近年来乡村更新后新建的公共空间，主要由政府等外部力量投资建设，其主要目的为改善乡村内部的生活环境以及丰富村民的公共生活，为村民提供跳广场舞、健身运动、休憩交往等文化娱乐活动的空间场地（图3-2-11）。

图3-2-11　乡村村民活动中心

3.2.3.4.2　戏台

戏台发展历史悠久，罗德胤在其《中国古戏台建筑》一书中指出，中国最早的演出活动大约是“原始社会在天然场地进行的图腾歌舞”，是宗教活动的一部分。“人工建筑场地上的表演活动，根据现有的画像砖、画像石等考古资料，至少可追溯到汉魏时期”。中国戏曲的观演场所，“从天然场地到殿庭、厅堂、广场、巷路等人工建筑场所，再到‘搭台观戏’，最后又发展到‘搭台唱戏’”，“戏台的基本观演形式在宋朝确立以后，一直到近代西方戏剧和剧场观念传入中国之前，800年间无根本变化”（图3-2-12）。

图3-2-12　古戏台

典型的戏台空间有如下四种类型：

（1）供神灵使用的舞台。戏台通常是依附于宗庙、社庙、会馆等宗教或礼仪建筑而设立的，其演唱通常与宗教仪式相关联。古时，所谓的唱戏，就是用来祭祀神灵，也给台下的百姓提供了观赏戏曲的机会。为了取悦神灵和祖先，炫耀自己的富贵，舞台的建造都很漂亮，用料也很考究，与庙宇、祠堂相连的舞台，其屋顶结构和装饰程度，比之正面的庙宇还要高，也比其他普通建筑要高得多，反映了地方上建筑的最高水准。

（2）村落中的表演舞台。明清时期，各地戏曲盛行，戏曲、社火、傩戏等表演形式的舞台在农村十分普遍。费孝通认为，戏曲、游行等节日，不仅是一种精神上的消遣，更是一种维系与强化社会关系的方式，具有很大的社会意义。虽然由于木结构更容易毁坏，数十年来遭受了严重和快速的毁坏，但在广大农村地区，仍然有相当数量的舞台存在。即使是社会经济不甚发达的村落，宗祠、寺庙规模较小，不足以在院落内附设一个戏台，也往往会在村口或村中心有一处独立的戏台或露台，前有一片大小不等的空地或场院，用作简易的戏剧演出和集会场所。

（3）多用途的舞台。与专门用于表演的宫廷戏台、戏苑戏台等不同，农村舞台的表演次数相对较少。在非表演期间，也经常用于其他用途，例如晾晒粮食、分发农产品、晾晒衣服、休闲娱乐等。

（4）开放式舞台。农村的戏曲表演，是由宗族、香火会等村落团体出资，或举办红白喜事、酬神拜佛之人出资，邀请外地戏班子或当地艺人登台。有的戏台，尤其是有名班或名角演出的时候，因为不用买票，也没有围墙，本村村民甚至附近的乡里乡亲都会涌到这里来，好不热闹。

戏台空间的功能形态及空间特点与其所处位置息息相关。位于场口时，戏台有演出的时候，空地用作观戏区域，场口集散功能形态转换为社会活动的功能形态。位于街心时，为了不阻碍交通，一层为通道，二层为戏台表演区域。有演出的时候戏台前的街道公共交通功能形态转换为看戏的社会活动功能形态。位于端头时，多形成三面较为封闭的空间，平时可作为人们活动的院坝。有演出的时候，戏台前的公共空间形态转换为看戏的社会活动功能形态

（图3-2-13）。

图3-2-13　乡村戏台公共空间

3.2.3.4.3　村口

为了交通运输、商贸活动或者是风水观念的需要，许多传统村落都会设置一片比较大的空地作为村庄的入口。村口通常由牌坊、村门、寨门等来确定，还会有树木、桌椅等供人们休憩之用，村子里的店铺、舞台等也大多设在这里，这样就成了村子里的一个重要的公共活动场所。村落的入口同时也是村落空间的起始点，它在村落中起着传递物质、能量与人的作用，同时也是村落中人闲坐、交流情感的地方。传统村落的村口空间主要承载着交通、防御、标识、祭祀、聚会等功能，其景观要素包括建筑、水体、道路和植物，空间范围包括村口与村外道路交界空间、村口广场空间、村口与村内道路交叉口空间三部分。从现代功能需求上看，乡村入口的防御和祭祀功能减弱，但这两方面的文化传承和景观元素的承载有利于人们认识和理解乡村人文精神，是需要共同保护的乡村记忆。

村口空间因其功能形式不同而具有不同景观特点。

（1）标志性村口（庙宇/牌坊/官道/驿站）。庙宇和牌坊主要起到宗族礼教的作用，而官道和驿站主要用于军事防御，标志性的村口空间为突出风貌特色，营造出印象鲜明的或有标志性景观元素的空间，起到空间限定和标识指引的效果。古代的这类入口空间会有钟鼓楼、城墙（门）等，起到军事防御的作用（图3-2-14）。

（2）过渡性村口（水塘/桥/溪流）。水口是很多村庄外围空间序列的起点，也是村民对家乡有很强的归属感的地方。受风水思想的影响，水口既是村庄的门户，又是村庄繁荣与安全的心灵调节器，因此，一些村庄十分重视对村庄水源的保护与建设（图3-2-15）。

图3-2-14　标志性村口

图3-2-15　过渡性村口

（3）导向性村口（绿植/铺装）。导向性村口的主要景观要素是绿植和铺装，起到引导游客的作用，通过入口的景观序列引导人们进入乡村中心。

3.2.3.4.4　广场

广场的设立及其在农村的位置、规模的大小、布局的形式、周边的界定情况等，常常与特定区域的人民的宗教信仰、伦理道德观念、生活习惯等密切相关。中国农村地区因长期以自给自足为特征的小农经济为主导，加之封建伦理、宗教和血缘关系等因素的制约，公共交往一直没有得到应有的重视。这一点体现在居民点布局上，就是很多村庄都没有足够的公共空间来进行公共活动。

随着乡村商贸活动的发展，一些乡村中逐渐出现了以贸易为主要活动内容的广场。

在一些规模较大的宗祠、寺庙门前，常预留出一片空地，并用影壁、牌坊等限定空间边界，形成附属性的小广场。这种广场一方面可以强化建筑的空间序列；另一方面，也是为了方便公共活动时的人群集散，容纳节庆时的庙会等商贸活动。

广场按照功能形态分类，可细分为商业广场、寺庙宗祠广场、树为中心广场、村口广场、生活广场等（图3–2–16）。

图3–2–16　乡村广场公共空间

3.2.3.5　政治性公共空间

3.2.3.5.1　村委会

政治性公共空间，是指围绕乡村村委会形成的乡村公共空间，是服务于整个行政村的公共活动空间。当今许多乡村的村委会直接建于祠堂原址上，或多与祠堂建筑相邻，共用活动场地，形成集多种类型公共活动于一体的空间。此类空间有效地利用了宗祠建筑原空间场所的选址优势与人们心中潜在的凝聚作用（图3–2–17）。

图3–2–17　乡村村委会公共空间

3.2.3.5.2　阅览室

要提高农村公共空间的公共性，必须把公共活动作为载体，培育农村公共精神。阅览室既要靠政府支持，又要从上到下进行引导，还要开拓新的社会功能，为社会提供多元化的服务，以适应社会各阶层的需要。为阅览室提供关于孩子们的读物、农业技术等的图书，扩大村民的知识面，提高村庄的综合素质，同时也能满足农民对农业技术的需要（图3–2–18）。

图3–2–18　乡村阅览室公共空间

3.2.4　乡村公共空间景观设计策略

3.2.4.1　乡村文化元素融合公共空间设计

3.2.4.1.1　乡村材料的运用

乡村公共空间的界面以横向和纵向两种形式组成，其中，横向界面以公路、广场等为主体，竖向界面是建筑物的外墙和部分竖向结构，如围墙、堡坎等。人们对乡村材料的选择和使用，是对当地村民的生产、生活需要和精神情感的一种反映。比如，一些传统村落的街道、小巷都是用麻石、卵石铺成的，这样就形成了一种浓郁的地域特征。乡村在地材料的质感颜色和肌理能够唤起人的情绪记忆，比如历经时间洗礼的石墙、砖矮墙、铺地形式等，让他们对公共空间产生一种亲近和认同的感觉，这样，让它成为一种承载乡村文化的物质载体，也是表现农村文化感情的一种重要途径（图3–2–19）。

图3–2–19　乡村材料运用

（1）乡村材料与现代艺术相融合。在乡村公共空间的设计上，不能拘泥于传统，也不能盲目地去模仿，而是要用现代的设计手段，把乡村的材质和现代的艺术和技术结合起来，这样才能让乡村的公共空间变得更有活力。例如，在传统建筑中，瓦块被广泛使用，而现在，瓦块被用在地上或者墙壁上，它特有的形式和简单的气质，既让当地的公共空间更加浓郁，又有鲜明的时代特色。也可以通过夸张的手法，让乡土素材展现出特有的山水形态，具有很强的时代气息，深化对乡土素材的理解（图3-2-20）。

图3-2-20　乡村材料与现代艺术融合

（2）乡村材料与新材料有机组合。乡土在地的材质有很多种，如红砂岩、青石板、麻石、木材、竹子等。将乡土材料运用到农村公共空间的营造中，虽然能彰显浓郁的乡土色彩，但是，单一材质仍有其局限，不能适应时代的发展，不能适应现代社会的审美需要。这就要求我们把乡土材料与现代材质相结合，使其在表现乡土文化特征的同时，也能表现出当代的美感，比如，铁与木的结合、金属与石头的结合，创造出富有乡土色彩的景观墙（图3-2-21）。

图3-2-21　乡村材料与新材料的有机组合

3.2.4.1.2　乡村植物地景的运用

由田园植物形成的稻田、油菜花海、古樟树等大地景观，对于村民而言，是一种让人产生归属感和认同感的物质环境，同时也是都市居民无法拒绝的吸引力。乡土植物地景以其特有的外部形式表现出地域文化内涵。例如南昌市的农村，常在村尾种植常绿树种，以营造“风水林”—“凤凰林”，以求村庄的吉祥；村民们在屋前屋后栽种桂花树，期待人生富贵；屋外的角落里栽种着万年青，希望宅院永远稳固，万年长存；庭院中栽种金柑、青柚和墨兰，寓意品德高尚、坚贞、淳朴。将乡土植物融入农村公共空间设计中，既能给村民带来亲密的感觉，也能让市民对农村文化有更直观的感知，丰富农村景观的层次和地方特征。将乡土植物所蕴含的文化内涵融入所要营造的公共空间中，并赋予其文化属性，从而创造出一种带有乡土文化特征的公共空间。在进行乡村植物配置的时候，应该根据当地的实际情况，在符合公共空间的生态需求的同时，对农村的乡土植物进行适当的选择，并且按照植物的特点进行适当的组合，从而创造出一种层次和立体的植物景观。同时，也可以按照植物的生长规律，采取分区布置，以突出特定的季节性植被景观，体现出不同的季相特征。在生产性公共空间中可以结合景观构图和艺术设计手法，营造出具有趣味性和浪漫主义色彩的公共空间（图3-2-22 ~ 图3-2-24）。

图3-2-22　乡村植物地景

图3-2-23　蜗牛菜园

图3-2-24　花房

例如，未见筑设计事务所设计的“江小白一亩三分地”项目，位于典型的西南地区丘陵地带乡村，是江小白酒业生产的原材料种植基地，项目通过植物、地形与建筑的一体化设计，构成独特的乡村地景风貌。

3.2.4.1.3　乡村文化符号的提取与运用

乡村文化最直观的外部表征就是符号，从村落聚落的空间肌理、耕地、民居街巷，到一棵古树、一口古井、乡村建筑上的装饰花纹，都可以让人对乡村文化形成一种认识。村落文化符号承载着村民的共同记忆与丰富的感情意蕴，如街巷空间记载着村民的日常生活，古井老树记载着时间的变迁，农田与河流中流淌着乡亲们的汗水。同时，农村的文化符号也是一种象征，在传统民居的横梁上，“福、禄、寿”的木雕花纹，以及门上的石雕，都是用象形的谐音来传达人们对生活的美好祝愿。在乡村公共空间设计中，应辩证地看待乡村文化符号的文化价值，对适应时代发展要求的，要继承其传统文化要素，并且结合新材料、新技术、现代设计手法使现代文化元素和传统文化元素融为一体，衍生出具有时代特征的乡村符号，使乡村公共空间在保持传统韵味的同时又具有时代特征。

常用的文化符号提取的手法有引借，从乡村文化符号原型中选取一部分，再重新进行组合。例如，从传统乡村中提取具有乡村文化特征的建筑构件，如马头墙等，将其运用到村口景观墙之中，以体现乡村特色；在原有的水井基础上，在水井的周边修建一些娱乐设施，以满足人们的日常生活和交往。在公共空间中，利用马头墙、水井等传统建筑形式，不仅可以展现乡土风情，而且可以唤起村民心底最深的感情（图3–2–25）。

图3–2–25　乡村文化符号

3.2.4.2　乡村公共参与，深入公共空间设计

3.2.4.2.1　满足村民需求，激活公共空间

近年来，我国乡村公共空间的建设大多沿袭了传统的城市设计方法，而忽略了村民最根本的需求。村民是最了解乡村公共空间的群体，只有把村民引进设计中，与设计师进行更多的交流，使他们能够充分地表达出自己的意愿，从而真正实现“以人为本”，真正地满足他们的需求。

例如，原本营造建筑设计有限公司在陕西设计的枣园驿站，近年来，沿黄高速的修建，为这片古村落带来了新的发展机遇，沿路修建的驿站，既方便了公路运输，又作为老村的外部“触角”和城市与农村生活的聚集地。以老村外围为中心，以功能互补为核心，将其拓展为餐饮、茶室、舞台广场、红白喜事场所，甚至是临时的枣市集，既是泥河沟村的外部“窗口”，又是村民社会生活的聚集之地（图3–2–26～图3–2–29）。

图3–2–26　枣园驿站石阶庭院

图3–2–27　室内主厅

图3-2-28　庭院戏台

图3-2-29　驿站卫生间

3.2.4.2.2　凝聚公众力量，实现低成本建设

通过公众的参与，不但可以更好地满足村民的需求，而且可以借鉴他人的长处，创造出科学的、低成本的公共空间。设计师也是不容忽视的一环，在农村，不乏有创意的人，他们会主动地提意见，用专业的方式，问计于民，以民为本，以民意为基础，做出适合本地需求的规划，绝不会因设计与生活需求不符，而进行重复的设计与建设。在施工过程中，通过组建施工团队，对施工场地细节进行研究，充分利用了当地的建筑技术，节省了大量的材料和劳动力。同时，村民也可以利用自己家有故事、有记忆的生产生活物件或者废弃的红砖、瓦片、轮胎等旧物就地取材，融入景观建设中，营造出有地方特色、低投入的公共空间景观。

例如，傅英斌工作室设计的主题儿童乐园（图3-2-30、图3-2-31），地处贵州北部山区，隶属桐梓县中关村，地理位置优越，交通便利。这是一个很穷很偏僻的地方，从这里到最近的一个县都要走一个多小时的山路。设计在空间上要符合乡村孩子们的活动需要，在选材和建造上要注意低成本、低科技，更长远的意义是要考虑到孩子们的环境教育。“现代化”把城市生活融入大城市运转的节拍里，人类的尺度早就变得毫无意义。就像是那些散落在各处的工程废料，既不能满足建筑材料的要求，又不能作为“材料”加入建筑过程中。但是，在乡村，设计回归到人的尺度。“模数、标准”等要求显得无力。所有的设计和施工都可以“因材而异”。这正是乡村生活的智慧，可以缝缝补补，可以拼拼凑凑，一切发生皆是“因缘际会”。正因这样，才会有不同于城市、生动而丰富的乡村世界。

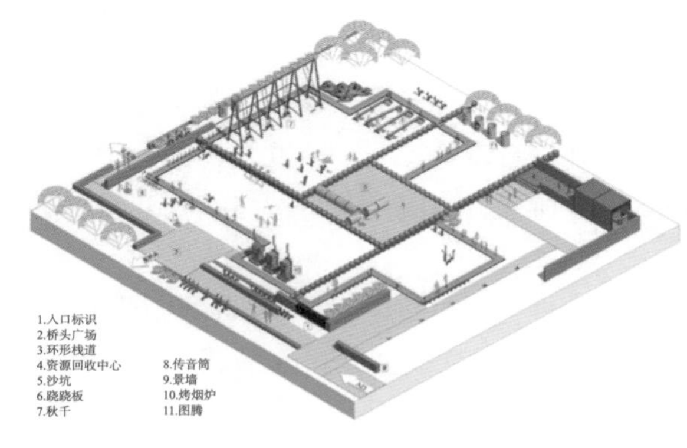

图3-2-30　儿童乐园

图3-2-31　儿童乐园分区示意图

在设计方案中尽量容纳更多的“废料”。材料的“杂乱”反而能够激发体验的丰富性。

配合当地施工技术，更能给场地增添本土的特征（图3-2-32～图3-2-34）。

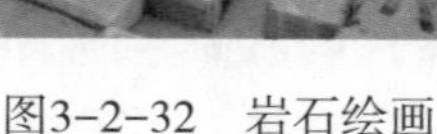

图3-2-32 岩石绘画

图3-2-33 参与施工建设的村民

图3-2-34 墙面细节

3.2.4.2.3 促进村庄可持续发展

乡村公共空间建设应以可持续发展为目标。村庄是建立在人的基础上的，也是建立在物的基础上的。符合村民的行为方式的农村公共空间，能够让村民之间的沟通更加顺畅。同时，富有地方特色的地方文化，也有助于培养村民对村庄的认同感与归属感，以此来激励他们共同建设美丽乡村的积极性，培育出村民的集体意识，这也有利于日后公共空间的维持与更新。大多数村民对于建设和维护的公共空间都抱着一种“事不关己，高高挂起”的态度，而在设计实践中，在设计师的引导下，村民逐步感受到了设计师与政府对他们的关注，意识到他们并非只是建筑结果的被动接受者，因此，他们开始自觉地参与到公共空间的养护与更新中来，并初步掌握了一定的设计方法与建造技术。乡村公共空间的可持续维护与建设，必须依靠村民自治。

例如，傅英斌工作室设计的资源回收中心做到了促进村庄可持续发展。“资源循环中心”是用红砖做地基，用钢筋做框架，用的是工地上常用的竹制跳板。原料容易获得，容易建造。在建筑物中可以收集到普通的玻璃、金属、纸张等。用废旧物品和废弃材料建造儿童公园，充分体现了农村生活的环保理念（图3-2-35～图3-2-37）。

图3-2-35　资源回收中心外观

图3-2-36　资源回收中心细节

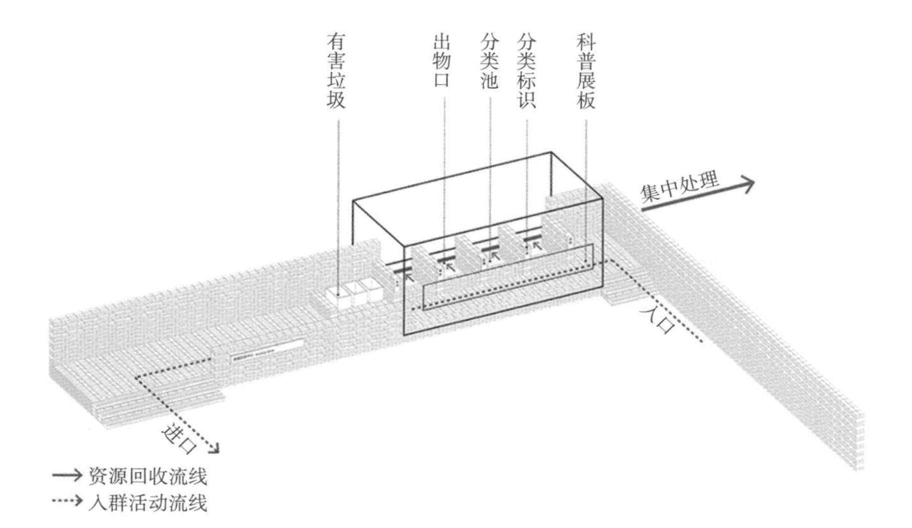

图3-2-37　资源回收流程示意图

3.2.4.3 乡村适老需求融入公共空间设计

3.2.4.3.1 完善适老化设施

针对乡村老年人的生活习惯、文化背景等因素，对农村公共空间的适老性景观设施进行规划。比如，针对乡村老年人的文化程度，可采用简洁、亲切的图形来表示方位标识；无障碍布置应与村庄自身的空间形式及次序相结合；在从事农业生产活动的公共场所设置亭廊、座椅等，为老年人提供休憩场所；针对农村老年人在不同空间中的行动方式，对经常提着农具的老年人提供适当的活动场所；在村庄的公共空间，为老人提供适合的健身器材等。例如，在渭南的南焦村设计中就有考虑到老年人，并做出一些改善（图3-2-38）。

图3-2-38 南焦村适老基础设施

3.2.4.3.2 优化空间布局与功能更新

在此基础上，根据乡村老年人的实际需要，对其空间进行提升和提升。农村老年人需要一个能为他们提供各种活动的聚集场所，容易接受一些简单易懂的传统娱乐方式，但现在大多数农村没有足够的休闲场所。所以，要建立一个大小合适、布局合理、活动设施齐全的广场，才能满足老年人的运动需要，还可以将其与广场的空间相结合，建立一个便于拆卸的表演平台，具有一定的灵活性，在节省资金的情况下，能给老年人带来丰富的活动体验。设置步行距离适中、面积大小适宜、能够提供多样化活动的老年活动场所，可以更好地满足老人的心理需求。

3.2.4.3.3 增强场所归属与乡土记忆感

要尊重和保持公共空间的原生态特征和传统文化，要保持农村老年人简朴的生活方式和集体记忆，熟悉的情境和空间能让老年人产生更多的亲切感。比如，通过对亭阁、牌坊、剧场等具有集体记忆的村落节点的保存与利用，将过去的社会生活与老年人群体联系起来，让他们在情感上产生归属感和价值认同。公共设施的适老性设计要结合地方自身的颜色系统，采用较弱的色调；运用地方材质，融入自然，营造出一种对老年人的归属感和亲切感。在此基础上，采用“因地制宜”的策略，并与地方特色相结合，营造出一种能满足老年人需要和地域特点的公共空间，让老年人发自内心地接纳建筑形态，并在其中唤起老年人与家乡的感情共鸣。

3.2.4.4　乡村文旅设施契合公共空间设计

3.2.4.4.1　旅游设施配套

旅游设施是为了服务于村落内的游客和本地村民的需要，因此，旅游设施的类型、样式、地点、数量等都要按照村庄的总体空间布局进行安排，包括两个方面：旅游基础设施和休闲设施。村庄的基础设施包括照明设施、交通设施、环卫设施、引导设施、无障碍设施等。在规划时，要按照各种设施的功能进行合理的安排，组成一个完整的体系，并且要注意到基础设施的总体风格，要与都市不同，不能太过现代。游闲设施是为了向游客和村民提供娱乐活动的设施，主要有健身设施、休憩设施，在进行相关规划设计的时候需要重点考虑，常见的有休闲桌椅、坐凳、健身设施等。例如，重庆南山放牛村为旅客进行了一些配套基础设施的设计，如图3-2-39所示。

图3-2-39　重庆南山放牛村文旅设施

3.2.4.4.2　景观多样性打造

在旅游发展背景下，乡村公共空间不仅是村民生活的重要组成部分，同时也是游客观光的重要组成部分，其建设要符合村民与游客两种使用主体的使用需要，在强调功能营造的同时，更要创造出丰富、多元化的景观元素，实现景观化、艺术化的营造。村庄公共空间的景观元素可以归纳为植物景观、铺装景观、景观小品、景观结构。在设计植物景观时，要将当地的树木和果树等工业植物相结合，同时，适当地使用有花的植物，来控制植物的形态，注重季节的变化和色彩的表现，让村庄的植物形态兼具田园特色和观赏特征。在设计中，铺装景观要按照不同的空间功能分别加以考量，有时候也要将空间的复合功能考虑进去，例如，庭院空间不仅要满足日常的交流与交流，而且要具备生产空间的通风属性。一般来说，在营造公共空间的硬质景观时，最重要的是要表现出乡土风情，在设计中，更多的是采用乡村的毛石、木材等材料。景观小品设计要注意趣味性、参与性，在选材上要注意采用乡土材料。景观构筑物的风格要与乡村原始自然生态的风格相协调（图3-2-40）。

图3-2-40　景观小品

3.2.4.4.3　旅游活动策划

传统的乡村旅游的发展多以观光农村的自然风景、农业体验或采摘等为主，其表现方式比较简单，不同的季节，对游客的吸引力存在着一定的差别，而且难以让游客长久地停留在这里，体验田园的气氛。在农村旅游蓬勃发展的今天，游客对乡村旅游的认识不再局限于单纯的对农村田园风景的视觉感官，传统的乡村旅游模式已很难适应不断提高的游客体验水平的需要，游客们更多地关注多种感官体验的共享，这样才能让游客们全身心地投入乡村旅游之中，让他们能够完全地融入村庄的整体氛围之中。所以，要在乡村旅游中融合具有较强参与感和体验感的乡村特色旅游活动，以不同主题的、类型丰富的特色体验项目和活动为基础，让游客体验乡村生活，体验乡村文化，体验乡村特色活动，获得更深的体验感。只有这样，才能让旅游者在精神上获得满足，才能推动乡村旅游业的良性发展。

东南大学建筑设计院对李巷村村口公共空间进行再生设计，李巷村距南京市中心60多公里处，是一个靠近山区、平山地的村庄。附近山间的溪水流过稻田与村落，成为灌溉沟渠与水塘。近年来依靠蓝莓种植业和特色历史文化吸引了不少游客前来观光，但村落原有的公共设施无法承接日益增长的游客服务需求，于是在2016年，ATA设计团队对村中曾经废弃的部分民宅进行改造，创造出一条贯通村落内部的新村巷，融入了游客服务、餐饮、历史展示、文创展销等功能，这条新的村巷并不封闭，与民宅融合在一起，旅游业发展的商机，吸引不少原住村民回到村里开饭店、搞农产销售、做民宿（图3-2-41、图3-2-42）。

图3-2-41　李巷村公共空间

图3-2-42　李巷村旅店小广场

乡村旅舍作为一种对外服务的功能，如何在有限的空间内实现外来游客住宿与村民的活动相结合是设计需要解决的问题。例如ATA设计团队对原有三层办公楼进行改扩建，将原有的“一”字型布局扩建成“L”型布局，形成乡村旅舍的客房区，并与东侧的凉棚围合出内院，保留了原场所记忆，成为村民和游客日常活动的乡村小广场，在农忙时也可作为村民的晒谷场，而凉棚、乡村多功能厅可供村民和游客共同使用，旅舍的餐厅也与乡村食堂相结合，村民也可以利用这些空间举办民俗表演和宾客宴请，该设计希望在这些空间中产生的村民活动行为同时也作为乡村的风土人情展现给游客。

3.2.4.5　乡村景观元素贴合公共空间设计

3.2.4.5.1　院墙

院墙（围墙）作为一种垂直的空间隔断结构，用来围合、分割、保护某一特定区域。乡村院墙建造的材料主要有木材、石材、砖、瓦、混凝土等，甚至还有绿植。院墙的元素应尽可能地和乡土材料相呼应，和当地盛产农作物相结合。例如，当地的石头比较有特色，除了垒砌的做法，还可以尝试在笼子里装上石头，做成一堵石笼墙。个性化的院墙设计是体现某户人家个人特色的重要手段，是一种既现代又乡土的设计方法（图3–2–43 ~ 图3–2–45）。

图3–2–43　石笼墙

图3–2–44　文化院墙

图3–2–45　植物特色院墙

3.2.4.5.2　景门景墙

中式园林的造园手法传统而智慧，“传统”在于大多采用的是“欲扬先抑”的手法，而“智慧”在于园子空间处理手法的精妙。景门往往和院墙一起，在传统园林中，讲究“不占旁人一分地，不多搭建一间房”，用一堵墙开两个门洞，就把门前的空间限定了，拥有了限定的领域感，也区别了宅前宅旁的用地范围。用一个建筑空间进行围合而又连通的手法，营造出不一样的意境和氛围，景门正是这一手法最主要的造景元素（图3–2–46）。

景墙设计主要有以下几种方法：其一，体现回归生活的自然情怀，如使用木质或仿木材料建成景墙；其二，吸收建筑设计的现代主义理念，按照现代空间的构成原则进行平面布

图3-2-46　景门

局，选择当地的乡土材料；其三，墙体的细部设计运用大量的新材料，如耐候钢、不锈钢等。设计景墙可以将传统材料和现代材料搭配起来使用，现代材料可以解决功能和结构等问题，而传统材料则作为体现乡村文化的装饰元素，这种搭配会使景墙具有表现力，能带来贴合乡土文化的历史和文化体验。

3.2.4.5.3　景观收边

园林收边主要是针对不同景观交叉口处的细部处理，例如，绿化和人行道、铺地和花坛等。在乡土园林中，切忌过分装饰化、园艺化，要保持乡土山水的神韵，坚持“宁缺毋滥”的原则。根据农村的实际情况，风景的收边线更多地用于居住空间，由于人们的逗留时间比较长，同时也需要承载各种活动，因此对于细节的要求比较高。在开发过程中，要尽可能地减少生产与生态空间的使用，以保持当地的原始风貌（图3-2-47）。

3.2.4.5.4　护栏

栏杆是一种安全的景观要素，在滨水空间中发挥着不可替代的功能。栏杆常用的材质有水泥砂浆、砖块、木材、竹子等。在栏杆设计中运用竹元素，可以增加造型的魅力，体现出东方的审美特征。但是，天然竹材的耐受度普遍不高，对加工技术要求更高。在园林景观小品中，竹材塑型方法不仅可以还原竹材的韵味，而且其耐久性好，维修费用少，是一项值得推广的技术（图3-2-48）。

图3-2-47　景观收边处理

图3-2-48　护栏处理

3.2.4.5.5　其他景观小品

乡村景观小品源于农村的生产生活景观，它既包含了乡村的人文特色，也包含了乡土民风，讲述了乡土故事。自然美、朴素美以及与大自然的亲密关系，在人类审美价值观念逐渐回归的过程中，逐渐成为一种生存状态。所以，乡村景观小品的选材要尽可能地体现自然属性，常用的材料有砖、陶、木、百木、瓦、竹等（图3-2-49）。

图3-2-49　景观小品

3.3　乡村民居建筑风貌设计

3.3.1　乡村民居建筑风貌概述

从乡村民居建筑的发展过程来看，乡村建筑风貌是乡村风貌的基础。乡村民居建筑风貌指在乡村建筑中，民居所显露出来的物质特性和精神特性共同联合的结果，其中物质特性是指乡村民居建筑风貌的各种构成要素，如乡村民居建筑屋顶、院墙、门窗、细部装饰等；精神特性是指乡村民居所呈现的乡村文化底蕴，是笼统的，需要通过风貌的各种构成要素来表达，因此产生丰富多变的乡村民居建筑风貌。影响乡村民居建筑风貌的因素是错综复杂的。从当地民居建筑风貌的实际情况出发，对民居建筑风貌进行评估，开展乡村民居建筑屋顶、墙体、色彩、装饰等要素特征的调研，进一步系统归纳乡村民居建筑风貌的特征。

中国真正开始研究乡村民居的第一本书是《浙江民居》，由东南大学的刘敦桢教授主持编撰，讲述了前建筑科学研究院建筑理论及历史研究室于20世纪60年代初对浙江民居的观察与记录。彭一刚先生在《传统村镇聚落景观分析》一书中传递出要用“时间”这一视角来看待传统村镇聚落景观研究，乡村民居建筑风貌要考虑到自然因素和社会因素。由李秋香等著作的《北方民居》一书中，总结了山西襄汾丁村、山西运城河北县民居、北京四合院不同地区的住宅类型和建筑特点。

国外对于乡村民居建筑风貌的实践设计研究，形成了众多的研究成果。位于荷兰东北部的羊角村景观遗产改造项目中，改造设计手法上主要遵循两点：其一，对传统建筑按照“修旧如旧”的原则进行改造；其二，新建筑也要严格按照传统建筑风格建筑。德国韦亚恩从1993年开始实施的乡村规划与更新，在改造策略中全面保持韦亚恩传统的景观风貌，而不仅仅是对单一历史建筑物的保护。被列为世界文化遗产的日本合掌村，在进行民居建筑文化遗产保护过程中保存了村落中抵御严酷风寒的茅草屋建筑，创造出一系列独特的乡土民居建筑文化保护措施。

3.3.2　乡村民居建筑功能类型

乡村民居建筑风貌的提升，有助于乡村振兴的实现。由于受到外界因素、使用人群变化以及乡村旅游的影响，民居建筑功能类型正在发生转变，需要对乡村建筑进行整体或局部的功能改造。通常乡村民居建筑功能类型分为生活居住和家庭生产。

3.3.2.1 生活居住

乡村民居建筑是农民的住房，是指人类在长期的生产和生活实践中，改造自然和改善生存条件所创造并保留至今的居住建筑，是传统文化、生活生产方式、审美观念等的物质文化载体。中国原始社会初期，房屋以自然洞穴为主，以顺应自然和改造的手法创造了原始巢居的居住环境，是中国最早的民居。经过历朝历代的发展和完善，中国民居建筑形成了不同地区有不同特点的民居形态，因此民居建筑的形态呈现分散、独立且个性化的特点。

居住功能需求即建筑的日常使用需求，如居住、饮食、交流、农作物的晾晒、牲畜蓄养、娱乐等。建筑室内有客厅、卧室、厨房、卫生间、储藏室等基本生活空间。民居建筑的使用功能对其建筑形态有着极为重要的影响，民居建筑的空间形态是居住者观念和价值的体现，随着时代的发展和乡村功能的更新，村民的审美观念、生产方式正在逐渐发生变化，居住者各方面改变，建筑空间形态也会随之发生变化。

3.3.2.2 家庭生产

家庭生产功能建筑是对传统民居建筑的继承与改造，承载着乡村村民的家庭生产需求。随着乡村振兴战略的实施、旅游业的兴起以及政府对乡村产业发展的大力支持，乡村个体经营户迅速增加，村民为了改善生活水平，以盈利为目的，在原有民居建筑布局的基础上进行简单改造、合理地开发利用，保持原貌并且注入了各自的地域性文化内涵，使不同商业业态入驻乡村传统的民居建筑，形成“上宅下店”式或者“前店后居”式这两种居产型建筑形式（图3-3-1）。这种建筑物一般规模不大、楼层不多，并且临着街道，出入比较方便。商业功能主要包括小型超市、售卖当地特产、农家乐、手工艺品店、民宿等。这种家庭生产建筑类型一般分布在乡村村落沿街、檐下空间和河道两旁，主要服务当地的乡村居民。这种场所具有开放性和包容性，是在乡村建筑空间中诱发自发性活动比较频繁的地点。

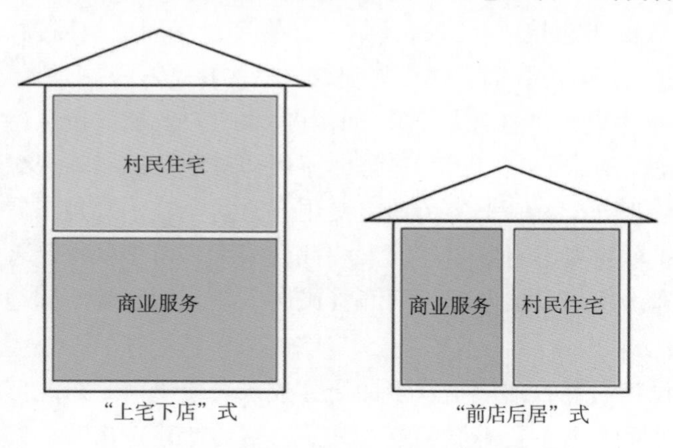

图3-3-1 居产型建筑形式

3.3.3 乡村民居建筑形态特征

中国地域广大，气候类型多样，民族众多，每个地区都有着自己的民族特色，这些因素都影响着各个地区乡村民居建筑的形态特征，呈现出丰富多彩的传统民居建筑风貌。村落选址是选择人居环境，一般遵循适应地形地势和气候，尊重自然，因地制宜的原则，在不同的地形地势条件中灵活地建造民居建筑，将建筑融入现状，把建筑轮廓与地形地貌相衔接，形成与周围环境相协调的乡村民居建筑风貌。结合历史发展脉络、相关资料的研究，从历史文化、发展格局、风俗习惯角度出发，总结乡村民居建筑风貌的形态特征。

3.3.3.1 布局

布局是整个村庄的总风貌、基础、框架，村落布局的规划需要考量当地乡村生活的传统文化和居住状况，是对聚落建筑整体形态的控制。乡村民居建筑布局是历史的产物，各地的乡村民居建筑布局形态发展受自然、人文、风水与经济社会发展等因素影响，呈现出独特的地域性特色。地形和地貌的因素对于乡村民居建筑布局形态的影响十分明显，许多乡村民居建筑因地制宜，灵活地组织民居建筑形体。

北方建筑大多朴实厚重，整体布局规整，而南方建筑大多组合灵活。地处山区的民居建筑景观的一个明显特点是从整体上看层次变化十分丰富。民居建筑的整体布局本身就没有一定的规律，村内路径更加曲折自如。道路联系各家各户，村落的整体布局大多围绕着村内的广场、祠堂、街道、水系等公共空间展开。丘陵地带的建筑呈现不规则的布局形式，路径曲折蜿蜒，和建筑相连接，有时开阔，有时狭窄，因此丘陵地带居民建筑布局的变化异常丰富。图3-3-2为湘西吉首地区吉斗寨的平面示意图，全村坐落在地形起伏的丘陵地带，建筑依地形变化而作自由布局，村内道路曲折蜿蜒地穿插于各建筑之间。湘西民居建筑的特点为依附于自然地形，独具特色的民居建筑与自然风貌形成一体。

图3-3-2 湘西吉首地区吉斗寨的平面示意图

乡村布局具有因地制宜、与环境相融合的特点，各地的乡村环境有着丰富多样的形态及特征。在不同的地形条件下，乡村村落形成了条带式、团块式、自由式等不同的布局形态类型。

3.3.3.1.1 条带式

受地形条件限制，条带式一般靠近水源而沿河道延伸，或者沿村内交通道路两旁分布，贯穿始终，其优点是交通方便。条带式布局的民居建筑布局严谨、排列整齐。条带式布局一般分为住宅单元左右对齐和前后对齐这两种村落布局类型，街道系统呈直角相交，形如棋盘。例如，埭尾村位于福建省漳州市龙海区东园镇，村落规模宏大，民居建筑傍水而建，村落平面布局整齐排列，呈现轴对称的特点，埭尾村的地理环境、社会生活、风俗习惯以及经济状况造就了它的条带式布局形态（图3-3-3）。

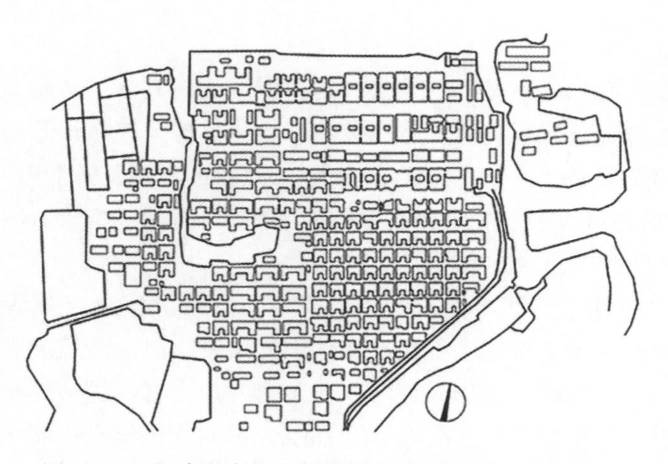

图3-3-3　福建省漳州市龙海区东园镇埭尾村平面示意图

3.3.3.1.2　团块式

团块式布局是平原地区较常见的形态，大多数团块式布局形式较自由，不追求规矩方正，聚落形式呈团块状。村落用地比较宽松，呈长方形、圆形、扇形、多边形等团块状布局，以纵横的街巷为基本骨架，乡村内部有一个或者多个点状中心，如广场、戏台、水塘、基础设施等，整个村落围绕中心不断向外延展而形成。例如诸葛村（图3-3-4），位于浙江省兰溪市，诸葛村的村落布局形似八卦图，中心为钟池，钟池周围有八条巷道分布，由中心向外辐射，民居建筑沿着巷道分布，传统民居的布局大多依山傍水，注重与周围自然环境融为一体。

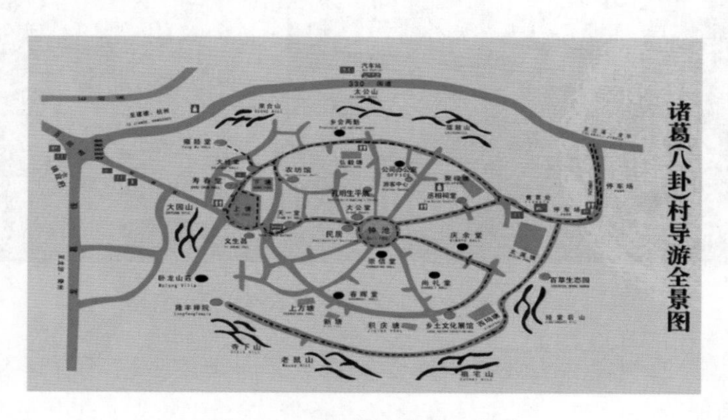

图3-3-4　诸葛村平面示意图

3.3.3.1.3　自由式

乡村自由式布局多分布在丘陵地区和山区，自由式布局受地形、河流、道路布局等影响，没有经过合理的规划设计，一般跟随着地形自然形成自由式布局，民居建筑布局呈现不规则的特点，大多紧凑，排列杂乱无章。街巷和道路系统特征不明显，村内道路大多较弯曲，其布局形态体现了人与自然和谐共生的特点。例如，石城子村（图3-3-5）属于山地带状聚落空间，分布着五个分散的自然村，地形富于变化，建筑呈点状零散分布在道路及河流两侧，空间结构松散。

全面了解并掌握乡村周边的空间布局、建筑特点、文化遗存等情况，在乡村的现状基础上进行规划布局。

图3-3-5 石城子村平面示意图

3.3.3.2 风格

我国地大物博，地形多样，有丘陵、平原、盆地、高原和山地地形，地势呈现出西高东低的阶梯状。风格是各个乡村地区在历史长河中潜移默化形成并保存至今的独特的乡村风格，通常具备地域个性鲜明、自然环境优美、民风民俗淳厚、历史文脉深邃的整体特点。全国各地的乡村民居建筑，多因地制宜，自成体系，不同的地形类型形成不同的建筑形式，各自有独特的形式与风格，即使气候、地区相似，民居建筑风貌和聚落形态，也可以有多种多样的变化。

例如蒙古族的蒙古包（图3-3-6），是蒙古族人民长期生活的居所，蒙古包的外形与结构独特，民俗气息浓厚。蒙古族人民生活在茫茫草原上，视野开阔，极易产生“天圆地方”的想法，因而把蒙古包做成圆形。徽派建筑（图3-3-7）蕴含着深厚的文化底蕴，有白墙黑瓦、造型独特的马头墙等经典元素。马头墙呈阶梯状，具有装饰、防火的功能，在建筑界面上呈现层层叠落的特点，体现了鲜明的地方特色，向人们传递着朴素典雅、优美、人文气息浓郁的特征。

乡村民居是各地村民自己设计建造且具有一定代表性、富有鲜明特色的民居住宅，能体现建造者的物质财富和精神文化内涵，借助传统民居建筑风格向人们诉说着历史的变迁、传递每个历史阶段的文化特点。在对乡村民居建筑进行设计时，要善于挖掘当地人们在民居建造上的智慧，加深对传统民居中所蕴含的地域特点和文化价值的理解。

图3-3-6 蒙古包

图3-3-7 徽派建筑

3.3.3.3 比例

比例是传统民居建筑审美的重要体现，是数量之间的对比关系或者局部在整体所占的分量，整体比例是建筑物的长、宽、高之间的比例关系。黄金分割是设计中应用比较多的一种比例，可以使建筑物的各个部分之间更加协调和美观。

影响乡村传统民居建筑形式的比例包括门窗洞口、建筑体块、墙面分割等本身的比例以及互相之间对比而产生的比例等，要把握比例、尺度等基本美学和建造方式。乡村民居建筑的比例美学重构，必须以展现乡土特色为主，在视觉上形成一个展示乡村整体环境历史魅力的舞台。乡村民居建筑的景观是生活在乡村地区的村民们在土地上建造房屋、种植粮食、生存繁衍而形成的，比例美学的应用注重反映当地呈现的场所历史、延续场所文脉，展现一个地区的独特性。例如桂北的侗族民居木构建筑（图3-3-8），是典型的干栏式住宅建筑，在设计过程中，进行大量的尺寸计算，具体结构为三层建筑结构，最中间的柱子起到承重的作用，山面中柱两侧的柱子起到次要承重作用。通过严谨的计算获得侗族住宅建筑的整体和谐，其立面的高宽比形成了丰富的构图比例，达到最佳的建筑结构和外观效果。

图3-3-8　桂北的侗族民居木构建筑

在进行民居建筑的形体创造和建筑立面处理时，对建筑各部分体量和立面比例进行推敲，对室内和室外空间构图进行均衡，对材料、色彩、虚实的对比关系进行处理，达到传统民居建筑与环境的自然和谐。因此，建筑师们把比例作为建筑形式美的首要原则，周边的建筑物作为考虑比例的因素，使建筑与整体环境融合。

3.3.3.4　色彩

色彩是影响乡村民居建筑风貌的重要因素之一。一个地区的建筑有它独特的历史文脉，依托周围环境的现状，采用地域性材料进行设计。建筑色彩可分为核心色彩、次要色彩和点缀色彩。核心色彩在建筑色彩中起着支配的作用，建筑设计通常要有一个首要的颜色作为支柱，是视觉的中心，约占总建筑的2/3。次要色彩是对核心色彩起到渲染、协调作用的色彩，通常约占总建筑的1/3，它主要目的是衬托建筑色彩最核心的部分。点缀色彩是为了点缀整个建筑而存在，分布较扩散，没有明显的分布规律，一般占总建筑的1/10。常见的建筑外立面色彩共分为三种类型：

（1）单色型。主要是指使用单一的某种色彩作为主要的色彩设计，是较为常见的一种设计色彩类型。

（2）彩色型。是指将多种色彩进行合理的搭配，通过灵活地融入色彩创造出乡村独特新颖的建筑造型，直接展示设计师的想象力，使环境统一而丰富。

（3）明暗型。这类色彩主打的颜色有黑色、白色和灰色等，给人带来层次明晰的感觉，让建筑物更具有条理感。

在地域特色方面，色彩有着颜色识别的功能。我国北方建筑多使用红墙黄瓦，体现皇家的威严；南方建筑多使用白墙灰瓦、木门窗，反映了不同的政治背景、经济制度和地域环境。例如，西安传统民居建筑墙体砖块的积累，呈现厚重又典雅沉稳的性格，在西安历史文化特色遗址区中，体现着泛灰色的墙体、青砖灰瓦、土黄色砖瓦的色彩形象（图3–3–9）。再如，苏州民居建筑外立面色彩以黑色、白色为主。建筑本身用白灰色抹墙，用黑色瓦片遮盖房顶，这样的黑、白、灰层次变化的建筑色彩，与周围环境融为一体（图3–3–10）。

色彩要与周边乡村景观浑然一体，其中包含的感情厚重又充满力量。在进行乡村民居建筑设计时，要正确使用色彩，展示传统建筑文化的精髓，同时满足美观性。

图3–3–9　西安建筑色彩基调

图3–3–10　苏州建筑色彩基调

3.3.3.5　材料

材料对于乡村民居建筑风貌的影响因素最为突出。乡村民居建筑的材料多用本土材料，更能体现乡土建筑结构的清晰性，创造丰富多彩且具地方特色的乡村民居建筑风貌。建筑材料与结构方法影响着乡村建筑聚落的形态和景观，因为材料决定着结构方法，而结构方法则往往直接地表现为建筑形式——它的内部空间划分及外观。

（1）生土。生土（图3–3–11）是最原始且取材方便的材料，其中夯土建筑是生土建筑的重要代表，夯土建筑做承重结构较常见。例如窑洞民居，窑洞上面覆盖厚厚的黄土，利用黄土高原土层厚实的特点，采取拱顶的方式来保证它的稳固性，延续了当地建筑特点，具有保温隔热的特点。在我国福建的土楼，以石为基，以生土为主要原料。但是生土的防水性很差，仅适合用来砌筑墙体。

图3-3-11　生土

（2）石头。石头（图3-3-12）是最持久的建筑材料，具有良好的导热性和储热能力，独特而多样化，可塑性强，综合成本低，使用范围也越来越广，在乡村，石材资源常用于建筑墙体、院墙等。例如，藏族民居“碉楼”和河北省秦皇岛市石城子村的建筑也是由石块来砌筑，最大限度地节省建设成本，与周围环境能够有效地融合，呈现出纯粹而原生态的特征。

图3-3-12　石头

（3）木材。木材（图3-3-13）是最原始且实用的建筑材料，也是乡村建筑应用广泛的材料，有着自然优雅的特点。优点为加工容易，木材弯曲、受拉的能力强，抗震性能好，一般用作建筑的承重结构，常常用来做门窗等围护结构。木材多分布在东北的大小兴安岭和长白山、西南横断山区以及东南部的闽西、闽北、江西等地区，森林资源丰富，当地的人们就地取材，用木材做成各种各样的木结构，还可以做成榫卯而自由灵活地拼接。

图3-3-13　木材

（4）砖材。砖材（图3–3–14）作为乡村建筑应用广泛的材料，经过加工焙烧后不仅强度高而且可以经受雨水浸蚀，抗压抗冻、保温效果较好，制砖技术比较高，有简单、廉价和耐用的优点。居民利用高超的制砖技术制成不同花纹图案的砖，常用作建筑外立面，丰富建筑立面的层次。例如福建东部砖的使用很普遍，古建筑夯土墙居多。

图3–3–14　砖材

乡村建筑风貌的形成离不开当地的材料和建造工艺技术，就地取材是乡村民居建筑要遵循的原则，不同材料形成不同的肌理和纹路，突出当地的特色。例如，我国西南的湘、桂、黔一带，植被资源丰富，多用木材建造民居建筑，尤其是云南干栏式民居建筑（图3–3–15），用竹木作为建筑材料，取材方便、造价低廉，干栏式居民建在木、竹柱底架上，建筑高出地面，来扩大空间，使建筑外观显得十分空灵而通透。

图3–3–15　云南干栏式民居建筑

乡村民居建筑风貌离不开当地的工匠建筑手艺，造就不同风格的建筑风貌。不同的建造工艺技术形成不同的地域建筑风格，通过材料的运用在建筑界面上可以表现出不同的质感、纹理。

3.3.4　乡村民居建筑风貌要素

乡村民居建筑风貌反映了在特定地域、不同时期的经济、社会、文化和建筑建造技术的特征，乡村建筑风貌的物质形态构成要素构成了乡村建筑风貌地域特征的基础。因此对乡村建筑风貌构成要素的研究要进行一个整体的把握，应当按照从建筑整体到局部的原则，对建筑风貌现状问题进行总结，对乡村建筑风貌存在的问题进行解析，从而对乡村建筑风貌的提升设计提出策略、提供分类依据。笔者将乡村建筑风貌的物质形态构成要素分为几部分：入口、台地、门窗、墙身、院墙、屋顶、细部装饰。

3.3.4.1 入口

入口是民居建筑从街巷到院落、从公共场所到私密场所的过渡空间，处于方便寻找的位置，是民居建筑风貌整体构成的一部分，具有交通、停留、防御性的功能。入口空间包括入口形式与入口界面，在传统民居的入口空间中，用影壁、雀替、墀头、抱鼓石等装饰手法彰显出主人的地位和经济程度（图3-3-16）。人们走向入口空间的方向和走向建筑的方向是一致的，一般具有可达性高、清晰明确的特点，注重进建筑庭院后的感受，即关门伊始，便进入自己的世界，在入口视野范围循序渐进地创造空间的序列。

在民居建筑群的沿街街道上，当许多相似的入口空间形式集中在一起，各家各户会在入口的细部装修上突出特点使其区别于其他民居建筑。中国很讲究风水理论，因此在确定入口空间位置时需仔细斟酌。入口空间在设计逻辑上需要有一定的通透感和私密性，协同塑造建筑形态，通过地域性材料的使用进行室内外空间的自然过渡。因此，乡村入口的设计要在乡村的整体文化背景方面做深入研究，不局限于建筑材料、建筑色彩等。

图3-3-16　影壁、抱鼓石等装饰手法

3.3.4.2 台地

台地是指地形起伏，乡村民居根据生活需要将建筑顺应地形变化而分别建造在不同高度的台基之上，巧妙地利用等高线的高差建造民居建筑，层层叠叠，从而形成丰富多变的景观，展现乡村生态之美。

由于粮食适合在地形较平坦的地方种植，地处山区的村民为了在自然环境中生存，民居建筑一般不建造在平坦的地形上，多选择在地形起伏的坡地，不会花费更多的劳动力去改造地形。台地建筑台基的不同标高与室内外相一致，不同标高的台地连续抬升，设置不同的功能空间，如休憩场所、游玩场所，营造丰富的建筑景观效果，使场地的层次感在内外延续。如新寨坪村的民居台地建筑（图3-3-17），民居建筑之间形成了不同的尺度层次和空间层次，

图3-3-17　湖南湘西新寨坪村建于台地之上的民居建筑

每个民居建筑拥有独立的院落，户外活动空间面积较大，且落差较大，民居建筑在尊重原有村庄肌理和地势条件的基础上建造，丰富了民居建筑的形态，形成了独特的聚落形式。

3.3.4.3　门窗

门窗的形式和尺寸是乡村居住功能和民俗文化的体现，是最常见的建筑构件之一。门窗与建筑形态之间存在着紧密的联系，门窗的装饰符号元素应与民居建筑形象保持统一。门的主要功能在于隔断内外空间环境以及室内外的交通联系，并起到疏散的作用。在乡村民居住宅，门的造型、材料和做工手法彰显着主人的社会地位。大门的类型可分为广亮大门、金柱大门、如意门等，例如广亮大门（图3-3-18），是中国古代传统建筑宅门的一种类型，宽敞而亮堂，房山有中柱，门上有四个门簪上挂匾，门前檐柱上有雀替和三幅云，门外一般设有影壁、抱鼓石等。因此大门装饰的复杂程度反映着主人社会地位的高低。

图3-3-18　广亮大门

不同的自然环境和气候条件形成了不同风格的乡村民居建筑，也产生了不同形式的窗户。窗户的功能在于隔音、保暖、阻热、通风和装饰，同时使风景最大化引入室内，最大化增加采光面积。传统古建筑门窗类型可分为槛窗、支摘窗、漏窗、空窗和什锦窗。支摘窗是北方传统民居中使用最多的一种窗户形式，即上部可以支起，下部可以摘下的窗户。上部可根据天气的变化用纱、纸等糊饰，下部可安装玻璃，便于室内采光。

传统民居建筑窗户的形式顺应自然环境。例如陕北窑洞，由于陕北地区全年干旱少雨，风沙较大，因此窑洞的窗户形式具有因地制宜、就地取材的特点，其门窗依靠山势的变化形成圆拱形，圆形与山体形状相结合（图3-3-19）。乡村传统民居建筑的门窗重视装饰性，其装饰的复杂程度不同，门窗的类型由于其蕴含的寓意给人们以美的心理感受，具有极强的装饰作用。

图3-3-19　窑洞的窗户形式

3.3.4.4 墙身

墙身是民居建筑的轮廓表现，是使用当地传统民居的特征在立面上构造丰富的墙面，体现独特的地域特征与文化内涵。在古代，民居建筑采用厚厚的墙，起到围合空间、保暖、防御、遮风避雨的作用。乡村传统民居建筑大多以砖石、碎石、粗石、混凝土等材料砌筑作为围护结构，砌筑厚厚的墙体作为支撑结构，承载不同材料的屋顶。

墙身装饰来源于村民们对住宅的审美需求，村民们在塑造过程中追求多种材料的丰富装饰，装饰方式主要包括墙体堆砌和砖雕。装饰性较强的主要有山墙、云墙、阶梯墙、虎皮石墙和粉墙。例如云墙（图3-3-20），又称"波形墙"，即墙体上部呈波浪形，远看犹如水波纹，又像流云，线条流畅，墙面常抹石灰，墙头覆小青瓦。再如虎皮墙（图3-3-21），不同形状材料之间用白灰砌筑，外表泛黄，有的用一种形状不规则的毛石材料砌筑，有的则用多种材料交错垒筑，以手工技艺随意地摆放，制造出虎皮的随形纹路，使墙体外观呈现纯朴自然的审美特点，具有装饰、防卫的功能。对于乡村民居建筑墙身的要素表达，做好调查某一地区乡村的民居建筑墙身的研究工作，加强风貌要素的提炼与引导，延续乡村民居独特的墙身特点。

图3-3-20　云墙

图3-3-21　虎皮墙

3.3.4.5 院墙

院墙在乡村能直观地界定民居建筑基地的范围，在乡村民居建筑中，每家每户都需要用高墙围合，以形成一个私密性的居住空间。院墙具有划分空间以及防御性的功能，还可满足民居建筑装饰的需求。通常与门、绿植及其他景观小品结合装置，以形成连贯的乡村民居景观。被院墙围起来的室外部分，是村民的活动区域，可供晾晒衣被、晾晒粮食、日常交谈、娱乐等用途，给村民更多的私密空间。乡村院墙类型大多以全封闭式和半封闭式为主，少数为通透性院墙。民居宅院的墙体材料一般为夯土（图3-3-22）、毛石（图3-3-23）、混凝土、

图3-3-22　夯土墙

图3-3-23　毛石砌筑

涂料、黏土混石、石砖等。院墙的内外还常有形式多样的装饰，利用拼贴、镂空、绘画的手法呈现，将带有地域文化性的符号或者具有历史故事性的图案装饰在院墙上。对于乡村民居建筑的设计，院墙的要素表达需要遵循当地的文化特色、地域材料、民俗习惯等，唤起村民们对乡村的记忆。

3.3.4.6　屋顶

屋顶是乡村民居建筑风貌最鲜明的特征之一。中国乡村民居建筑一般以平屋顶和坡屋顶为主，屋顶的形式包括屋顶雕饰、出挑、檐角造型、脊首脊端构件以及原始木结构等，运用当地的技艺手法展现村民们的智慧和独特的历史文化价值。

我国降水量的差异直接影响乡村传统民居建筑的外观造型，也影响了建筑屋顶的坡度。例如，歇山顶有利于建筑屋顶排除潮气，防止木材糟朽。因此，全年降水量越多的地方，屋顶坡度越陡；反之，降水量越小的地方，屋顶坡度越平缓。北方建筑屋顶多采用硬山山顶与悬山顶，南方建筑屋顶样式多变，形似马头墙，注重雕刻艺术。

但民居建筑的屋顶，不像宫殿式建筑那样华丽和精雕细刻，主要有茅草屋顶、瓦片屋面和石板屋面三种样式。屋顶形式和平面布局关系极为密切，平面布局越是自由灵活，其屋顶形式的变化便越丰富。在地形起伏的山区，基于平面呈现着曲折和崎岖的变化，屋顶形式纵横交错，相互穿插。屋顶的屋脊位置、高度、举架大小各不相同。这样单就一幢建筑物本身来看，其屋顶形式便充满了千变万化，要是再从群体组合看，其变化将更为丰富。例如湘西民居建筑屋顶，以灵活布局形式的民居建筑脱颖而出，借助吊脚楼形成了丰富的屋顶形式变化（图3-3-24）。不同的地域特色形成了不同的民居建筑屋顶形式，传承了传统民居特色。

图3-3-24　屋顶变化丰富的湘西民居建筑

3.3.4.7　细部装饰

细部装饰是反映当地村民在民居建造上的智慧，具有很高的艺术价值，针对不同地区的各种类型、等级的民居建筑，细部装饰的表现方式也各种各样。乡村民居建筑的细部装饰一般体现在屋顶装饰、墙体、门窗、斗拱等建筑部件，也可表现在民居建筑的结构件上。细部装饰手法常有雕刻、彩画、泥塑等。

乡村民居建筑细部装饰体现了精巧细致、艺术审美的要求，表达了不同地区的文化底蕴与审美追求。乡村民居建筑的风格特点很大程度上来源于细部装饰，细部装饰造就了中国传统建筑富有特点的外观。建筑细部装饰与民俗文化密不可分，体现了人们对美好生活的追求和向往，加深人们对传统民居建筑所蕴含的文化价值和思想观念的理解，体现人文意味。例如，纳西族民居注重门楼的装饰形式（图3-3-25），民居门窗装饰比较统一，一般是六扇格子门窗。门楼通常使用木雕、石刻、彩绘、凸花砖和青砖等材料组成一座串角飞檐，大门布局有抱鼓石、拴马桩等门前装饰物，大多雕刻狮子，生动活泼，具有强烈的艺术装饰效果。

图3-3-25 纳西族民居建筑细部装饰

3.3.5 乡村民居建筑风貌设计原则

3.3.5.1 布局因地制宜原则

乡村民居建筑的布局反映了当地村民顺应自然、融合自然建筑营建的智慧，形成了一个有机的乡村建筑整体景观。由于不同地区的地形地貌特征不同，其建筑布局也各有不同。民居建筑基地应选择在向阳的地段上，为争取最大的光照条件创造条件，不宜选择在山谷及凹地等处。因此在规划建筑布局时，遵守因地制宜的原则，尊重每个乡村地区的自然地理环境、民俗文化、生产方式、村民生活习惯等影响因素，合理协调民居建筑布局与外部景观环境之间的关系，依托场地的优越生态条件，尽量保持原汁原味的乡村建筑形态，建立起民居建筑与自然场所的紧密联系，使设计后的民居建筑与原有自然环境产生共鸣，创造叠合、开放、具有地域性的民居建筑空间。

3.3.5.2 风格彰显地域性原则

华夏大地上有56个民族，各个民族之间的风俗习惯、语言、文化有着较大的差异，因而促使乡村民居建筑形成了不同的风格，各其有特点。

对风貌保存较好的民居建筑，在改造过程中尽量减少建筑风貌的破坏，遵循保护建筑原貌的原则，保护建筑原有的结构、屋顶形式、立面装饰等。对风貌局部异化的民居建筑，在保留乡村地域风格的基础上进行建筑外立面改造，尽量维持原有建筑形象。对新建筑进行优化改造，尽量靠近当地建筑特色。统一规划三个不同设计改造类型，进行分类管理引导，乡村建筑中门窗、屋顶的建造手法是对乡村传统文化传承的途径，在满足适用性的基础上，通过结构造型、装饰、材料、色彩等方面充分展现民居主人以及手工匠人的智慧。屋顶的建造手法包括对传统元素的继承，延续保留传统民居的屋顶形式和组合方式的风格，所涉及的屋顶施工技艺和材料用法都是应当传承的宝贵遗产。民居建筑风格应彰显地域性，提取乡村本土文化元素，融入现代设计元素，使其成为地方特色的传承和延续。

3.3.5.3　高度与乡村尺度相宜原则

乡村建筑尺度是能够把握、理解民居建筑形体的大小，民居建筑高度往往适应乡村地形的限制，不同地形的高差让人们产生不同的视觉感官体验，应遵循民居建筑高度与乡村尺度相宜的原则，灵活利用墙的高度与视线的高低，将民居建筑层数控制在三层以下，不刻意追求高层的民居建筑体量，用理性的角度来创造一个适宜的、充满活力的空间。可有效利用地面高差来划定领域边界。例如乡村下沉式庭院，具有与竖起的墙壁一样的封闭效果，并且从地面往下沉式庭院看时能够领略到全貌，掌握整个空间。民居建筑体块主要有组合、架空、穿插和重复等设计策略，继承乡村地区的文化内涵，其中要通过建筑屋顶形态达到丰富乡村民居建筑高度的变化，呈现出乡村景观的韵律感。

3.3.5.4　材料运用本土化与现代化融合原则

在材料的选择上，我国乡村民居建筑在建造过程中应优先使用地域性的乡土性材料，适应地方气候，就地取材，充分发挥本土材料的质感、肌理、色泽等，注重与周围的自然环境、民居建筑风貌相协调，反映出乡村民居建筑的地域特色。村民的生活方式逐渐向现代化转变，在某些传统乡土材料无法满足现代生活需求时，村民开始追求自身价值和个性化，因此要考虑本土化与现代化的融合，结合当地条件，正确使用现代建筑材料，需要与传统民居建筑风貌相协调，在合理的指导下运用现代材料，避免造成民居建筑风貌被破坏。新材料和旧材料相融合，既传递着当地民居独特的传统建筑元素形式和历史文脉，又满足了村民们的审美需求，并提高了居民舒适度，达到对乡村民居建筑风貌的延续与演绎。

3.3.5.5　色彩遵守协调统一原则

建筑色彩是整个村落建筑风貌的重要组成部分，是地理气候因素和人文因素共同作用的结果，带有一定的情感联系和文化价值寓意。综合考虑美观性和地域性，每个乡村地区都会有一种寓意深刻的代表色，从自然因素和人文因素两方面寻找地域色彩，针对不同的设计主题，确定主导色、辅助色、点缀色，寻求对乡村民居建筑整体的色彩控制，明确民居建筑的统一和谐基调。例如，苏州乡村民居建筑色彩鲜明（图3-3-26），以黑、白、灰这三色为主基调，白灰抹墙，用黑瓦遮住房顶，明显带有地域性，其建筑形态在色彩上做到了和谐统一。在设计民居建筑时，从宏观到微观的角度，深入发掘乡村地域独特的配色形式，在建筑整体色彩和局部色彩之间进行统筹规划，随后在建筑细部装饰中融入不同色彩的设计，保留原生的自然色彩格局。

图3-3-26　苏州乡村民居建筑色彩

3.3.5.6 群体建筑风貌分区保护与更新原则

乡村群体建筑具有丰富的文化价值，要想保护乡村群体建筑的传统风貌，不能仅从单体建筑入手，还要保护乡村原有群体建筑风貌和村落格局。在进行乡村建设时，应与建筑周围的环境一并考虑，将乡村的文化元素提炼出来融入乡村群体建筑风貌改造，梳理群体建筑的空间要素，通过改造提升，营造良好的乡村生活环境。按照乡村的实际情况，进行群体分级分区保护，将群体建筑的分区保护与更新策略分为核心保护区、风貌控制区。

（1）核心保护区。该区域的特点为存在大量的乡村文化遗产，以及保存较完整的建筑风貌。对于这类群体建筑，应保持传统建筑风貌的完整性和真实性，遵循“修旧如旧”的原则，不得随意改变原有建筑的布局、色彩以及结构，提取传统建筑符号，营造乡村浓厚的文化氛围，协调村落中传统老建筑和新建筑之间的空间布局、功能，让乡村地域文化的传统建筑风貌得以延续。

（2）风貌控制区。对此类传统建筑进行适当的建筑立面改造、修建，注重建筑空间尺度与传统风貌的协调性。在保持传统建筑风貌不变的情况下，对街巷中改变建筑立面传统材料的建筑进行整修、更新，使用当地材料，完善基础设施建设，对乡村内部的古树名树加以保护。对乡村街道及群体建筑空间进行整合，美化群体建筑旁的道路空间，道路铺装选用符合当地乡村特征的传统材料，形成独特的乡村街巷景观，为村民提供劳动后休憩、邻里交往、游客停留的场所，满足村民的休闲娱乐需求。

3.3.5.7 民居建筑风貌分类改造原则

针对因乡村的历史年代发展、地形地貌等因素造成不同乡村民居建筑风貌存在较大差异的现状，根据乡村民居建筑风貌进行管控引导。乡村民居建筑建造的时间大多不同，有些年代久远，有些是近几年新建，以院落为基本单元，针对民居建筑所出现的问题逐一汇总，采取与传统老建筑风貌协调统一的原则，综合考虑民居建筑外观、质量、使用情况等，将村庄风貌现状分为传统建筑、局部异化建筑以及新建筑三种类型，为传承和保护乡村民居建筑特色风貌提供依据。

（1）对保存较好的传统建筑进行修缮。修缮类建筑主要有年代久远、质量较好、具备极高的文化价值意义、与乡村村落风貌相协调的特点，沿袭了当地乡村传统建筑文化宝贵的脉络，在不影响传统民居建筑原有风貌的基础上，遵循“修旧如旧”原则，采取参照历史文献图档，对破损的构件部分进行修复或者加固，以及建筑周边环境的改善，追求真实性和传统性，尽量最大限度地还原传统民居建筑原有风貌。保持原有民居建筑院落布局，不得随意改变，不得拆除传统民居建筑的影壁、屋顶、门窗、门楼等，根据风貌现状进行优化设计。为了满足村民的生活需求，可有针对性地置入新功能空间，如卫生间、书房等功能，为了丰富景观层次，在室外可增加绿化空间、耳房、杂物间及室外休闲空间等。

（2）对改变传统材料的建筑进行整修。乡村材料承载着村落的历史文化，有些乡村材料的组合运用缺少理论指导，主观影响因素较大，造成民居建筑风貌局部异化，与周围建筑风貌极不协调。因此，对这类民居建筑外立面进行整修，可通过更换建筑外立面材料色彩、更换屋顶样式或者赋予新的功能等方法保持民居建筑风貌的协调性，注重乡村本土材料以及传统民居建筑元素的使用，对具有艺术价值的精美装饰构件利用传统工艺还原。可根据村民现有的生活方式和生活需求进行布局和改造创新，保留建筑原有的结构形式，在民居建筑风貌的基础上提取乡村传统民居建筑的文化元素进行简化和创新，同时对建筑室内进行更新改造，改善村民的生活质量。

（3）对新建筑进行整体改造。对与乡村传统建筑风貌极不协调的新建筑根据现状进行拆除或者改建。乡村地域文化是民居建筑风貌的来源，因此新建筑需要体现乡村的特色，建筑选址、布局、风格、形式等都要考虑到乡村地域特色与内涵，重新梳理和完善村落既有空间肌理，不得破坏原有的建筑院落布局，对破坏原有院落布局的民居新建筑尽量还原，在新建筑中加入传统建筑元素凸显传统特色，增加传统材料的使用，减少大拆大建，需要有针对性地改造设计方案，合理控制民居建筑尺度和功能布局，注重现代设计工艺与传统技艺的融合应用，强化当地的传统民居建筑风貌，将建筑特色延续下去。

3.3.6　乡村民居建筑风貌再生策略

3.3.6.1　注重院落空间序列组织的协调性

乡村民居建筑空间序列的设计注重民居建筑空间和环境的相关性，强调多样化和流线组织的重要性。在乡村有明确的界定区域，每个民居建筑家庭的围墙、绿植、景观小品、铺装等构成了建筑的围合感，突出协调性。因此要重视乡村民居院落空间环境的总体设计，强调村落的统一规划和合理布局，可以丰富村民对乡村环境的体验。

在乡村建筑现状基础上对院落建筑界面进行优化设计和整治，空间序列的组织方式根据空间的使用性质来决定。院落空间序列一般有四个阶段：第一阶段为起始段，是使村民产生第一印象的关键环节；第二阶段为过渡段，为后面的高潮部分做铺垫；第三阶段为高潮段，是整个空间组织的焦点部分；第四阶段为结尾段，是回归正常状态的部分。整理院落空间设计逻辑，通过改造设计的介入，在平面布局上民居建筑形体可采取叠加、错动、断开等设计手法，将视觉聚焦在建筑形体或者室外景观空间上，创造多变的居住环境空间以满足生活需求，将乡村传统特色的符号语言延伸、强化，给人乡村认同感和指认感，形成符合乡村风貌的空间秩序和形象。

位于安徽绩溪县旧城北部的绩溪博物馆（图3-3-27），空间序列组织采用当地院落式民居

图3-3-27

图3-3-27 绩溪博物馆

做法，围绕树木设置出多个庭院、天井和街巷，营造内外交织、富于变化的空间环境。主入口设置一组假山、水景，引导游客进入，观赏建筑的屋面、庭院和假山，注重参观者游览体验。起伏的屋面轮廓和肌理遵循绩溪周边山形水系的形态，建筑材料运用当地常见的砖、瓦等。

3.3.6.2 乡村建筑风貌的功能置换

乡村建筑风貌代表着乡村地区的文化特色传承，在不破坏乡村传统建筑原有形态的基础上，发掘和保护传统建筑的内在价值，延续乡村本土的特色，根据现状对建筑进行功能置换或者置入新的功能，满足村民们的生活习惯和生活需求。

具体的设计策略为保留部分建筑的原有功能，修缮保存较好的传统民居建筑，保留本土的建造技艺，对另一部分建筑进行功能置换。在置换过程中，结合实地调研，对建筑进行功能扩大化、功能复合化以及独立功能置入，对建筑进行适当拆除、改建与扩建，同样要对外部环境进行改造，对周边的古树、围墙、景观小品等进行整体的协调和局部改造。这类建筑一般为闲置建筑和危房，改造为民居建筑或者公共建筑，不破坏乡村的传统风貌，并融入当地的特色符号，对民居建筑进行室内改造，划分生产生活功能空间，按照村民需要置换或者增加新的室内功能，提高村民的生活质量。公共建筑可作为当地乡村地区激活空间活力的切入点，打造村民的交往空间，将多种功能置入建筑空间当中，例如餐饮住宿、村民活动中心、农家体验、文化教育等不同类型的功能，让乡村资源再次得到合理利用，使其发挥经济价值和社会价值。

通过功能置换达到建筑活化保护，积极、合理的利用是对传统建筑的保护。功能置换后的建筑风貌呈现由废置到再生的转变，符合时代发展的需要，通过空间营造、改造手法以及材料运用上新与旧的对比，体现传统老建筑独有的古朴风韵与历史厚重感，催生了乡村建筑风貌的活力再生。

东桥村位于重庆市万州区长岭镇的西南部（图3-3-28），老龄化严重且缺乏生机。为了满足老年人需求，将其功能改造成体现人文关怀的适老化乡村。增加无障碍通道、无障碍扶手设置，同时设置座椅、休闲健身设施以及广场活动空间，以农耕小品的植入作为景观节点展示，栏杆、围栏使用了当地的竹编元素，铺装及建筑墙面材料使用当地废弃的老石板、砖、瓦等，改造后的东桥村呈现了质朴的乡村建筑风貌特征。

图3-3-28　重庆市万州区长岭镇西南部的东桥村

范家村位于山东省威海荣成市石岛管理区，传统海草房古民居村落遭到破坏，改造设计以修复为主，植入海边民宿的功能，保留原有传统村落的肌理特征和海草房的遗产，新老建筑通过相同的材料紧密地结合在一起，让历史记忆更好地与现代生活融合。改造后的范家村焕发新时代的活力，民宿建筑设计延续了传统海草房屋顶，减少了对原建筑风貌的破坏（图3-2-29）。

图3-3-29　山东省威海荣成市石岛管理区范家村

3.3.6.3　民居建筑风貌保护与产业发展携手共进

对于乡村民居建筑的保护与发展，要考虑长远的保护规划，根据当地乡村的经济发展状况以及地域文化特色，结合旅游业的开发，对乡村传统建筑进行原真性的风貌保护，对破坏乡村民居建筑风貌的建筑进行整体改造，在原建筑风貌的基础上介入新的商业功能，根据乡村的不同文化特点构建不同特色主题的建筑风貌，如民宿、书屋、茶室等功能，在旅游发展中形成和谐统一的乡村建筑风貌。在旅游开发中保护民居建筑风貌和乡村景观的多样性，乡村民居建筑风貌的提升可为旅游业发展带来重大机遇，有利于创造独具特色的乡村产业旅游氛围，为当地村民带来经济收入，满足外来游客消费服务的需求，让游客体验不同类型的乡村文化，推动乡村文旅融合，促进乡村产业多样化、个性化发展。

青山村位于杭州市余杭区黄湖镇，在规划布局上利用天然地貌，使用自然材料建造。设有户外运动设施，联结自然教育基地、民宿、竹制品工坊等场所，形成多功能的路径网络。青山村遵循共建共享的理念，村民们利用自家闲置建筑，开展旅游服务，增加经济收入的同时向旅客提供了青山村传统特色与自然美景。建筑风貌改造方面，青山村采用了夯土墙加竹子框架的传统本土建筑形式，融合了传统工艺与现代设计，多产业的发展激活了青山村的活力（图3-3-30）。

图3-3-30　杭州市余杭区黄湖镇青山村

高槐村位于四川省德阳市旌阳区，第二次的乡村振兴通过修复生态系统，将高槐村定位为文创主题小镇，强化场所记忆与情感。对废弃构筑物进行生态整修再利用，建造村落集会广场、改善街道，引导村民共建。依托现有的咖啡业态的基础上，构建“农文旅+众创田园”产业模式，打造多元化产业生态圈，满足乡村吃、住、行、学等多方位的需求。改造后的高槐村在建筑风貌上强化了乡土特有的生态资源优势，体现既现代又乡野的风格，并带动了村民就业（图3-3-31）。

图3-3-31　四川省德阳市旌阳区高槐村

3.3.6.4　延续乡村特色与创新设计的融合

对乡村民居建筑风貌的设计，不仅要对乡村民居建筑进行地域文化的传承，而且要有创新。将带有地域文化特色的符号、历史习俗要素融入民居建筑中，提炼地域建筑符号——屋顶、山墙、门窗、院墙、铺装和材料等，可借鉴科学技术的方法，以创造绿色、经济实用的民居建筑形式，创新建筑形式的多样性，以新旧融合的方式融入乡村特色，充分表达对地方民居建筑风貌的尊重和继承。让传统老建筑在不失原貌的同时融入现代生活方式，反映当下的时代精神，为乡村民居建筑焕发出新的生机和活力。

例如，王澍对浙江省杭州市富阳区洞桥镇文村进行了改造更新，文村老建筑的改造更新采取了“修旧如旧”原则，不大拆大建，在原建筑的基础上了进行微更新，整体上保留了原有的建筑肌理。对文村新建民居建筑采取了与传统建筑肌理相融合的原则，以灰、白、黄三种基础色调为主，立面设计运用了夯土墙、抹灰墙、杭灰石，保留了文村的传统文化特色。整个文村新建筑与旧建筑的碰撞，呈现出现代与传统的一脉相承（图3-3-32）。

在位于云南滇池古村落复兴改造项目中，以乌龙古渔村为代表的传统村落，对现存270余栋遗留的老建筑进行了保护性修复，同时融入现代设计手段，对建筑空间进行现代演绎，整体延续了乌龙古渔村的建筑风貌，保留了夯土外墙，采用钢结构作为建筑构造的内部空间，营造了自然质朴的居住环境，解决新建筑和旧建筑之间的冲突，使新与旧之间达到和谐统一（图3-3-33）。

图3-3-32　浙江省杭州市富阳区洞桥镇文村新与旧碰撞的建筑

图3-3-33　云南滇池古村落复兴改造项目（以乌龙古渔村为代表的传统村落）

3.3.6.5　引导多方协作共同参与营建

在乡村设计改造过程中，村民、村长、镇政府和游客都是不可或缺的一部分，针对乡村民居建筑风貌设计需求不同的人群，根据村民们对乡村民居建筑风貌的期望，秉承着微更新、低造价的设计手法改造民居建筑风貌。村民是乡村的基本组成部分，每位村民对乡村文化元素的理解各不相同，村民可根据自己的审美观念自建民居建筑，在实践设计时，需整体考虑乡村的利益和影响，合理分配改造设计费用，设计师应与当地不同人群达成一个共识，设计具有纪念、宣传文化的意义以及具有独特价值的乡村民居建筑风貌。因此，引导多方协作共同参与可以更深层次地凸显当地文化遗产的内涵，更有利于满足当地村民的生活需求，提高村民们保护传统民居建筑风貌工作的积极性、主动性和参与性，促进乡村民居建筑风貌的可持续性发展。

位于韩国首尔市北部的北村韩屋村是著名的观光旅游产业的城中村（图3-3-34），被称为城市中心的街道博物馆。20世纪90年代，传统风貌遭到了严重的破坏。进入21世纪，由政府、居民、专家等多方共同协作进行了新的北村整治活动，改造后的北村韩屋村呈现了北村原本的建筑风貌，漫步在北村之中，可以看到传统房屋屋顶绵延不断的传统美，向旅客传递着北村独具魅力的历史底蕴。

位于喀什市中心东侧恰萨、亚瓦格历史文化街区的阿霍街坊是居民参与改造的设计案例（图3-3-35），采取“社区参与”的方式进行建筑改造，广泛征求居民的意愿，当地居民主动参与改造更新他们各自的民居建筑，保持原有的乡村建筑风貌，与当地维吾尔族历史文化相结合，在原始民居建筑的基础上加以修复和改造，尽可能地按原状恢复。此次改造选取独特的乡土文化资源及民族信仰，村民们能按照自己的生活习惯进行设计，建筑材料就地取材，节约了建造成本。

图3-3-34　韩国首尔市北部的北村韩屋村

图3-3-35　阿霍街坊的居民参与建造民居

图片来源：宋辉、王小东，《保留+重构=再生：喀什老城区阿霍街坊保护改造》。

第 4 章　乡村生产景观设计

4.1　乡村生产景观的概念及分析

4.1.1　乡村生产景观的概念

乡村生产景观代表了人类与自然交互的特定领域，它是一种半自然的景观，主要反映了自然元素与人类农业活动的综合体现。这种景观的形成与发展取决于两大主导因素：一是自然环境条件，如土壤、气候和水资源等；二是人类的农业实践和管理活动。

当我们观察乡村生产景观时，可以看到众多元素的结合，从自然的山脉、湖泊、森林、草原，到人为创造的农田、泄洪沟以及农民的日常劳作。每个元素都为这一景观贡献了独特的色彩和特点。

乡村生产景观的外观和结构很大程度上取决于所在地的农业模式和习惯。例如，某地区如果主要种植粮食作物、果树和蔬菜，那么每到收获季节，这片土地就会呈现出一种充满生机和活力，映射出丰收的景象。与此同时，不同的农作物在成熟时都有各自的视觉特点，为整体景观增添多样性。

值得强调的是，乡村生产景观不仅是土地和农作物，还包括活跃于此的动植物，以及辛勤劳作的农民。从宏观层面看，这种景观是丰富多样的，具有强烈的地域性，并富有生命力。

地区之间的差异性使农业生产有着多种多样的形态。经济条件、自然环境和地理位置等多种因素互相作用，为每个地区赋予了独特的农业文化特点。

在国际研究中，对于乡村生产景观的定义存在一些差异。有学者倾向于将其理解为“乡村景观”，而有些则深入探讨其与整体生态系统的关联。另外，一些研究者重视人的参与和互动，强调农业景观是在自然的基础上，经过长期的人类农业实践塑造出来的，它是一种自然与人文完美结合的产物，其中融入了耕地、草地、乡村和交通网络等多种要素。

4.1.2　乡村生产景观的特点

乡村生产景观根据生产活动与自然的关系以及在文化与审美方面的特点分为四类：生产性特征、生态性特征、文化性特征与审美性特征。

4.1.2.1　生产性特征

生产性景观的根基深植于古老的农耕文明。自人类社会的发端，狩猎与农耕便成为维系生存的核心活动。它不仅是一个满足基本生活需求的方式，更是一个文明进步的见证。从那时起，生产性便成为景观的内在属性。

在这漫长的历史长河中，中国一直是一个以农业为支柱的国家。从古至今，无论是对土地的开垦，还是对农作物的培育，都表现出了这片大地对农业的深厚依赖。这种生产性特征不仅体现在农业活动中，更在各种农业相关的产业与经济活动中得到了升华。

具体来看，乡村景观中的农作物，如小麦、稻米、果树、蔬菜等，都是生产性特征的直观体现。它们不仅是食物来源，而且在每一个生长阶段都展示了生产的繁荣。同时，这些农作物的经济价值也不可忽视。它们的生产成本相对较低，但能够为农民带来稳定的经济收入，这一点在丰收的季节表现得尤为明显。

但值得注意的是，这种生产性并不仅仅局限于农作物本身。在现代社会，农业已经不仅仅是种植农作物那么简单。随着农业技术的进步和农村旅游业的兴起，乡村景观也开始具有更多的产业性与经济性特征。例如，有的乡村逐渐发展成为旅游胜地，吸引大量的游客前来体验农耕生活，这不仅丰富了农村的经济来源，也为游客提供了一个亲近自然、体验传统农耕文化的机会。

因此，现代乡村生产性景观的设计需要更加全面和深入。它不仅要满足农作物的生产需求，还要考虑到与其他产业的结合。如何更好地利用这些资源，实现经济与生态的双重价值，也是新时代下乡村生产性景观设计的方向和挑战。

4.1.2.2　生态性特征

乡村生产性景观是人与自然之间的桥梁，反映了两者的相互作用和依赖。它所涉及的自然环境不仅是人类日常生活、劳作和繁殖的重要场所，更是人类文明发展的基石。正是在这种与自然环境的紧密关联中，人们逐渐认识到与自然和谐共生的重要性，开始倡导和实践顺应自然、保护自然的理念。

在乡村生产性景观中，可以清晰地观察到生态环境的构成和工作原理。这其中包括了各种生物和非生物因素，它们相互作用，形成了一个复杂的、动态的生态系统。这个系统不仅为人类提供了生存和发展的物质条件，也为人们的精神文化活动提供了丰富的素材和背景。

乡村生产性景观的生态性不仅体现在植被的种植和生长，更深层次地体现在人与自然的相互作用和依赖上。例如，人们所使用的种子、工具、施肥方法等，都是基于对自然环境的深入了解和研究。而在生产过程中，人与自然的互动使整个生态系统更加稳定和谐。

正是这种人与自然的和谐互动，使乡村生产性景观中的生物和非生物因素之间形成了一种生机勃勃的平衡关系。例如，合理的种植模式不仅可以提高农作物的产量，还可以为其他生物提供栖息地，从而形成一个多样性丰富、稳定的生态系统。

然而，随着社会的进步和技术的发展，人类对自然环境的干预越来越大。为了追求生产效益和经济利益，有时会过度开发和破坏自然环境。这不仅破坏了生态平衡，也违背了人与自然和谐共生的原则。因此，乡村生产性景观的设计和建设应当更加注重生态性，倡导和实践绿色、可持续的生产方式，既满足人们的物质需求，又保护和美化自然环境。

4.1.2.3　文化性特征

在我国，农业是一种生产手段或经济来源，与每一片土地、每一种气候、每一个民族都深深地相互联系。生产性景观所承载的不仅仅是地域的差异，更是一种文化的传承与展现。

各地的地形、气候和土壤，决定了农作物的种植和发展，也决定了每一片土地的风景和人们的生活方式。在广袤的中国大地上，各种生产性景观都各具特色，与当地的自然环境和人文历史紧密相连。

南方的“南国水乡”与“沧海桑田”，展示了南方人民与水的深厚关系，以及在水边生活、劳作的风情。而北方的"塞外梯田"，则揭示了北方人民在辽阔的平原上，与土地建立的深厚纽带。西部的"多彩绿洲"则展示了人们如何在恶劣的自然条件下，通过勤劳和智慧创造出一片片生机勃勃的土地。而青藏高原的"亚洲水塔"，则是人们在高原上与大自然和谐共生的最好证明。

这些地域性的生产性景观，都深深地植根于各自的文化土壤中。人们的生产、生活、劳动，以及与土地、与大自然的关系，都在这些景观中得到了体现。从古至今，这些景观都经历了无数次的变迁和发展，但它们所承载的文化内涵和历史记忆，一直都没有改变。

生产性景观的文化性不仅仅是一种物质的传承，更是一种精神的传递。它包含了人们对土地、对自然、对生产、对生活的认知和情感，也包含了人们对历史、对文化、对传统的尊重和继承。这种文化性，使生产性景观不仅成为一片风景，更是一部活着的历史，一种生活的方式，是一种文化的体现。

4.1.2.4 审美性特征

乡村生产景观如同一块拼图，每个特性都是其中的一片，它们之间的交互关系使这一景观更为丰富和多彩。

首先，乡村生产景观的审美性成为吸引人们走进生产性景观的首要条件。一个充满活力、形式美丽、色彩斑斓的景观，总是能够引发人们的好奇心和探索欲望。这不仅是对大自然的赞美，也是对人类劳动智慧的崇高致敬。

其次，乡村生产景观的参与性提供了一个桥梁，使人们不再是单纯的观众，而是真正的参与者。他们能够深入地体验农耕生活，感受大自然的魅力，也能体会到农民的辛勤劳动和智慧。这种参与性也是生产性景观与其他景观的一个重要区别，它强调了人与自然、人与生产的紧密联系。

最后，乡村生产景观的科普性给予了人们一种深度的学习体验。在这里，人们不仅能够观赏美景，还能真实地感受和了解农业生产的每一个细节，从而更加珍惜食物、尊重自然、理解农民的辛勤劳动。这种科普性教育，更像是一种无形的课程，它深入人心，使人们更加尊重和珍惜自然与生活。

综上所述，生产性景观的这三种特性是相互关联、相互作用的。它们共同构成了生产性景观的独特魅力，使之不仅是一个美丽的风景，更是一个充满生命力、知识和文化的活体课堂。

4.1.3 乡村生产景观的起源与发展

4.1.3.1 早期乡村生产景观

早期乡村生产景观通常指的是古代和中古时期，例如古代中国的农耕社会。这个阶段的特点包括农业生产是社会的主要经济活动，农田布局基本上是自然地形的反映，农田和自然景观密切相关。建筑和设施主要用于农业生产，农田景观主要以耕种、种植、收割等农耕活动为主要特征。

（1）农田布局和耕地形状。早期的农田通常采用了多种不同的布局形式，这些形式通常取决于地理条件、土地利用和农业需求。在平原地区，常见的田块是长方形和正方形的

（图4–1–1），这种规整的布局有助于土地的有效利用。而在山区和丘陵地区，人们采用了梯田布局，通过开垦不同高度的梯田来减少水土流失，并提高种植作物的效率（图4–1–2）。

图4–1–1　方形田

图4–1–2　梯田

（2）建筑风格和村庄规划。早期的农村地区通常包含有村庄或农舍（图4–1–3），这些建筑具有独特的民间建筑风格，如传统的四合院、土坯墙（图4–1–4）和木结构（图4–1–5）。村庄通常以村心广场为中心，周围环绕着房屋、祠堂和社区设施。

图4–1–3　农舍

图4–1–4　土坯墙房屋

图4–1–5　木质结构房屋

（3）植被配置和农作物种植。农村生产景观中的植被通常包括了耕地上的农作物、果树、蔬菜和草地。这些植被的配置不仅与农业生产有关，还在景观中起到了美化和生态平衡的作用。

（4）水系和灌溉系统。早期的乡村生产景观通常依赖于水资源，因此水系和灌溉系统是重要的景观元素。水塘、小溪、水渠和水车等设施用于灌溉农田，同时也提供了人们的生活用水。这些水体在景观中创造了自然和谐的元素，同时也为植被的生长提供了必要的湿度（图4-1-6、图4-1-7）。

图4-1-6 水车

图4-1-7 龙首渠

（5）文化和习俗。早期的乡村生产景观反映了当地社区的文化、传统和习俗。田野劳作、农事节庆和祭祀仪式等活动都与景观紧密相连，塑造了农村地区独特的文化景观。这些文化元素在景观中通过农民的服装、农具、庆祝活动和宗教建筑等方式得以体现。

4.1.3.2 中期乡村生产景观

中期乡村生产景观指的是近代或者工业化前期的乡村生产景观，这个阶段的特点是农业生产开始受到现代化技术和方法的影响，例如工业化农业设备和化肥的引入。农田规模可能扩大，耕地布局可能更加规整，农田景观逐渐与农业现代化和工业化发展相适应。

（1）农业技术和设施。中期的乡村生产景观受到农业技术的显著影响。农业机械取代了传统的手工劳作，这导致了农田布局的调整和农田边界的改变。农村景观中出现了农机库、储粮仓等新的设施（图4-1-8）。

（2）村庄和农舍的改变。农村社会结构的演变和人口迁移导致了村庄和农舍的改变。一些村庄变得较为疏落，而一些农舍可能被改建成现代化的住宅。

（3）农田景观的单一性。随着农业专业化的发展，一些地区开始专注于特定类型的农作物种植，导致了农田景观的单一性。例如，一些地区可能专门种植小麦，而其他地区则专注于玉米或棉花。这种单一性在景观上表现为大片相似的农田，减少了植被的多样性。

（4）水利工程和灌溉系统。中期的农村生产景观中，水利工程和灌溉系统的改善对农业生产至关重要。这包括水坝、渠道和水泵站等设施的建设，以确保农田的充分灌溉。这些水利工程在景观中增加了水体元素，同时也提高了农田的产量（图4-1-9）。

（5）农村生活方式的改变。中期农村生产景观反映了农民生活方式的改变。随着农村社区的现代化，传统的农村活动和文化活动可能减少，而城市化趋势可能导致人口外流。这些变化对村庄的社交和文化生活产生了影响，也在景观上反映出来。

4.1.3.3 后期乡村生产景观

后期乡村生产景观通常指的是工业化后期和现代农业时代，即20世纪中期以后的乡村生产景观。这个阶段的特点包括现代农业技术的广泛应用、大规模农场和农业产业园区的出

图4-1-8　农业机械化生产

图4-1-9　中期农业灌溉

现、农田景观数字化和信息化的趋势，以及农村社区结构的变化。同时，环境问题和文化保护成为关注点。

（1）现代农业技术。后期的乡村生产景观受到现代农业技术的深刻影响，这包括GPS技术、精准农业、遥感技术等的广泛应用，使农业生产更加高效和精确。大型农业机械、自动化设备和数字化管理系统也成为农田景观的一部分。

（2）农田规模的扩大。随着现代农业的发展，一些地区的农田规模不断扩大。大片的单一农田、大型农场和农业产业园区逐渐取代了小型农田和传统的村庄农舍。这导致了农田景观的集约化和现代化。

（3）农村社区的演变。后期乡村生产景观中，农村社区结构发生了变化。一些村庄可能因城市化和劳动力外流而减少人口，而其他地区可能因为农村旅游、乡村复兴等因素而保持相对稳定。这导致了一些村庄的新功能，如乡村旅游、文化创意产业等的兴起。

（4）农田景观的环境问题。后期的乡村生产景观中，环境问题变得更加突出。农业化肥和农药的过度使用、农田水资源的浪费、土壤退化等问题对景观和生态系统产生了负面影响。因此，可持续农业和生态农业的概念逐渐崭露头角，尝试在景观设计中融入生态修复和可持续农业原则。

（5）乡村旅游和文化保护。后期乡村生产景观中，乡村旅游和文化保护成为重要的关注点。一些地区利用乡村风貌、传统文化和乡村体验吸引游客，促进了农村经济的多元化。同时，一些历史文化村庄和传统建筑得到保护和修复，成为文化遗产的一部分（图4-1-10）。

图4-1-10　乡村旅游

4.2 乡村生产景观的构成要素和类型

4.2.1 乡村生产景观构成要素

4.2.1.1 乡村生产景观的物质要素

（1）植物。植物的布置对整个乡村景观园区的影响至关重要，乡村景观中的植物主要包括农作物和园林观赏植物。

①农作物。乡村景观中的农作物主要指种植业产品，是最重要的植物元素，主要分为粮食作物、经济作物、果类作物、蔬菜作物、药用作物等（表4–2–1）。

表4–2–1 农作物

农作物	品种
粮食作物	以水稻、小麦、高粱、玉米、燕麦、豆类（大豆、蚕豆、豌豆、绿豆等）、薯类（马铃薯、木薯、甘薯等）为主
经济作物	以油籽、蔓青、大芥、花生、胡麻、大麻、向日葵等为主
果类作物	以梨、青梅、苹果、桃、杏、核桃、李子、樱桃、草莓、沙果、红枣等为主
蔬菜作物	以萝卜、白菜、芹菜、韭菜、蒜、葱、胡萝卜、菜瓜、莲花菜、莴笋、黄花、辣椒、黄瓜、西红柿、香菜等为主
药用作物	以人参、当归、金银花、薄荷、艾蒿等为主

种植作物不仅是为了实现农业生产目标，而且作物的种植也会影响整个农田景观的美观和可持续性。

多种作物类型可以为农田景观建设提供丰富的农业景观材料，还可以开展春耕秋收等农耕体验和娱乐活动。在规划乡村景观公园时，可根据农作物的特点，构建四季丰富、形态多样的乡村景观。在选择作物时，需要考虑作物的生长周期、生长形态和颜色等因素，以创造丰富多样的农田景观效果。

②园林观赏植物。主要分为乔木、灌木、蔓藤植物、草本花卉、地被植物等（表4–2–2）。

表4–2–2 园林观赏植物

园林观赏植物	品种
乔木	大叶女贞（大叶冬青）、桂花、柑橘、罗汉松、雪松、月桂等
灌木	法国冬青、栀子花、细叶栀子、八角金盘、六月雪、大叶黄杨、金边黄杨等
蔓藤植物	凌霄 、藤本月季、紫藤、金银花、爬山虎、五味子 、猕猴桃、木香、大花铁线莲等
草本花卉	春兰、香堇、慈菇花、风信子、郁金香、紫罗兰、金鱼草、长春菊、瓜叶菊、香豌豆、夏兰、石竹等
地被植物	麦冬、草坪、高羊茅、早熟禾、黑麦草、野牛草、结缕草、马尼拉、白三叶、铃兰、葱兰、野花等

利用乡村农田独特的植物分布，田间作物承担主要景观功能，园区内其他景观元素为辅。合理规划景观植物布局，可以改善视觉效果，丰富视觉体验，增强空白期乡村景观的效果。运用艺术手法，因地制宜地将各种草本观赏植物合理配置，以自然带状或点状的形式，

达到形式、色彩和季节自然和谐的园林景观形式，设计的区域既能带来嗅觉刺激，又能带来视觉上的花香享受。

（2）动物。从乡村景观的角度来看，乡村动物主要划分为养殖动物、农业辅助动物和自然野生动物（表4–2–3）。

表4–2–3　动物

动物	品种	作用
养殖动物	鸡、鸭、鹅、猪、鱼类、虾类	通过稻鱼、稻鸭等种养结合技术，能提升养殖动物的景观价值
农业辅助动物	牛、马、驴、骡子	它们的存在能营造出真实的农事活动场景，也是乡村景观的一部分
自然野生动物	田间觅食的麻雀、花间的蝴蝶、采蜜的蜜蜂、青蛙、蚱蜢等	它们的多样性能产生生态效益，同时也具有景观价值

（3）地形地貌。地形地貌是乡村景观规划设计的骨架，决定着农田景观的形态，具有地域性。不同的地形地貌赋予场地不同的生态环境、气候条件、人文历史及其他资源条件。因此，在对乡村景观进行规划时，应该充分利用场地的地形地貌特征，营造具有地域特色的乡村景观。而根据起伏状态将地形地貌分为平地与坡地两大类（表4–2–4）。

表4–2–4　地形地貌

地形地貌	特点
平地	地势较为开放，视野宽广，通风状况良好，如稻田、菜地
坡地	坡地具有优良的通风条件，同时拥有充足的自然光照和较长的日照时间，有助于水的输送和冲刷，如梯田、斜坡水、山地

（4）原生材料。大部分乡村生产性景观材料是在乡土中形成的，不仅与周边环境和谐共处，而且可以省略很多加工时间与成本，同时具有生态性和地方性，让参观者产生情感共鸣。原生材料分类见表4–2–5。

表4–2–5　原生材料分类

原生材料	主要应用	图片
石材	铺装、墙面、构筑物	
木材	栅栏、墙面	

续表

原生材料	主要应用	图片
土壤	种植、墙面、陶艺	
稻草	装饰	

（5）水体。水在乡村生产中位置不可或缺，水是农作物生长的必备条件。水体为农田提供较好的生长环境，同时对水体的景观设计也是丰富农田景观的一个重要方式，丰富景观效果。农田内的水体一般出现在水利灌溉工程如水渠、鱼虾的养殖池塘、场地原本拥有的河流溪流等（表4-2-6）。

表4-2-6　水体类型

水体	作用	图片
河流	乡村农业当中水质大多比较洁净，大部分农作物生长依靠的是河流的流动与灌溉	
湖泊	乡村农业总湖泊种类很多，依靠不同的地势、构造与面积形成不同的农业景观，水质差异比较大，部分湖泊能带来丰富的物种	
池塘	大部分池塘用来养殖水产，也有用来种植水生植物和花卉	

续表

水体	作用	图片
水井	部分乡村中有水井的存在，也是不可缺少的源泉，提供饮水和生活用水	

（6）景观小品。乡村景观附近的小品，应考虑到于农田地块布局的合理，与周围环境风格的一致融合彰显乡野妙趣，风格统一。形式或布局可以参考当地的传统民居的风格，使小品更具地域特色。这些景观小品常常被赋予当地文化和景点特色，特色的景观小品的布置可以给游客留下深刻的印象（表4-2-7）。

表4-2-7　景观小品

景观小品	说明	图片
稻草人	稻草人是中国朴实农民的有趣创造，农民们曾以稻草扎捆成人形驱赶鸟雀，千百年里，卓有成效	
草垛	指将草类（如稻草、干草等）整齐地堆放在一起形成的垛子，通常用于储存和防潮	
水车	是一种利用水的动力来转动轮子的机械设备，常用于驱动水泵或灌溉设备进行灌溉。水车一般由轮轴、轮子、水箱和水管组成。在历史上，水车在农业灌溉、排水、工业生产等领域都有广泛的应用	
石磨	是一种古老的磨粉工具，通常由两个圆石块组成，上面有一个磨盘。石磨主要用于将固体食物（如谷物、豆类等）磨碎成粉末，例如制作面粉	

续表

景观小品	说明	图片
谷堆	每逢秋收季节，把稻谷收回来，或大或小堆放起来形成谷堆	
地堂	指农村的晒谷场，是一大片用来晒稻谷的平整之地。一般在村子周边选一块较为干爽的地方修建，大多数是用水泥修成的	
木桥	乡村中比较大的景观小品，可以很多种形式建造，普通拱桥、水桥甚至还有只用几根木头搭建的桥	

4.2.1.2 乡村生产景观的非物质要素

乡村景观营造中其非物质要素主要包括当地自然气象景观、民风民俗、乡土工艺活动、农业生产性劳动等。这些非物质元素体现了乡村景观和城市公园景观鲜明的文化特征和生活方式。乡村景观以农业生产为基础，但不同的景观有不同的侧重点，每个乡村景观都应该有自己的特色主题，其分类见表4-2-8。

表4-2-8 乡村生产景观的非物质要素分类

非物质要素	内容
自然气象景观	从景观的角度分析，丰富的天气、气象环境，可以造就多种气象景观。在大多数农村农业中，具有四季风光、降水充沛、气候立体、云雾分明、气象资源丰富的特点。雪景、森林雾盖、山腰云雾、朝霞、日落等，都是可以利用的非物质旅游资源。同时，从生产的角度来看，气候对乡村景观的影响也是非常大的，影响着作物全年的生长、季节的变化以及作物的地理分布
民风民俗	民俗是乡土文化的体现，是塑造乡村农田景观地域特色的重要元素。有不同的节日在中国，如傣族泼水节和彝族火把节，隆重而调整周围的景观，促进集体居民参与
乡土工艺活动	采用当地材料手工制作，传承传统手工艺技艺，如梁平非物质遗产：木制年画、梁山灯会、梁平乐子鼓、梁平竹帘等；开县水竹席、香绢扇、南门红糖等；丰都脉画、宝鸾竹席等。都展现了劳动人民的智慧，手工生产的过程场景也是农田景观的非物质元素
农业生产性劳动	乡村农业的生产工作不再局限于生产功能。在农旅融合的发展背景下，衍生出农业工作的景观功能，也具有参与性和科学性。乡村农业生产是一种动态之美，为游客提供休闲娱乐的同时，也传承了这一中华农业文明

4.2.2　乡村生产景观的类型

4.2.2.1　农作物种植景观

农作物种植景观是指将作物种植与景观设计相结合，通过合理的作物种植布局和搭配，形成具有观赏价值和生态价值的景观。这种景观可以包括各种农田、蔬菜花园、果园等，通过精心设计和管理，作物成为景观元素的审美和艺术价值。农作物种植景观可以增加农业产值，促进乡村旅游，保护农田生态环境（图4–2–1、图4–2–2）。

图4–2–1　油菜花田游览区

图4–2–2　创意景观蔬菜花园

4.2.2.2　林业景观

林业景观是指由森林、乔木、林地等组成的具有一定生态功能和审美价值的自然景观。森林是由林地生态系统组成的异质性地理单元，具有可识别性、空间可重复性等特征（图4–2–3、图4–2–4）。

图4–2–3　林地探索

图4–2–4　青州胡林古景区

4.2.2.3　畜牧业景观

畜牧业景观是指在放牧、圈养等畜牧业活动过程中形成的景观，通常包括草地、牧场、畜栏、饮水池等要素，以及可能存在的道路、输电线路等基础设施。畜牧业景观是一种乡村生产景观，是人类经济活动为满足对肉类、乳制品等食品的需求而留下的地貌印记（图4–2–5、图4–2–6）。

图4-2-5 新西兰牧场散养

图4-2-6 内蒙古鄂尔多斯畜牧放养

4.2.2.4 渔业景观

渔业景观是人为或自然创造的地理区域，用于鱼类和其他水生生物的养殖、收获、加工和销售。它包括海洋、淡水和湿地等各种水域，以及相关的渔业资源、生态系统和人类活动。渔业景观不仅具有经济价值，而且具有生态、社会和文化价值（图4-2-7）。

图4-2-7 渔业景观

图片来源：李小琦、郑琪、赵建华，《"渔业+"理念下汕尾渔村文化景观再生策略》。

4.2.2.5 灌溉水利设施景观

灌溉水利设施景观是指乡村农田水利工程形成的人工景观，通常包括水库、水闸、泵站、水渠、灌溉渠、喷泉、人工湖等。这些设施提供农田和城市用水，同时也成为人们游览的景点（图4-2-8、图4-2-9）。

4.2.2.6 农业建筑景观

农业生产建筑是指供农业畜牧业生产和加工用的建筑物和构筑物，通常包括禽畜建筑、温室建筑、农业仓储建筑、农畜副产品加工建筑、农村能源建筑、水产品养殖建筑、菌类种植建筑等。早期的农业生产建筑大多是附属于农民的住房，功能简单。随着社会的发展和技术的进步，农业生产建筑的类型越来越多，并逐渐专业化，施工设备、温湿度控制等技术也越来越复杂（图4-2-10、图4-2-11）。

图4-2-8　蔬菜田灌溉

图4-2-9　水库周围景观

图4-2-10　唐山有机农场（有机粮食加工作坊）

图4-2-11　松阳蔡宅村豆腐工坊

4.3　乡村生产景观的设计策略

4.3.1　恢复静态景观

4.3.1.1　原生静态景观的修复和恢复

4.3.1.1.1　原生静态景观的修复

（1）修复特色景观。不同地区有不同的特色景观，在修复景观时应保留其特色，同时提升舒适性与美观度，丰富景观内涵。

四川省蒲江县明月村改造设计，强调了保留乡村原有特色的重要性。在整个改造过程中充分保留了原有的建筑、道路和山林，以确保乡土性特征得以延续。此外，设计时还充分利用了现有的农舍，将其改造成文创类产业的场所，而不是另行新建，这体现了对乡土性的尊重。

在明月村，生产性元素的应用主要有两种方式：直接使用和加工转换。直接使用是指保留并充分利用自然环境和建筑风貌，丰富乡村农耕文化内涵，并将其转化为创意服务型产业。加工转换则是在文化层面丰富乡村农耕文化内涵，转换成创意性服务型产业。这两种方式都有助于提升整个村庄的形象，有助于提供更好的乡村旅游服务。

明月村还致力于提升文化创新力量，打造自己的品牌。在促进新的发展模式、传承文化、保护生态和激发经济活力的背景下，努力推进“产村一体”的全新发展模式。这一努力有助于实现乡村的可持续发展，同时保留和传承了丰富的乡村文化（图4-3-1、图4-3-2）。

图4-3-1 明月村现状

图4-3-2 明月村原有建筑风貌

（2）修复水系系统。修复水系系统是指对乡村中的水系统进行维护、修复和改善的一系列工作。水系包括河流、湖泊、水库、水渠及其相关的水渠、水道等。水系修复对保护生态环境、提高城市水资源利用效率、降低洪水风险具有重要作用。

在对德阳高怀村的改造设计中，根据高怀村的生态状况，通过自然手段修复水系，增强村庄生态系统的自我调节和自我修复功能，保持生态平衡，进一步增强村庄生态资源优势。要放大乡村景观的氛围，布置集水路径，以重力为功，以沟渠、池塘、系泊等自然方式对水系进行划分和控制。结合垂直设计，搭建多层平台，形成“水泊沟回”生态景观水系。规划污水处理系统，解决后期多业态的污水处理需求（图4-3-3）。

图4-3-3 德阳高怀村改造设计

4.3.1.1.2　原生静态景观的恢复

（1）建立原生植物系统。建立原生植物系统是指在特定区域或生态环境中，选择种植当地原生植物，以构建起一个具有生态功能和生物多样性的植物群落。原生植物系统的建立对于生态保护、生物多样性维护和环境改善具有重要意义。

例如德阳高槐村，对本地植物进行研究分析，选择植物品种进行景观建设，建立试验田进行交叉匹配种植实验，通过一段时间的自然生长和竞争，筛选出具有优势的本地植物品种，形成科学的理论数据。在高槐村的植物设计中，合理利用当地的优势品种，保证了长期的景观效果，又降低了后期的景观维护成本。

（2）保留乡土景观本底、引植轮作。指在农田或乡村地区保留和恢复传统的乡土景观，同时运用植物轮作的方式进行农作物的种植，提高农田生产力和生态环境质量。

图4–3–4　衢州鹿鸣公园

例如衢州鹿鸣公园，原址的景观基地被完整地保存下来。在废弃的土地上种植了高产作物，四季交替，春天的油菜花，夏秋的向日葵，初冬的荞麦和五颜六色的草本野花。草地上成片的低维护成本野菊花是中药的好原料。同时，有两个大草坪供人们露营、运动、儿童玩耍等活动。在花园里举办丰富多彩的活动吸引人们在不同的季节到来参观游玩（图4–3–4）。

4.3.1.2　原生静态景观的可持续发展（基于“AVC”三力理论的可持续发展）

4.3.1.2.1　提升原生静态景观的承载力（保护）

（1）功能性与观赏性结合。为了能提高承载力，将观赏性考虑到功能性中，两者结合，有乐趣地享受生产的过程。

例如湖南城头山景观，通过科普环境标识系统与整个景观的路网、教育相结合，使游客特别是儿童了解作物文化。教育环境解说系统与整个景观的路网相结合，使游客特别是幼儿能够了解作物的性质和文化；水田的道路以环保的方式设计，可以保证密集的游客负荷；水田小径的设计以环保的方式进行，可以容纳游客的密集使用（图4–3–5 ~ 图4–3–7）。

图4–3–5　户外稻作博览园

（2）重新规划生产地块与路线。摒弃之前规划不当的田地和道路，重新将现有的景观元素与道路规划调动起来，形成一个新的生产性景观。

例如德阳高槐村，一是将改良的农田与栈道、行走路线与植物结合，让人们自然地参与农业生产景观的观赏。二是将停车场流动性大的地方附近地块作为生产地块，自然地接触到生产性景观中（图4–3–8、图4–3–9）。

图4-3-6 科普环境标识系统

图4-3-7 田埂路

图4-3-8 农田栈道

图4-3-9 停车与种植地块

4.3.1.2.2 增加原生静态景观的吸引力（优化）

（1）打造景观特色吸引力。一些景观具有自身特色，如特色自然景观、特色地貌、特色作物等，在景观设计中放大自身特色，从而提高自身静态景观的吸引力。

例如上堡梯田，上堡梯田位于江西省崇义县，梯田依山而建，面积很大，连绵数百亩，村落散落在梯田之间。每年五月春播时为梯田的最佳观赏时期。九月底，稻田呈现出一片金灿灿的景象，也具有很强的观赏性。山顶有山泉流下，依层向下浇灌农田，造就了气势恢宏的生产性农业景观。同时，上堡梯田有着深厚的客家文化、农耕文化及红色文化等，上堡梯田自身的农业景观和文化特性为其休闲农业的发展提供了良好的资源背景（图4-3-10、图4-3-11）。

图4-3-10 上堡梯田春景

图4-3-11 上堡梯田秋景

（2）提升视觉导向吸引力。其目的在生产性景观环境中既满足生产需要，又考虑到景观的美观性和审美需求。

例如德阳高槐村（图4-3-12），彩色设施充当视觉导向，将孩童们引向农业生产中体验挖土、种植的乐趣。

图4-3-12　彩色设施

（3）规划具有吸引力的季节性植被。侧重于植物群落的选择和放置，这些植物群落将在不同的季节表现出鲜明的特征。这意味着根据不同季节的气候变化和植物生长特点，合理地选择和组合植物，可以使四季的生产性景观呈现出丰富多样的色彩和观赏价值。

例如日本横滨里山花园，此处花卉是按季节生产的，并且经过进一步的设计，一年中的每个月都可以看到不同的景观。为了在短期内改善景观效果，采用一年生草本花卉苗木。为了增加景观的变化和创造景观吸引力，还使用了持久的根草（图4-3-13）。节日期间可以参观大约5万朵花，均由横滨市的农民提供。节日结束后，可以将鲜花移植到城市的其他公共场所，或进行回收以便下一期花季继续展示。

图4-3-13　一年中的植被变化

4.3.1.2.3　延续原生静态景观的生命力（维护）

（1）拆除非必要设施，增加辅助性设施。拆卸非必要设施是指拆除过时、破损或不再需要的设施，以提升整体乡村景观的外观和质素。这些设施可能包括旧建筑、水泥结构、人工景观等。通过移除这些僵硬的设施，可以创造出更加开放、自然和美丽的景观空间，使景观更具活力，增强人们对环境的亲近感和舒适感。同时增加了辅助设施，提供了更多的便利性和功能性。这些设施可以是娱乐设施、活动区、休息点、步道系统、自行车道、户外家具等，取决于景观的特点和使用的需要。

例如衢州鹿鸣公园，场地内原有的自然地表径流系统被完全保留，并设计了一系列生态保水设施，将雨水截留在场地内，滋润场地土壤。此外，该公园内所有的路面都是透水路面。现有的和在建的水泥堤防全部被拆除，自然河道被恢复到自然形态。漂浮的走道为游客提供了一个近距离观察红砂岩山墙的场所（图4-3-14）。

图4-3-14　衢州鹿鸣公园景观

（2）回收生产过程中产生的废物。在生产性景观中，回收生产过程中产生的废物是一项重要的环保举措，旨在最大限度地减少资源浪费和环境污染。

通过废物回收，可以将废弃物重新利用起来，实现资源的循环利用。例如，农作物的残渣可以制成有机肥料，用于土壤改良和植物生长；修剪下来的枝丫可以制作木材颗粒，用于能源生产或其他制品的制造。这样不仅减少了资源的消耗，还降低了生产成本。

废物回收也具有经济效益。通过将废物处理成可再利用的资源，可以为景观经营者创造更多的收益。例如，将农作物残渣制成有机肥料，不仅可以提高农业生产的效率和产量，还可以开辟有机农产品的市场，增加农民的收入。

（3）保持共生系统平衡。乡村景观本质上是一个人与自然的共生系统，共生系统平衡是指在生产景观的规划中，注重创造一个人与动植物共存的、平衡的生态环境。这意味着在设计和建设景观时，不仅要考虑人类的需求，也要关注和支持生物多样性，创造适宜动植物共生的条件。

①增加自然观赏价值。生物的存在和活动使景观更具丰富性和生机，为人们提供了更丰富的观赏体验。例如，树木、花草的生长与飞鸟、蝴蝶的翩翩起舞形成了自然光影的变幻，给人们带来愉悦和放松的感受。动植物共生使景观更加丰富多样，增加了其美学价值和吸引力。

②促进生态教育和科普。动植物共生的景观环境为人们提供了了解和学习生物多样性的机会。此外，动植物共生的景观也可以成为科普教育的场所，通过展示生物的特点和生态关系，向公众传递环保和可持续发展的知识。

4.3.2　活化活态景观

乡村活态景观是指乡村中的自然生态系统，因为人的参与，被赋予了文化传承和社会活力，展现出具有生命力和动态感的景观。活化活态景观在这里主要是指对乡村生产景观中的非物质文化的融入，延续其肌理、格局和生活形态。

4.3.2.1　减少标本模式

在农业生产景观设计中应该更加注重自身生态与本土文化的优化设计，在优化设计中结合自身情况融入其他模式，如观光、旅游等，而不是照搬固定模式进行设计。

例如瑞士拉沃葡萄园，该葡萄园以其广阔的种植面积和专注于葡萄生产脱颖而出。沿着30多公里的山坡大量种植葡萄，突出了生产性景观的主要元素。与此同时，拉沃还巧妙地保留了原有的建筑、景观小品和设施，这些成了生产性景观的一部分，生动展示了本地域的丰富历史文化（图4-3-15、图4-3-16）。

图4-3-15　瑞士拉沃葡萄园

图4-3-16　观光道

与国内的农业园不同，拉沃采用了独特的旅游模式。国内的农业园通常将商业活动融合到农业园内，例如农产品销售、餐厅、住宿和各种体验活动。而在拉沃，他们采用了非商业的模式，只提供用以欣赏风景的公路，不允许任何商业行为发生。这种独特的模式强化了对生态环境的保护，同时保留了村落中原始的生活方式，使拉沃成为一个与众不同的农业旅游目的地。

4.3.2.2　融入地域文化

4.3.2.2.1　结合当地气候与地貌

不同地方的农业生产性景观都是根据当地的气候、地貌等特殊环境发展形成的，在农业生产性景观改造中也要充分考虑这一点。

例如杭州梅家坞茶文化村，该村充分利用了其独特的气候和自然环境，将适合当地的农作物——茶叶作为主要的生产性农产品。该村将茶叶产业与文化产业巧妙地结合，引发了多种主题性的业态，创造了浓厚的氛围。值得一提的是，梅家坞茶文化村不仅将历史文化（静态文化）作为文化输出的内容，还巧妙地融入了现代文化（活态文化）元素，使其文化更加多元和丰富。这种综合性的文化体验吸引了游客和参观者（图4-3-17、图4-3-18）。

图4-3-17　杭州梅家坞茶文化村风貌（一）

图4-3-18　杭州梅家坞茶文化村风貌（二）

4.3.2.2.2　结合当地特色产业

许多农业生产景观单独生产某一类品种作物，从而形成特色农业，此类作物便可以作为主题运用在农业生产景观中，提取造型、颜色等元素，结合产业文化实现景观与其他产业的融合发展。

例如台湾蘑菇部落（图4-3-19），该蘑菇部落位于台湾彰化县埔心乡埤脚村，以蘑菇种植为主要产业。蘑菇部落共种植六种不同类型的蘑菇，年产值高达2亿元人民币。此外，该地区还将茶叶产业纳入发展目标，进一步增加了当地的经济收入，使其成为台湾最大的生产性农场之一。

蘑菇部落在景观设计方面充分考虑了蘑菇元素的特点，如形状、颜色和味道等，将其融入建筑、景观小品和场地设计中。这种创意性的设计为游客提供了独特的主题式生产性景观旅游胜地，吸引了许多人前来参观和体验。这个例子展示了如何将农业生产与景观设计相结合，打造出具有吸引力的乡村景观，促进农村经济的发展。

图4-3-19　台湾蘑菇部落

4.3.2.2.3　主题性节日景观

主题性节日景观是指在特定的节日或纪念日之际，通过生产性景观的特殊装饰和布置，营造出与节日主题相一致的环境和氛围。这种创造性的设计和规划旨在将农业、园艺或林业等生产性活动与节日文化结合起来，提供独特而有趣的参观体验。

例如日本横滨西山花园，每年春秋两季举办的“西山花园节”都有自己的主题和理念，要求根据主题、花卉的颜色和花草树木的姿态来选择植物。主题是基于横滨的历史仪式和满足市民需求的自然景观（图4-3-20 ~ 图4-3-25）。

图4-3-20　2017年春主题
——自然丰富的山里

图4-3-21　2017年秋主题
——森之红叶

图4-3-22　2019年春主题
——芬芳的花之原野

图4-3-23　2019年秋主题
——庆祝动物园20周年的花田

图4-3-24　2022年春主题
——幸福的花景

图4-3-25　2022年秋主题
——对里山及植物的热情

4.3.2.3 增加参与互动的场所

4.3.2.3.1 增加农耕文化展示区

农业生产形成了独一无二的农耕文化，可以作为与人互动的连接桥梁，通过打造特色文化，设计活动空间，从而鼓励人们与文化互动，同时传播文化。

例如杭州八卦田，位于杭州西湖东南侧，农田面积约占10公顷。八卦田一共种植了9种不同的农作物，在一年四季会呈现不同的颜色和样式。湖内养殖鱼类，种植荷花（图4-3-26）。

图4-3-26 杭州八卦田

杭州八卦田是一个结合了古代农业生产文化与现代文化的景观改造项目。该项目对基础设施进行了改造，调整了绿化区域和农作物的配置设计，分为农耕文化展示区、农耕体验区、农耕区和古遗址保护区。

在农耕文化展示区，设计了广场，并在广场内设置了具有文化历史背景的元素，如十二节气的丰稔歌、时间罗盘、躬耕籍田图等，用以讲述农耕的文化历史。这些元素丰富了景观，为游客提供了文化体验。

农耕体验区的一部分农田被用作学生的体验区和科普课堂，让更多人可以参与到景观互动中。这个项目使农田成为一个活化的场所，通过种植体验和科普活动，吸引了更多人参与并学习农耕文化，将古代农业与现代文化有机地结合在一起。

4.3.2.3.2 体验式参与

在乡村生产景观中，人们通过积极参与和亲身体验来了解和参与生产活动，以提高他们对农业、园艺或林业的知识和理解。这种参与可以包括参与农业种植、果园采摘、动物饲养、农产品加工等活动，让人们亲身感受农业生产的过程和价值。

例如湖南城头山景观，户外稻田园设计模式，让收获、种植和管理水稻的实际过程作为体验景观呈现，让游客体验田地、高产和表演景观，让游客对该地区有一个亲密的体验（图4-3-27 ~ 图4-3-29）。

图4-3-27 户外稻田园

图4-3-28　游客观赏田间工作

图4-3-29　游客参与田间工作

4.3.3　构建完整共生系统

通过整合生态要素和生态过程，建立一个能够实现生物多样性、资源回收和能量利用的完整生态系统。这种构建方式强化了生产性景观与自然环境的协同作用，以实现自然循环和可持续发展为目标。

例如长安稻香园，该项目位于西安市长安公园内，设计考虑在满足农业用地生产和市民休闲需求的同时，建造一个可以参与互动的都市农业体验景观。结合公共开放空间和部分可以种植的面积，市民可以了解到关于农业生产的整个过程，体验参与农业生产的乐趣，唤醒城市居民的田园情怀，展现一个城市中的乡村景观。

这样的策略保留了快城市发展的自然空间，增强了居民对城市环境的认同感，更重要的是，为耕地的保护利用和城市公共空间的功能组合提供了实践经验。图4-3-30所示为稻香园共生系统。

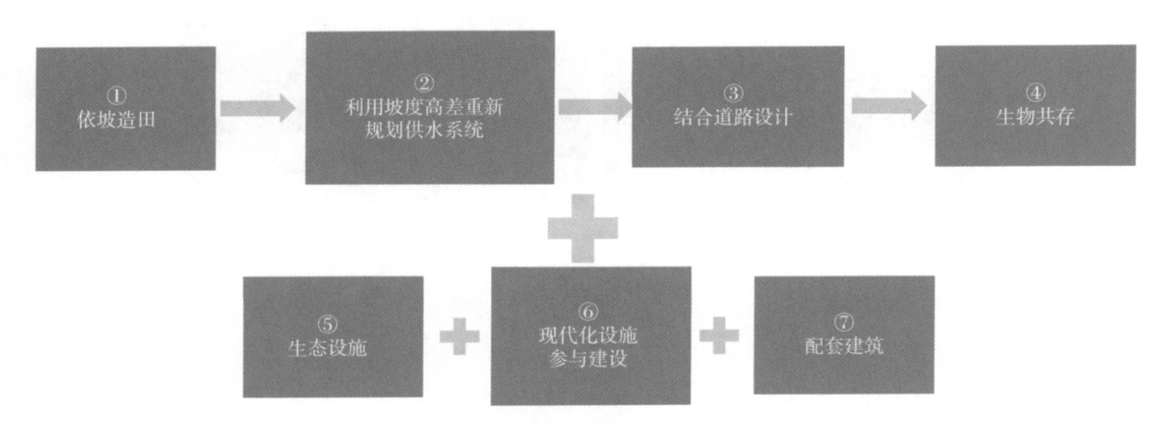

图4-3-30　稻香园共生系统

（1）依坡造田（图4-3-31）。稻香园场地内整体呈北高南低缓坡过渡趋势，设计依坡造田，将场地由北向南分为三个台地，通过田埂道路将高差层层化解，保证每层田地高度基本一致，方便后期引水浇灌。

（2）利用坡度高差重新规划供水系统（图4-3-32）。在设计中重新规划了供水系统，湖边通过水泵提水，北侧场地边界铺设的水管将湖水引入稻田的北侧，每一处出水口设置独立阀门控制进水量，再利用场地高差实现重力流浇灌所有稻田，最终在南侧的荷花池汇聚，并统一接管进入现有污水处理点。

图4-3-31　整体区块

图4-3-32　荷花池塘

（3）结合道路设计（图4-3-33）。约1米宽的犁地道路将场地均匀地分开，并与现有道路相连。利用自然材料铺设田埂路，使路线更加亲近自然。

图4-3-33　田埂路

（4）生物共存（图4-3-34）。拥有基础生态地块后，在稻田中放进鸭子产生肥料，形成自然的动植物循环共存。

图4-3-34　生物共存

（5）生态设施（图4-3-35）。利用稻草做成农业生产动物形态的设施，停留在稻田里，一是回收稻草梗作为娱乐环保使用，二是更加增加了亲近自然的特性，提供打卡拍照空间。

图4-3-35　生态设施

（6）现代化设施参与建设（图4-3-36）。一是小火车轨道，它作为园区内的摆渡工具，其中设有两个小火车停靠站。坐在小火车上穿行在稻田、荷花池和树林之间，可以近距离地体验稻田自然风光。二是位于场地西侧的大风车，是整个稻香园的地标性构筑物，它是游客身处田园野趣景色中的一个取景点，同时也是一个可以走到二层俯瞰整个场地的观景点。

图4-3-36　现代化设施参与建设

（7）配套建筑（图4-3-37）。在农田外的场地北侧设置了商业配套房，满足人们聚集和分配的需求。建筑二楼为稻香园观景台，视野开阔。结合原有土坡的高差，在楼前布置阶梯式平台。

图4-3-37　配套建筑

在乡村中，人类和动植物等生命体与环境景观共同构成乡村的共生系统，乡村生产景观展现出的就是一个活的自然生命活态博物馆。所以，乡村生产景观作为原生性景观在自然资源的管控和激活方面需要遵循、梳理、优化乡村发展的景观业态，而不是植入一个新的“样本”冲击乡村原生景观系统，因为再优秀的样本，脱离其生存的土壤也会失去生命力。

4.4 二十四节气与乡村生产景观

4.4.1 二十四节气的由来及意义

“二十四节气”是中国阴历历法中表示气候变化的特定节令，反映了季节的自然变化与规律。

“二十四节气”发源于黄河流域，历史上主要政治、经济、文化、农业活动中心多集中于此，它的形成也历经了一段漫长的岁月。根据可考史料记载，“二十四节气”萌芽于夏商时期。《夏小正》记载了古人在夏朝开始有意识地观测天象、观察物候，虽未出现节气名称，但也有了节气的影子。西周始，四时出，节气正式出现，至春秋，八节完全确立，这是“二十四节气”的发展阶段。有关节气记载的最早文献记录见于《尚书·尧典》：“日中星鸟，以殷仲春；日永星火，以正仲夏；宵中星虚，以殷仲秋；日短星昴，以正仲冬。”可见在西周人们就已测定了“二分二至”，即春分、夏至、秋分、冬至。春秋时期，土圭的使用大幅度提升了测量水平，此时古人能够划分仲春、仲夏、仲秋和仲冬，之后在四时的基础上增添了四立，逐渐形成了八节。自战国至西汉时期，“二十四节气”逐渐形成并完善，这个阶段就是“二十四节气”的成熟期。战国后期，《吕氏春秋·十二月纪》在八节基础上增添了二十四节气其他内容。随后，汉初的《淮南子·天文训》已能完整记载二十四节气名称。在西汉时期，“二十四节气”内容、时间都比较确定，这说明在这个时期或者之前，“二十四节气”已经完全形成。2016年11月30日，中国申报的“二十四节气——中国人通过观察太阳周年运动而形成的时间知识体系及其实践”，正式被联合国教科文组织列入人类非物质文化遗产代表作名录。这不仅是对“二十四节气”作为非物质文化遗产的高度认可，也是对中国古代农耕文化的认同。

4.4.2 二十四节气的内容和物象要素

二十四节气的内容和物象要素见表4-4-1。

表4-4-1 二十四节气的内容和物象要素

<table>
<tr><th>节气内容</th><th>物象要素</th><th>季相</th></tr>
<tr><td>立春</td><td>东风送暖，虫类苏醒，鱼儿水面游动</td><td rowspan="2">迎春花开，柳树发芽，春回大地</td></tr>
<tr><td>雨水</td><td>水獭捕鱼，鸿雁归来，草木萌芽</td></tr>
<tr><td>惊蛰</td><td>桃李绽放，黄鹂鸣叫，燕飞来</td><td rowspan="2">抢种瓜菜，抢播早稻，五谷萌芽，培育壮秧，植树造林</td></tr>
<tr><td>春分</td><td>下雨、打雷、闪电</td></tr>
<tr><td>清明</td><td>白桐花开，雨纷纷</td><td rowspan="2">小麦孕穗，油菜花开，小麦拔节，中稻大批播种</td></tr>
<tr><td>谷雨</td><td>降雨增多，浮萍生长，布谷鸟出现，播种季节到</td></tr>
</table>

续表

节气内容	物象要素	季相
立夏	蛙声一片，蚯蚓掘土，王瓜生、藤蔓长	茶树生长最快，小麦灌浆乳熟，杂草生长迅速
小满	麦子成熟	
芒种	螳螂生	小麦成熟，杏树果实成熟，梅子黄熟
夏至	蝉始鸣	
小暑	蟋蟀出行，热浪阵阵	瓜果成熟，茉莉花开，莲塘景盛
大暑	天气闷热，萤火虫出现	
立秋	凉爽季节，寒蝉鸣泣	
处暑	粱、稻成熟	
白露	天气转凉	桂花飘香，棉花丰收
秋分	雷声渐小	
寒露	鸿雁南迁	菊花开放，柿子成熟，枫叶染山，栗子成熟
霜降	树叶枯黄	
立冬	水结冰、地结冻	叶落归根
小雪	转入严寒	
大雪	天气寒冷	马兰花、香樟果、葱、蒜、萝卜
冬至		
小寒		茶花、蜡梅
大寒		

4.4.3　二十四节气与乡村生产景观之间的关系

4.4.3.1　二十四节气可以作为乡村生产景观的指导方向

二十四节气作为一种时间制度，也是一种民俗文化，经过几千年的实践、传承和再创造，它不仅是独特的农业文化遗产，也是中国传统文化的重要组成部分。

在农耕社会，节气发挥着至关重要的农事指导作用。农民尊崇“不违农时，谷不可胜食也”，他们配合节气耕种季节性植物。在农事之外，二十四节气深刻影响着人们日常社会生活，逐渐成为人们生活中的时间指标。然而在指导农事之外，它还是一种民俗系统，并随着社会形势发展变化，内容在不断发展和丰富，现在的二十四节气既有谚语、歌谣、传说等非物质文化遗产，又有传统生产工具、生活器具、工艺品、书画等生活用品和艺术作品，还有与节气关系密切的节日文化、生产仪式和民间风俗等。

4.4.3.2　乡村生产景观可以作为二十四节气的有效载体

二十四节气有着一系列活态的文化活动及其文化场所，它多是一种无形的状态，需要通过物质元素来表达和呈现。景观作为空间和物质实体的集合，可以作为承载和表达二十四节气非物质文化遗产的一种理想载体。而乡村生产景观作为农村地区农业生产的展示形式，具有丰富的内容和多样的形式，与二十四节气密切相关。

首先，乡村生产景观与二十四节气可以通过农田的变化来进行呼应。例如，在立春这个节气，田野万物开始复苏，农民开始春耕的准备工作，整片田地充满了生机。而在雨水节气，农民开始开沟排水，为即将到来的春季播种做好准备。农田景观的变化与二十四节气的交替变化相呼应，构成了乡村生产景观的丰富内涵。

其次，乡村生产景观中的果园、蔬菜园、农田等地方可以通过不同的植物生长特征来体现二十四节气的变化。例如，在春分节气，蔬菜园中种植的小青菜、豆苗等嫩叶蔬菜茂盛生长，迎来了春季最旺盛的时候。而在白露节气，果园里的苹果树、柿子树等开始结出硕果，农田中的稻谷也进入丰收时节。这些植物生长的变化与二十四节气的顺序相对应，将农业生产与节气文化紧密联系在一起。

乡村里的农家乐也可以成为二十四节气的展示平台，通过举办各种与节气相关的活动来庆祝节日。比如，在寒露节气，可以举办采摘苹果的活动，供游客体验采摘新鲜水果的乐趣；在清明节气，可以组织祭扫活动，让游客了解和传承先辈的伟大精神；在夏至节气，可以举办田间劳作的体验活动，让游客亲身参与农业生产。这些活动可以增加人们对节气文化的认知，加深对乡村生产景观与二十四节气之间联系的理解。

乡村生产景观作为二十四节气的有效载体，不仅丰富了景观的内涵，也有助于传承和弘扬中华民族的优秀传统文化。通过将节气文化与农田、果园、农家乐等乡村生产景观相结合，不仅可以展示我国农耕文化的丰富，也可以吸引更多的游客前来参观、体验。这进一步推动了乡村旅游和乡村振兴战略的发展，促进了农民收入的增加。同时，这也为人们提供了更多了解和感受传统文化的机会，增加了对农耕文化的认同感和自豪感。

4.4.4 二十四节气文化融入乡村生产景观的设计原则

4.4.4.1 地域性原则

地域性原则是指根据不同地域的气候和农业特点，合理运用二十四节气文化，以适应当地乡村生产和自然环境。我国的疆域广阔，尽管历法一致，但各地的生产劳动由于地域条件的差异而存在很大差别。东北地区的二十四节气呈现出明显的地方特色，例如，清明时节开始种植麦子，立夏才停止降雪，夏至才不再穿着棉衣。然而，当我们来到长江流域，景象却又有所不同。在江苏常熟，立春时梅花已开，惊蛰时杏花绽放，春分时节天气转暖，绿草茵茵。至于海南，立春和雨水时节就已经开始浸泡种子，引水灌田，准备种植稻谷了。乡村生产景观的地域性原则是基于地理环境、气候条件和农业特点而制定的。不同地区的气候和农业需求有所不同，因此，在将二十四节气文化融入乡村生产景观时，需要根据具体地域情况进行合理的运用，打造一个符合人类生活的恬静适宜的良好生态环境。

首先，根据气候特点进行调整。中国地域广阔，气候差异明显，每个地区的气候变化和季节特点有所不同。在将二十四节气文化融入乡村生产景观时，应根据当地的气候特点，进行相应的调整和适应。例如，在北方寒冷地区，农田景观需要更加注重冬季的保温和春季冰雪融化后的防水。而在南方湿润地区，农作物的生长周期和节气的变化则有所不同。因此，在北方地区可以增加冰雪节气相关的景观元素，如雪人、滑雪道等；在南方地区则可以突出雨水和芒种节气对水稻生长的影响。

其次，根据农业特点进行设计。不同地区的农业生产及农作物种植结构各有特点。将二十四节气文化融入乡村生产景观时，需要结合当地的农业特点进行设计。例如，在以果树种植为主的地区，可以在相应的节气安排果树的打理、果实成熟和采摘等活动，突出果园的美丽景观；在稻田地区，则可以结合水稻的生长周期，安排对应的节气活动，如收割水稻、晒秋收等，以丰富乡村生产景观。

最后，注重地方文化传统的融入。每个地方都有其独特的历史、文化和传统习俗。在将二十四节气文化融入乡村生产景观时，可以充分考虑当地的文化特色，将地方的传统元素和二十四节气相结合。这样可以丰富乡村生产景观，增加地域特色，同时有助于传承和弘扬当地的文化。

4.4.4.2　多样性原则

以节气文化为基础的多样性乡村景观，要考虑景观依地形地貌布局的结构合理性，以及体现景观地域节气文化的多样性。景观设计的内容广泛，节气文化涉及乡村的生态、生产及生活等多个方面。在生态方面，二十四节气涉及的自然物种多种多样，可设计的景观也具有适配性。如小寒时可以设计梅花景观，立春时赏樱花、迎春花、望春花。在生产方面，随着社会经济的发展，乡村经济不再依靠单一的农业经济，经济结构不断调整优化升级，融入了旅游业、手工业等多种产业，节气文化也应融入多种产业结构中。在生活方面，随着我国经济快速发展和文化软实力的提高，人们的精神文化需求日益增加，乡村不再是以追求物质生活为唯一标准，也逐渐开始注重精神文化。节气文化本身就是中国的优秀传统文化，因此，可以将节气文化通过人们的生活进行传承发展，不仅丰富了乡村景观的形式，也使节日文化得到继承与发展。

4.4.4.3　可持续原则

可持续发展是指在满足当前需求的同时，不损害未来世代满足需求的能力。在乡村生产景观中，要将人工发展与自然持续共同协调起来，形成区域可持续综合体。

首先，要注重生态环境保护。将二十四节气文化融入乡村生产景观时，要注重保护生态环境，减少对自然资源的消耗和污染。例如，在节气活动中不大规模砍伐树木或损害生态系统的平衡，避免对野生动植物造成损害。同时，在设计乡村生产景观时，可以注重生态农业的发展，采用无污染、有机种植等可持续农业生产方法，保护土壤、水源和生物多样性。

其次，要考虑资源的合理利用。在将二十四节气文化融入乡村生产景观时，要合理利用当地的资源，不浪费和过度消耗。例如，在节气活动中，使用节能环保的灯饰和装饰物，避免浪费能源。同时，在农田规划及农作物种植时，要科学合理地利用土地和水资源，避免过度开采和污染，确保资源的可持续利用。

4.4.5　二十四节气文化融入乡村生产景观的设计思路

4.4.5.1　因地制宜，顺时生产

二十四节气文化融入乡村生产景观时需要因地制宜，顺时生产，这是指在将二十四节气文化融入乡村生产景观的过程中，要根据当地的气候、土壤条件和农作物特点，合理安排农

业生产活动的时间和方式。

首先，因地制宜是指根据当地气候条件进行合理安排。中国幅员辽阔，气候差异明显，不同地区的农业生产周期和节气变化有所不同。因此，在将二十四节气文化融入乡村生产景观时，要结合当地气候特点进行合理调整。比如，在北方寒冷地区，农作物的生长周期相对较短，需要在较短的时间内完成播种、生长和收割等工作。在这种情况下，可以合理利用二十四节气提示的时节变化，根据节气指导安排播种和收割等工作，以便农作物的正常生长和产量的提高。而在南方湿润地区，农作物的生长周期较长，可以更充分地利用二十四节气文化，根据各个节气的特点安排相应的农业生产活动。

其次，顺时生产是指根据节气变化来合理安排农业生产活动。例如，在立春这个节气，可以根据气候变暖的趋势，适时开始春季种植工作；在谷雨节气，可以根据雨水的充沛，及时开展田间灌溉和农作物的密植工作。根据二十四节气的顺序和特点，安排农业生产活动，能够更好地把握农作物生长的规律和气候的变化，提高农业生产的效益和品质。

同时，因地制宜和顺时生产要充分考虑当地的土壤条件和农作物特点。不同地区的土壤肥力、水源状况等存在差异，而不同农作物对土壤和水的需求也不同。因此，在将二十四节气文化融入乡村生产景观时，要根据当地的土壤条件选择适应的农作物品种，并合理利用土壤和水资源，改善产出质量和效益。

4.4.5.2 四时造景，顺应自然

四时造景是结合乡村现状，根据四季的变化和自然规律，合理安排乡村生产景观的设计和布局。乡村生产景观是农村地区因农业生产和相关产业形成的景观特征，展示了农田、果园、农舍等丰富多样的农村景观元素。

首先，四时造景是指根据四季的变化，合理安排景观元素和色彩。不同的季节有不同的气候特点和植物生长状况，因此，在设计乡村生产景观时，需要根据四季的变化，选择恰当的植物品种和景观元素，使乡村景观具有四季如春、四季有景的特点。例如，在春季可以选择盛开的花朵、嫩绿的草地和茂密的果树来装点乡村景观；夏季可以安排清凉宜人的水景、稻田和遮阴的树木等；秋季可以突出金黄色的稻田、果实香甜的果树和丰收的农田景象；冬季可以注重萧瑟的冬景、有冰雪的农田和御寒的树林等景观元素。通过四时造景的方式，可以使乡村生产景观在四季变化中呈现出不同的韵味和美感。

其次，顺应自然是指乡村生产景观设计要符合自然规律和生态环境需要。在将二十四节气文化融入乡村生产景观时，要尊重自然、保护生态环境，避免对生态系统的破坏和干扰。例如，在景观设计过程中要考虑到水资源的合理利用和保护，避免浪费和污染；在安排农田景观时，要注意合理利用土壤和水的可持续性，避免过度开垦和农药过度使用对土地造成污染。通过顺应自然的原则，可以实现景观和生态环境的和谐统一，同时也为乡村生产提供了更长远和可持续的发展空间。

此外，四时造景和顺应自然也需要与当地的地理环境和乡村传统文化相结合。每个地区都有其独特的地理环境和历史文化背景，应充分考虑当地的特点，在设计乡村生产景观时融入地方的特色元素。例如，在山区可以注重山水结合的景观设计，突出山地农田和村落的特色；在水乡可以合理利用水资源，创造水上生态农田和渔耕文化的景观。通过与地方文化相

结合，可以增加乡村生产景观的独特性和吸引力。

4.4.5.3　增加物候，生态持续

将二十四节气文化融入乡村生产景观时，需要增加物候观察，注重生态持续，要求在设计与规划乡村生产景观时，充分利用节气变化对植物生长和生态环境的指导作用，以实现生态可持续发展。

物候是指植物和动物随着季节变化而呈现的一系列生理和生态现象，如植物开花、动物迁徙等。增加物候观察是将二十四节气与乡村生产景观结合时的关键环节。首先，需要通过物候观察来了解农作物的生长状态。不同的农作物对气候和环境的要求不同，而二十四节气为我们提供了参考和判断农作物生长状况的线索。通过观察植物的开花、结果和枯萎等物候现象，可以判断适宜的农事活动时间，如种植、收获和施肥等。这样可以更加精确地安排农业生产，提高产量和品质。

其次，增加物候持续发展。物候现象是大自然的生态“指示灯”，通过观察和记录不同物种的物候现象，可以了解生态系统的稳定性和变化。可以根据物候现象，合理规划农田、果园等景观元素，并采取相应措施保护生物多样性、改善土壤、节约水资源等。而且，物候观察也能提早发现植物病虫害和自然灾害等问题，及时采取应对措施，保护农业生产健康发展。

除了增加物候观察外，注重生态持续也是融入乡村生产景观的重要原则。生态持续要求在设计和规划乡村生产景观时，充分考虑生态系统的复杂性和稳定性。应该注重保护和恢复生态环境，采用可持续的农业生产方式，减少对土壤、水和空气等资源的污染和损害。例如，可以推广有机农业、生态种植等方式，减少农药和化肥的使用，促进土壤的健康和水质的净化。

同时，生态持续也涉及社区的参与和共享。应该鼓励居民参与农业生产和景观规划，共同打造可持续的乡村生态环境。可以组织居民参与农作物的种植和采摘等活动，提高对农耕文化的参与度和认同感。这样不仅能促进乡村旅游的发展，还可以增强社区的凝聚力和活力。

4.4.6　二十四节气文化融入乡村生产景观的设计表达

4.4.6.1　空间场景再现

空间场景再现是将一些传统的场景或是一些不同地域、不同季节等的景观元素组合到一起，有时需借助于现代的技术手段来表达景观意向，呈现完整的空间氛围。

春天是开放的，是一年之开始，是一个具有内在和外在联系的有机系统，匹配入口空间，停留等候空间，景观集中区域；夏天是热烈的、躁动的，充满着激情与活力，匹配儿童活动区域，户外活动空间；秋天是含蓄的、丰收的，匹配半开放区域，如树阵广场、景观廊架、交流区域等；冬天是内敛的、沉静的，匹配私密空间，体量感相对较小、位置隐蔽的区域。再根据大的空间匹配不同的节气类型划分大区域中的小空间。

碟子湖的丰富景观资源和投书浦深厚的历史文化，打造了一个独特城市景观，满足了大众的休闲娱乐需求。新年和节气的民俗文化融入其中，让游客在欣赏碟子湖生态景观的同

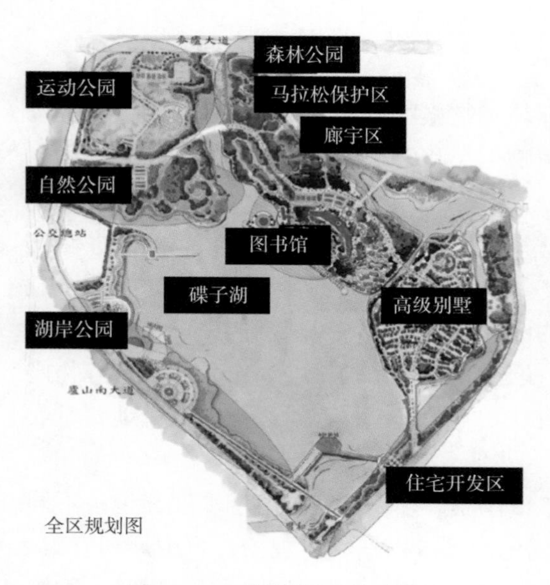

图4-4-1 碟子湖公园规划图

时，也能深入了解和感受地区的特色文化，进一步提升环保意识。活动体验按特色分类，划分出或独立或连续的动感活动空间，利用地势的起伏，形成小板块，使碟子湖变得更加璀璨。文化表演区（艺术天地）、民俗活动区（芳信花朝、廊烟飞雪）和城市生活区（月湖迎春）四个景观分区，以及游客中心、犀牛望月、东门迎春、月湖想港湾、星光月岛、水幕灯光秀、康体乐园、庆典广场、浮岛寻踪、雁雪纷纷等众多节气性文化主题节点，为游客提供了丰富的体验。通过这些特色区域和节点的设置，让游客在游玩的过程中，既能享受碟子湖的美景，又能深入了解和感受我国的传统民俗文化，进一步提升环保意识，让文化传承与生态保护相得益彰（图4-4-1）。

4.4.6.2 沉浸式互动体验

互动性景观是景观设计的发展趋势，对营造富有特别体验的空间场所和设施有着重要意义，其目的就是使景观设计更加具有感知化、互动性、体验性和参与性，能够充分调动人的视觉、听觉、味觉、嗅觉、时间觉和位置觉等，改变传统体验方式，从而实现人与景观的良好互动。在视觉方面，可以通过不同节气颜色来增强游客的视觉感受，可以利用植物的四季颜色变化、生长特性、景观小品、地面铺装、照明灯光等，实现颜色的变化与层次的分明，以不同节气的主色调给空间环境下不同的定义，打造丰富的视觉体验。在听觉方面，可以通过不同的季节、气候的不同风向、植物的落叶声、动物的叫声脚步声、景观设施的预置声音等，引导游客进入不同的场景，体验不同声音享受，感受自然之声。在嗅觉方面，可通过不同节气的植物气味、作物成熟度、空气温度和湿度，使空间的气味发生变化，引导游客在自然而然的呼吸中体验不同节气变化。在触觉方面，可运用不同节气植物、气候、动物的肌理和造型，在景观中放置景观小品、园路布置和装置艺术品等，使之与场景进行亲密互动。

4.4.6.3 本土植物配置

二十四节气中，不同节气适宜生长的植物是不同的，这也成为每个节气最具代表性的表现方式之一。不同节气都有其代表性的植物形象，在景观设计中能够做到四季同空间不同风景。同时，引进植被具有调节气候、丰富空间层次、增加观赏性等多种用途。

春分是二十四节气中的第4个节气，古语有：春分到、吉乌报，昼夜平分时光好；百花开、雨水少，春色满园关不了。可以在景观空间中加入季节性的植物，如桃花、樱花、梨花、杜鹃花、山杏、柳树、桃树、迎春和玉兰等。明人高濂《遵生八笺》有：“孟夏之日，天地始交，万物并秀。”

夏季雨水充沛、阳光充足，可在景观中加入季节性的植物，如合欢、梧桐、睡莲、栀子花、香樟树等。

中国古人将立秋分为三候，一候凉风至，二候白露生，三候寒蝉鸣。立秋，意味着降雨、风暴、湿度等，处于一年中的转折点，趋于下降或减少。可在景观空间中加入季节性的植物，如菊花、枫树、昙花、丁香、桂花等。

中国古人将冬至分为三候，一候蚯蚓陲吉，二候麋角解，三候水泉动。由于冬至后太阳直射点向北移动，代表着太阳的新生、太阳往返运动进入新的一轮，太阳高度开始回升、白昼每日增长，此时山中的泉水可以流动，并且变得温热起来，可以在景观空间中加入季节性的植物，如灯笼花（图4–4–2）、紫荆花（图4–4–3）、蜡梅、松柏、竹子等。

图4–4–2　灯笼花

图4–4–3　紫荆花

4.4.7　二十四节气文化融入乡村生产景观的应用设计与注意事项

4.4.7.1　自然因子的应用设计

自然因子包括风、水、日照、温度等，节气景观设计可以结合节气的成因特点和自然因子进行设计。

第一，建造带有节气成因特点的设施景观。以日照为例，人们仅从常识中了解夏天夜短，冬天夜长，夏天太阳毒辣，冬天太阳温和。在二十四节气中，有部分节气是重要节点，是一年中光照时长变化节点，这几个特殊节气分别为春分、夏至、秋分与冬至，是太阳直射在赤道和南北回归线移动的四个节点，在照射时长与投影方面和其他节气存在显著差异。在景观设计中，即可通过景观材料的互动与对比，象征冬至的昼短夜长、夏至的昼长夜短与春分秋分昼夜平分这几个特殊节点。比如，日照的不同会带来温度的变化，特别是在夏至与冬至会有不同的投影。这时可以安装投影设施展现昼夜比例刻度尺，人们能够直观地看到时间变化与景观装置变化。当刻度移动至中间，代表春分秋分昼夜平分节点，移动到左边为昼长夜短的夏至，移动到右边为昼短夜长的冬至，通过两种不同材质对比，展现黑夜和白天的比例关系，呈现特殊节气投影的特色。

北京二十四节气公园将节气的成因特点融入景观设计中。以二十四节气柱为主体，分别在“春种、夏长、秋收、冬藏”四个主题广场柱中雕刻节气详解、时令花卉图案、诗词等，宣传节气文化（图4–4–4）。景观营造以书画景墙为主。南充气象公园将二十四节气文化充分融入气象科普区和二十四节气景观轴主体广场的构建中。采用汉代竹简弧形浮雕作为主体，将二十四节气与《嘉陵春秋》图相对应，以梅、兰、竹、菊作为季节代表性元素，每个季节的竹简可独立成画，上刻有嘉陵江两岸秀丽风光和人文景观，背面则对应正面每个节气的文字解释。建筑布局以十二星次为核心，以二十四节气为主题：日照——太阳客栈民宿设计以研究太阳文化为起始，以古人宇宙观作为设计研究对象，设计民宿区建筑规划布局以大堂为核心，内外圈分别对应十二星次与二十四节气，引入节气主题。

图4-4-4　二十四节气公园平面布局
图片来源：赵明珠，节气文化在乡村环境设计中的空间表达及应用。

第二，建造显现特殊节气的景观。二十四节气中，雨水、芒种、惊蛰、白露、小大寒作为特殊节气，空气湿度上升，尽管看不见雨，但是已经浸润万物。惊蛰当天会出现雷阵雨，打落盛开桃花，使得花瓣飘落；芒种节气为梅雨季节，大雨连绵不断；白露节气是秋夜后的清晨，空气内水分凝结为露水；小大寒预示着即将下雪。因此，在二十四节气景观设计中，可将湿度这个抽象概念转化为人们能够直接体验的景观，视觉上可选用湿敏涂料，干燥情况下是透明的，湿度增大后会变成彩色。在乡村景观设计中，可利用湿敏涂料在墙面、街头绘制涂鸦。干燥环境下，墙面与路面为原始颜色，有雨水后会展现涂鸦内容，以此鼓励大家雨中漫步，享受自然馈赠。图案的主题与节气景观相呼应，以此点题，给人们更多惊喜。并且，雨滴由于自身重力，碰触不同材质会产生不同声音，我国自古以来就有听雨的雅好，可在乡村庭院内种植芭蕉，当下雨时可以听到雨打芭蕉的声音。特别是在惊蛰时分，通常都会有阵雨，雨滴落在芭蕉上，是一场听觉上的盛宴。

孔源村创意田园以该村兄弟楼前集中连片的耕地为范围，创意设想将该区域划分为“四纵两横”（图4-4-5）。四纵按照传统四季分为四单元和四廊道，即春华园、夏盛苑、秋实庄、冬青园；立春绣、立夏绣、立秋绣、立冬绣（“绣”为四季景观绣道）。

图4-4-5　孔源村平面图

根据孔源村的自然条件，结合上文的植物配置原则和创意理念，将3～5月划分为春季，

6～8月划分为夏季，9～11月划分为秋季，12月和来年1月、2月划分为冬季。结合孔源村锦绣田原农业景观种植规划的功能布局与设计思想，对表4-4-2和表4-4-3中筛选作物全年的分布方案进行设计。锦绣田园春、夏、秋、冬四季分别凸显四个不同主题：春华园（立春绣）凸显春天的生机，夏盛苑（立夏绣）展示盛夏的果实，秋实庄（立秋绣）彰显秋天的收获，冬青园（立冬绣）呈现冬天的宁静（表4-4-2、表4-4-3）。

表4-4-2　田园作物种植分布

作物种类		播钟期	成熟期	备注
粮食作物	黑米	4月、7月	7～8月、12月	杂交种
	紫米	4月、7月	7～8月、12月	杂交种
	甜玉米	3～4月	6～7月	超甜型.
经济作物	红皮花生	3～4月	7～8月	高产品种
	油菜	9～10月	2～3月	花期可控
	油葵	3～4月	7～8月	
	花葵	四季种植	全年成熟	七色花
	葡萄	四季种植	7～8月	二至三年挂果
廊带爬藤作物	百香果	2～3月	全年	一年挂果
	葫芦瓜	2～3月、7月	7～8月、10～12月	一年两收
	南瓜	3～4月	8～12月	
	中国台湾地区四季果桑	春、冬种植	2～4月、9～10月	一年两收
水果	晚熟龙眼	春种	10月	三至四年挂果
	文旦柚	春种	10～12月	三年挂果
	马来西亚杨桃	春种	7～2月	五年挂果
	草莓	10～11月	3～5月	三年生
	黄秋葵	3～4月	7～12月	
	麻菜	4～5月	6～10	高钙、高纤维
	高萝卜硫素青花菜	12～2月	4～5月	高青花素
	功能型西红柿	3～4月	6～8月	抗氧化
	叶用甘薯	2～3月	4～12月	速生型
蔬菜	花菜	8～9月	10～12月	
	包心芥菜	9～10	1～3月	
	茎用芥菜	9～10	1～3月	
	芦笋	9～10月	2～5月	
	韩国白玉萝卜	9～11月	1～3月	
	西瓜	2～3月	6～8月	
	紫甘蓝	8～10月	12～3月	
	五彩辣椒	2～3月、7月	5～6月、8～9月	一年两植

表格来源：邱生荣、范水生、蔡来龙，休闲农场创意田园四季作物配置研究——以福建省闽侯县白沙镇孔源村为例。

表4-4-3　四季景观绣道作物种植分布

区域	景观作物	经济作物	景观效果	经济效益	备注
春华园	油菜、花葵、五彩辣椒	高萝卜硫素青花菜、包心芥菜、茎用芥菜、芦笋、韩国白玉萝卜、中国台湾地区四季果桑、草莓、叶用甘薯	五星	五星	台湾四季果桑可与其他作物套作
夏盛苑	花葵、甜玉米、功能型西红柿、五彩辣椒	黑米、紫米、红皮花生、油葵、马来西亚大杨桃、黄秋葵、麻菜、西瓜、油葵、叶用甘薯	五星	五星	果树可套作其他作物；水稻、玉米可以按照特色图案种植
秋实庄	花葵、油菜	黑米、紫米、晚熟龙眼、文旦柚、黄秋葵、麻菜、叶用甘薯、花菜	四星	五星	果树可套作其他作物
冬青园	油菜、花葵	包心芥菜、茎用芥菜、韩国白玉萝卜、紫甘蓝、台湾四季果桑	四星	四星	果树可套作其他作物

表格来源：邱生荣、范水生、蔡来龙，休闲农场创意田园四季作物配置研究——以福建省闽侯县白沙镇孔源村为例。

第三，设置观赏节气景观的地方。中秋时节赏月是人们一直尊崇的习俗，在白露、秋分时赏月效果最佳，这时可以建造庭院进行赏月。

安徽芜湖的青安江畔百鸟滩景观设计以二十四节气的时间性串联景观节点，对不同时间和空间的场景进行分叙、整合，展现出这片土地的丰富历史印记。设计中利用分形叙事的特点将二十四节气融入景观设计中，呈现出许多独特的设计要素。通过叠加一些不同的元素或者是表现同一物质的形式，使景观的设计产生一种文化深层次的交融，不仅改善了芜湖百鸟滩的文化形象，也提高了市民的个人体验和文化层次（图4-4-6）。

图4-4-6　青安江畔百鸟滩

4.4.7.2　季候的应用设计

二十四节气中，最常见和最直观表现节气形式的莫过于季候了。立春时节迎春花开放，雨水桃花朵朵开，惊蛰时节桃花开始衰败，谷雨时节樱桃成熟，立夏时分枇杷成熟，芒种梅子成熟，小满麦粒鼓胀，秋分桂花香菊花黄，大暑莲蓬饱满等，每个时节的季候都有一番独特的景观，这时的乡村自然景色美不胜收，可以从以下几方面设置景观。

第一，利用植物发芽、开花、结果体现特色。植物发芽可通过采摘、观叶、品尝的方式展现二十四节气景观的时令性。春分柳树与梧桐发芽象征着春天来了，可为人们提供观察发芽细节的场所。惊蛰前后，田间野菜发芽长叶，乡村村民均有采食野菜的习惯，移植各种野菜，制作景观植物墙，供给人们怀念和观赏旧时节气记忆。此外，还可利用采摘植物，增加景观体验，为景观注入生命力。谷雨与清明是采摘绿茶的最佳时机，采摘后可进行烘焙，以此体验节气味道。植物开花、结果，可通过观花、闻香、采摘的方式体现出来，例如，秋分开放的桂花具有特殊香味，能够予人们以嗅觉体验。还可设置农耕生产体验区，例如，在小麦、水稻种植时让人们进行劳动体验，感受节气文化。

第二，设置风景观赏区。每一个节气都有不同的景色，依据乡村的现状，打造四季空间景观。可以主路作为主轴线将相关节点串联起来，两道作为一轴景观线的延伸，两道分别是山体林荫步道、景观观赏木栈道；四面设置春风化雨、夏长万物、风涌栗香、清秋月明、朔冬藏瑞，景观节点则是在面域中设计，分别处于春风化雨（清明）附近的山间烂漫，风涌栗香（立秋）附近的霜柿栗熟，还有气节图与晒秋广场等。

江苏省泰州市位于省中心区域，拥有悠久的历史，距今已有 2100 多年历史。作为里下河地区的城市之一，泰州是江苏省农业生产的重要城市之一。受海洋季风环流的影响，该地区具有鲜明的季风性特点，四季分明，二十四节气在泰州得到完美体现。与许多濒临失传的中华优秀传统文化不同，二十四节气是人们日常生活中最容易接触的传统文化之一。它经常出现在人们的日常生活中，具有较强的通用性。在乡村景观设计的四大原则中，注重地域性原则和生态与可持续性原则。而在泰州农村景点的建设中，将二十四节气融入设计，重点打造传统节日与地方特色民俗文化，并结合与季节相关的传统风俗艺术与诗词，使参与者能够多维度体验，感受季节空间的时令感与人文情感，并通过讲、唱、舞、技等形式展现泰州传统文娱活动（图4-4-7）。

图4-4-7　泰州乡村景观

园林绿化建筑设计中，常以点、线、面为基础元素进行空间布局。这些设计通常根据二十四节气来划分不同的时节，并按照季节类型和相同要素进行大类划分。例如，将各种活动空间分为春、夏、秋、冬四大板块。春天代表着复苏与新生，是一种有机体系，可用于出入口空间设计、休闲等候空间设计、风景集中区等；夏天代表热情与生命力，适合开放空间和户外运动空间等；秋天代表丰收，搭配于半开放空间和文化交流区等；而冬天则是内向与清冷，适合较私密的空间设计。进一步地，可以基于更大的空间范围和不同的节气类型，划分出更小的空间。

在乡村景点的建设中，根据不同季节的景观设计，引导参与者积极投入活动，达到传播人文科学知识的目的。通过了解人们在不同节气下的心理变化，设计不同主题的空间，以提升自我意识和感知能力。采用感知体验法，即利用自然环境和表达方式对人体产生影响，在空间设计中利用植物、水景等元素，帮助激发心灵活力，使体验者与自然环境进行信息交流，从而引导其在精神和意识层面上做出反应。

4.4.7.3 文化的应用设计

古代流传许多关于节气的谚语、民俗、诗歌、故事。这些都是我国优秀传统文化的组成部分，其内容多采取插画、文字的方式记录保存下来。因此，在二十四节气景观设计中，可融入文化特点，通过静态图像、文字、雕塑造型、多媒体与交互演绎的方式进行设计。在乡村设置文化长廊，将二十四节气有关的文化传承下去。景观设计中，可以将节气文化特点融入墙体中，以雕塑造型进行展示。除了营造供视觉感知的装置雕塑与景观装饰墙，还可采取互动界面、互动雕塑的方式实现听觉、触觉的感知。

安徽淮南八公山景区内的二十四节气景观设计以八公山的自然地形为基础，利用地刻石作为主要承载元素。在广场中心设置了代表方位的司南，并配以时辰和月份，对二十四节气进行空间阐释，为市民提供了具有文化科普功能的休闲体验和娱乐空间。此外，将具有历史文化特色的《淮南子》制作成雕塑和壁画，并展示于八公山地质博物馆中。这几个设计载体通过地理空间的独特性，成功地将二十四节气传统文化融入其中。这种将地域特色与传统文化相结合的形式，起到了文化联结的作用，显著地扩大了地域文化的影响力和知名度。这样的景观设计在叙事过程中可以作为借鉴（图4-4-8、图4-4-9）。

4.4.7.4 节气物候的应用设计

二十四节气中，动物也存在规律性变化，随着季候变化出现物候，体现在蝉声阵阵、北雁南飞等方面。景观设计中，可通过观察动物行为，聆听候虫、体验景观节气时令、了解物候，这均为景观体验的形式之一。

第一，观看候鸟。乡村通常有湖泊、湿地等地貌，是候鸟的重要栖息地。每年候鸟过境停歇阶段，均为最佳候鸟观赏时节，可设观鸟设备或平台，通过观赏候鸟体验节气特色。

第二，聆听候虫。夏至节气时，知了发出鸣声；大暑节气，田间蛙鸣。通过录制候虫声音，或饲养候虫，为人们提供听觉体验。通过聆听的方式感知节气的来临。谷雨至立夏时节，风中蝴蝶飞舞，可养殖蝴蝶、模拟蝴蝶，或是以种植大量花卉的方式吸引蝴蝶，让人们与蝴蝶进行互动。大暑时节为萤火虫频繁活动阶段，可养殖萤火虫或模拟萤火虫亮光，丰富二十四节气景观。

图4-4-8　安徽淮南八公山景区雕塑和壁画

图4-4-9　广场中心的司南

第三，其他动物。传统节气记录中，部分传统物候，包含立春的鱼陟负冰、蛰虫始振，雨水的鸿雁来、獭祭鱼，立夏的蚯蚓出、蝼蝈鸣叫等，难以有效复制和看到。因此，在传统物候景观设计中，可通过雕塑、图像的方式进行二次演绎，或是利用灯光雕塑体现动物物候形态。

4.4.8　总结

二十四节气基于天文物候和自然时序，指导民众开展农事活动，体现了中华民族尊重自然、顺应自然的理念。这种朴素的时间观、深厚的自然观和豁达的人生观，为人们的生产、生活和生命赋予了独特的节奏和意义。在现代社会，我们应当继续弘扬和传承这一优秀的传统文化，让二十四节气所蕴含的智慧引导人们更好地适应和把握自然规律，尊重和珍惜每一个生命，保护和发展我们的家园。同时，通过丰富多样的方式，让更多的人了解和体验二十四节气文化的魅力，使其在新时代焕发出新的活力。

现阶段的乡村景观设计更是需要结合传统农耕文化，根据乡村不同情况，融合乡村景观特质，传承中华古老文明，用新的景观语汇来传达和弘扬中国文化，从而更有力地推动乡村振兴。

第 5 章　乡村自然生态景观设计

5.1　乡村生态景观概述

5.1.1　乡村生态景观

乡村景观是人、自然、社会等因素复合而成的景观体系，具有生态、生产、生活三个层面，即乡村生态景观、乡村生产景观和乡村生活景观，其中乡村生态景观是乡村景观形成的物质基础，是乡村景观的生态基底。

我国对于乡村生态景观的研究较少，通过梳理目前相关学者的文献观点，根据时间序列整理出不同学者关于乡村生态景观的定义。

从时间上看，乡村生态景观概念与内涵的界定分为两个阶段。党的十八大以前，乡村生态景观属于乡村景观的一部分，特指乡村自然景观，主要承担生态功能。党的十八大提出生态文明战略之后，乡村生态景观中的“生态”概念开始向人文生态拓展，不再局限于自然生态。

乡村生态景观是社会、经济、自然复合生态系统的多维生态网络，其内涵可以从三个“生态”进行解读。第一个“生态”——自然景观，包含地理格局、水文过程、气候条件、生物活动。第一个“生态”表明乡村生态景观是以乡村自然景观为基础，向外延伸拓展的，自然生态始终都是乡村生态景观的核心。第二个“生态”——人文景观，包含人口、体制、文化、历史、风俗、风尚、伦理、信仰等。第二个“生态”揭示了人与乡村生态景观相互作用的双向过程。在人对乡村自然景观的认识与改造，以及乡村自然景观给予人的指导和约束作用下，乡村生态景观形成了乡村地域特色的政治、文化等方面的人文生态。第三个“生态”——经济景观，包含能源、交通、基础设施、土地利用、产业过程。第三个“生态”剖明乡村生态景观是可持续发展的。乡村生态景观是尊重人的需求与自然规律，且其建设无法毕其功于一役、能够持续繁荣的景观。

5.1.2　乡村自然生态景观

由于乡村生态景观概念的发展演变，其内涵扩充，对于乡村生态景观的定义也更加明确，因此乡村自然生态景观成为一个独立的概念。乡村自然生态景观是指在乡村地区中，由自然环境和生态系统形成的景观。这些景观通常包括了自然风光、水体、山地、湖泊、森林、草原、荒野、泄洪沟等，以及由这些自然景观形成的生态系统，这些生态系统对于维护生物多样性、促进生态平衡、防止自然灾害等方面都虽有重要的作用。

5.2　乡村自然生态景观类型

乡村自然生态景观的分类及特点见表5-2-1。

表5-2-1　乡村自然生态景观的分类及特点

类型	特点
地质	包括地质构造和岩石矿物两方面特征，造成区域宏观景观
地形、地貌	包括大的地形单元（山地、高原、平原等）和小的地貌（坡向、坡度等）
气候	包括太阳辐射、温度、降水、风等
土壤	包括土壤类型、分布、性状等
水体	如湖泊、河流、水塘、沼泽、水库等
动物	动物群落及分布的状况和特征
植物	是景观类型的直接反应，如森林、草地、农作物等

5.2.1　地质

地质要素包括地质构造和岩石矿物性质。一般来说，地质构造主要形成区域景观的宏观面貌，如山地、高原、洼地等；岩石矿物是形成景观的物质基础，尤其是形成土壤的物质基础，不同的岩石矿物赋予景观不同的性质。

岩石组成了地球的坚硬外壳，即岩石圈，侵蚀、破坏、受热、挤压、搬运、堆积等地质作用使地表形态不断变化，这种变化是由于内部受力不平衡造成的。在风化作用的基础上，风、流水、冰川和植物等外力对地表产生侵蚀破坏作用，地表岩石被侵蚀成大大小小的碎石，这些在地表沉积的碎石经过长期的演变过程逐渐形成浅薄而珍贵的土壤层。

5.2.2　地形、地貌

地形和地貌是景观设计最重要的基础。地貌指的是地壳运动和流水、冰川、风、波浪、洋流等外力作用下形成的地球表面的各种形态。地貌形成的物质基础是岩石。地貌的起伏形成了自然景观的基本框架，不同地貌的内部和外部动力过程的组合塑造了自然景观的不同特征或意境。表5-2-2列出了自然景观大的地形单元及特点，表5-2-3列出了自然景观小的地貌形态及特点。

表5-2-2　自然景观大的地形单元及特点

类型	特点
高原	海拔在500米以上比较完整的大片高地。由纵横交错的山脉形成各种盆地和宽谷，石林耸立，景色壮观
山地	是大陆的基本地形。规模大小按山的高度可分为极高山（海拔5000米以上）、高山（海拔3500～5000米）、中山（海拔1000～3500米）和低山（海拔500～1000米）
丘陵	海拔高度不超过500米，相对高度一般在100米以下，地势起伏，坡度和缓
平原	地势低平坦荡、面积辽阔广大的陆地。根据平原的高度，把海拔在200米的地区称为低平原，如广西郁江的浔江河谷平原；海拔低于海平面的内陆低地，则称为洼地，如新疆吐鲁番盆地中央的平原；海拔200～500米（或600米）的平原称为高平原，如内蒙古嫩江西岸平原
盆地	低于周围山地相对凹陷的地表形态

表5-2-3　自然景观小的地貌形态及特点

类型	特点
平地	是较为开敞的地形，视野开阔，通风条件良好
坡地	有一定坡度的地形，斜坡地形可以消除观景的幽闭感，从而丰富景观的层次。坡地不仅通风好，而且自然采光和日照时间长，微气候容易调节，有利于排除雨雪积水

5.2.3　气候

气候是指在某一区域较长一段时间内的天气趋向，是概括性的、总的气象情况。

从广义上讲，地球可分为四个气候带：寒带、中寒带、暖湿带和干热带。每个气候带都形成了自己特有的植物区系和地貌特征。因此，不同气候带的人们的行为活动也各不相同。

气候为人类的生存提供了必要的条件，气候变化对人类和自然生态环境都会产生重大影响。设计不能从根本上改变气候，只能总结气候发展的规律和特点，适应当地气候。

5.2.4　土壤

植物的腐败与矿物质的风化分解使土壤肥力不断提升，逐渐形成土壤。土壤中的有机质含量是土壤肥力高低的标志。

一个发育成熟的土壤剖面，最上层是由腐烂的植物组成的腐殖质层，它为植物生长提供了扎根立足的条件。在它之下是淋滤层，排水畅通。再往下是淀积层，由上层淋滤下来的物质淀积于此。土体从上而下产生明显的分异，从而形成不同性质的土层，这是划分土层的主要依据。

5.2.5　水体

村庄都有一定的历史积淀，形成之时大多依傍河流、湖泊等水体。乡村水体承担着行洪排涝、灌溉供水、生态、养殖及景观等功能，是乡村自然生态系统的核心组成部分，与乡村生态环境、日常生活密切相关。

5.2.5.1　河流

河流是陆地表面上经常或间歇有水流动的线形天然水道，由河床、河滩、河岸共同组成。作为线状空间的河流水系，是连结点状空间的重要纽带，其将无序的乡村分散空间相互联系有序化。

由于乡村地区相对污染较少，乡村河流的水质相对比较清洁。乡村河流的生态环境相对比较丰富，河岸两侧的植被、鱼类、浅水生态系统等都具有丰富的生态价值。

乡村河流是当地的文化遗产，与乡村文化相融合。例如，一些乡村河流沿岸的古建筑、文化景观、民俗风情等都是当地文化的重要组成部分。乡村河流除了具有生态和文化价值外，还具有灌溉、渔业、农业生产等多种功能，对当地农业生产和社会经济发展具有重要作用（图5-2-1、图5-2-2）。

图5-2-1 乡村河流（一）

图5-2-2 乡村河流（二）

5.2.5.2 湖泊

乡村湖泊的形成原因多种多样，如受地质构造影响形成的断陷湖、溶洞湖、火山湖，受冰川作用形成的冰斗湖、冰碛湖，以及人工修建的水库、池塘等。其面积大小不一，有的面积很小，只有几亩，有的面积很大，达到几百亩。

湖泊的水质差异明显，与周围环境密切相关，有的水质清澈透明，适合农村生活用水和渔业，有的水质污染严重，会对周围生态环境和人类健康造成威胁。

湖泊可塑性大，能调节局部小气候，增加空气湿度。湖泊为乡村带去了丰富的生态环境，有的湖泊沿岸植被茂盛，有的湖泊中有多种鱼类和水生动物，为当地的生态系统提供了宝贵的资源（图5-2-3、图5-2-4）。

图5-2-3 乡村湖泊（一）

图5-2-4 乡村湖泊（二）

5.2.5.3 泄洪沟

泄洪沟内一般水量小，流速慢，枯水季节甚至断流，丰水季节可起到排洪泄洪的作用。村庄内泄洪有的是自然形成，有的是人工修建的排水沟。在山区的村庄，大多为山上水体冲刷而下形成，水流季节性明显，枯水季节景观性较差。

相比于湖泊，乡村泄洪沟的生态环境相对简单，因为其主要功能是排水，周围往往没有茂密的植被和丰富的生态系统（图5-2-5～图5-2-7）。

图5-2-5 乡村泄洪沟（一）

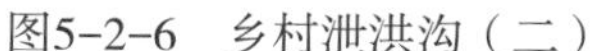

图5-2-6　乡村泄洪沟（二）　　图5-2-7　乡村泄洪沟（三）

5.2.5.4　水井

在乡村日常生活中，水是人们不可缺少的自然源泉，井便成为乡村中重要的水利设施。许多村庄中都有古井存在，作为点状空间中面积较小的微节点空间，除了可以提供饮水和生活用水外，村民还可以此为场所，展开纳凉遮阴、休憩、交流等活动。它就成为联系各家各户的纽带，成为妇女们进行交往活动的重要场所（图5-2-8、图5-2-9）。水井具有以下特征：

图5-2-8　乡村古井（一）

图5-2-9　乡村古井（二）

（1）常见于山区。串井常见于山区，特别是丘陵和山地地区。这些地区常常缺乏水源，而串井可以利用山中的地下水源，为当地居民提供足够的水资源。

（2）建筑简单。串井的建筑非常简单，通常由数个井眼垂直相连而成，每个井眼都有一定的深度，可以达到地下水层。井壁往往用石头、砖块等材料砌成，底部则有排水孔。

（3）配套设施完善。为了保证串井的正常使用，乡村通常还会配备相关设施，如井房、水渠、水闸等。这些设施可以使串井的水源更加充足，水质更加清洁，也方便居民的使用。

（4）环境适应性强。由于串井常见于山区，其环境适应性非常强，能够适应各种恶劣的环境条件，如山体滑坡、洪涝、干旱等。

（5）具有文化价值。串井是中国传统水利文化的重要代表之一，其建设和使用历史悠久，代表了中国传统农村社会的生产和生活方式，具有重要的文化价值。目前，许多串井被列为重点保护文物。

5.2.6 动植物

乡村拥有丰富的森林与动植物资源，是极其重要的组成部分。丰富的森林与动植物资源具有涵养水源、防止水土流失、防止气候干旱、防风防沙、改善空气质量、调节局部小气候等作用。既能为乡村提供优美自然的生态环境，又能为乡村提供良好资源。将乡村的动植物资源进行合理妥善利用不仅能够拓宽村民盈利方式，提高村民收入，对乡村自然生态环境的改善也具有积极的意义。

5.2.6.1 森林植被

乡村森林植被是指分布在农村地区的自然森林植被。乡村森林植被种类繁多，包括针叶林、阔叶林、灌木丛、草本植物等。这些不同类型的植被相互交错、交织在一起，形成了多层次、多结构的生态系统，使整个森林具有较高的物种多样性。

由于乡村地区存在复杂的地形、气候、土壤等环境条件，通常较少受到人类干扰，因此乡村森林植被生物量较大，林龄相对较长，森林植被的适应性也较强。这使森林内部形成了复杂的生态系统，包括林下植被、土壤微生物、各种动物等，这些生物之间相互依存、相互影响，形成了一个完整的生态循环系统。乡村森林植被在维护生态平衡、改善生态环境、保障生态安全等方面发挥着重要作用。例如，乡村森林植被可以减少土壤流失、改善水质、降低空气污染等，同时也可以提供休闲、观赏、科研等多种功能（图5-2-10、图5-2-11）。

图5-2-10 乡村森林植被（一）

图5-2-11 乡村森林植被（二）

5.2.6.2 绿化景观

乡村中的植物绿化多是由点、线、面的形式组成，植物景观整体以自然式布局为主，绿化植物的生长方式呈现出原生态性，使村落整体景观层次丰富。

乡村绿化的植物种类繁多，包括乔木、灌木、草本植物等多种类型。同时，不同地区、不同季节，绿化植物的种类也会有所不同。这种多样性有助于提高乡村地区的生态多样性，促进生态系统的健康发展。乡村地区的环境条件复杂，包括土地类型、气候、地形等因素，因此乡村绿化需要具有较强的适应性（图5-2-12、图5-2-13）。

图5-2-12　乡村绿化（一）

图5-2-13　乡村绿化（二）

5.2.6.3　古树

古树是指在农村地区生长多年、形态古老、具有历史和文化价值的树木。古树作为村庄中较为古老的标志，多分布在村庄的村口或中心，村民在此进行乘凉、聊天、跳舞、喝茶等公共活动。

古树树龄长，一般都超过百年甚至几百年，是当地的文化遗产，文化价值极高，是乡村地区历史和文化的重要组成部分，也是当地历史和文化的见证。乡村古树承载着历史、文化、民俗等多重内涵，具有重要的文化价值。

图5-2-14　乡村古树（一）

乡村古树是当地生态系统的重要组成部分，其树冠可以为当地生物提供栖息和繁衍的空间，同时可以保持水土，防止水土流失，有着重要的生态价值。乡村古树不仅可以带来生态和文化的价值，还可以为当地的旅游业带来经济效益，吸引大量游客前来游览、观赏和学习（图5-2-14 ~ 图5-2-16）。

图5-2-15　乡村古树（二）

图5-2-16　乡村古树（三）

5.3　乡村自然生态景观过程

景观是持续进程的即时表达，从积极意义上来讲，也是大量作用力留下的环境留存物。有些景观过程和作用力是生态的，有些是文化的，但是所有的都可以长时间地影响着景观。

自然生态景观形成的根本原因是地球表面受生态作用力的影响，即地质过程、土壤形成过程和生物过程。这些过程相互影响，联合作用对地球进行改造，再结合各地区不同的地层岩石特点，形成不同的地貌，不同的自然生态景观。

5.3.1 地质过程

地质过程涵盖了岩石形成、风化、侵蚀、堆积以及岩石再循环等一系列过程。就其基本含义而言，任何给定的地貌都可以被视为两组地质过程相互作用的直接表现。一方面，地球内部的放射性衰变作为构造力量使地形抬升并形成新的地貌形式。将这些形式与基本的设计词汇相联系，可以说抬升的地貌形式是积极的（由体量生成的）形式。在这种情况下，体量反映了内部生成力量的作用。另一方面，侵蚀力量（如风、雨、冰流）和气候力量（物理或化学侵蚀）削弱或缓解了抬升形式，并导致了侵蚀地貌的形成。从基本的设计角度来看，侵蚀地貌受到消极的（由空间生成的）形式的控制。这些形式直观地展示了明显的侵蚀力量（图5-3-1、图5-3-2）。

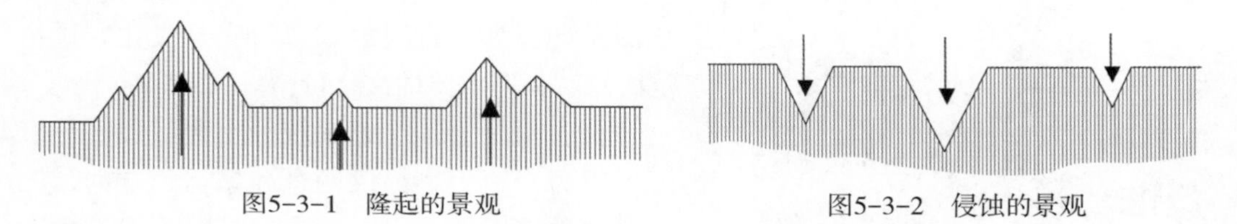

图5-3-1 隆起的景观　　图5-3-2 侵蚀的景观

5.3.1.1 构造地质学

构造作用力来自地球内部，作用于地球的地质板块，形成构造活动的范围。在某些活动范围内，地壳会被破坏；在其他范围内，地壳会扭曲、弯曲或断裂；还有一些范围内会形成新的地壳。随着熔岩的化学性质和冷却时的气候条件的变化，新物质的形成也随之改变。由构造作用力形成的地貌模式和物理形态存在显著差异。

地貌形式直接反映了构造力的作用，并减轻了腐蚀和气候的影响，这种地貌形式被认为是"年轻的地质构造形式"（图5-3-3）。例如，中国具有独特艺术特色的尖峰山脉和喜马拉雅山脉的蜿蜒不平形态都属于年轻的地质构造形式。而宾夕法尼亚的阿勒格尼山脉则呈现出更加柔和、光滑的外形，这是经历了长时间侵蚀和磨损的地质构造形式的特征，属于老的山脉（图5-3-4）。

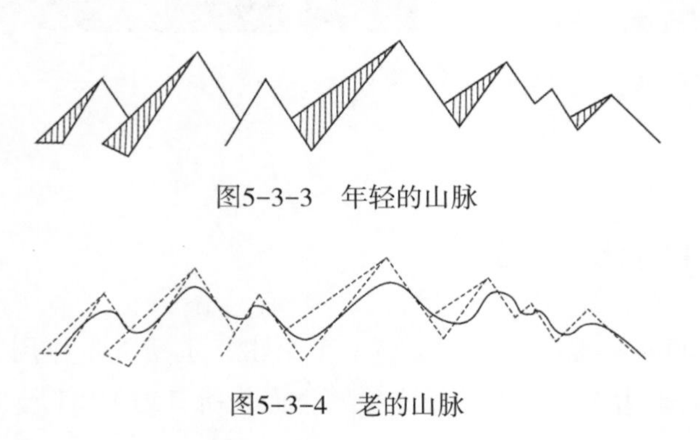

图5-3-3 年轻的山脉

图5-3-4 老的山脉

5.3.1.2　水文循环

水体对土地的侵蚀程度取决于水量、流速以及所经地质条件。当降雨超过地面的渗透速度时，就会形成径流。初始时，径流是一片水体，但由于地表摩擦，其速度和侵蚀能力较小。随着时间的推移，径流逐渐扩大成小溪，然后多条小溪汇流形成小河。这个过程使水流的水量、流速和侵蚀能力逐渐增强。

地表和植被具备一定的抵御水流侵蚀的能力。当水流的侵蚀力超过这种抵抗能力时，便会产生侵蚀。最初，溪流主要在水流最为集中的地方侵蚀地表，通常是在小溪的水口位置。接下来，小溪会从三个方向对地表进行侵蚀，即向下、向前和两侧。随着时间的推移，新形成的溪流逐渐成熟，从上方观察呈现出树状的流动模式。这种树状模式中，上游段的坡度较陡，水流湍急，水道较直；而下游段的坡度较平缓，水流较缓，河道蜿蜒曲折（图5-3-5）。

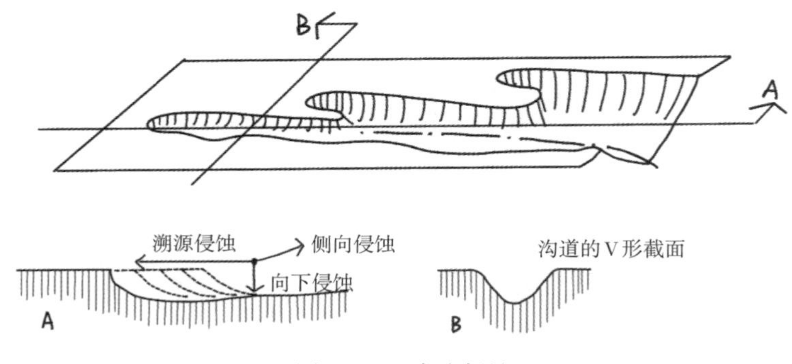

图5-3-5　水流侵蚀

水流的冲刷能力受到流速的影响，同时也与其中携带的沉淀物有关。在源头地区的陡峭地带，快速流动的水体具有强大的侵蚀力量。然而，在低平的流域中，缓慢的水流无法持续承载沉积物的重量。这些沉积物会在洪水期间沉淀下来，形成肥沃的洪泛平原。当水量正常时，缓慢流动的小溪会穿过这些洪泛平原。在水流弯曲的外侧，水流加速并侵蚀地形；而在拐弯处的内侧，水流减速并沉积所携带的沉淀物。经过漫长的岁月，这种曲折的水流渐渐改变了其形状（图5-3-6）。

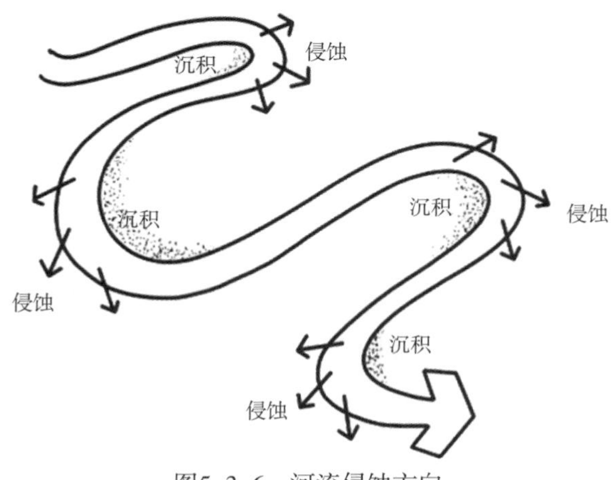

图5-3-6　河流侵蚀方向

在水流成熟的最下游，即接近河口和基底标高处的地方，地势几乎水平。此时，水流速度变得非常缓慢，几乎处于静止状态，由于沉积物的阻塞，水流开始形成类似辫状的水道（图5-3-7）。

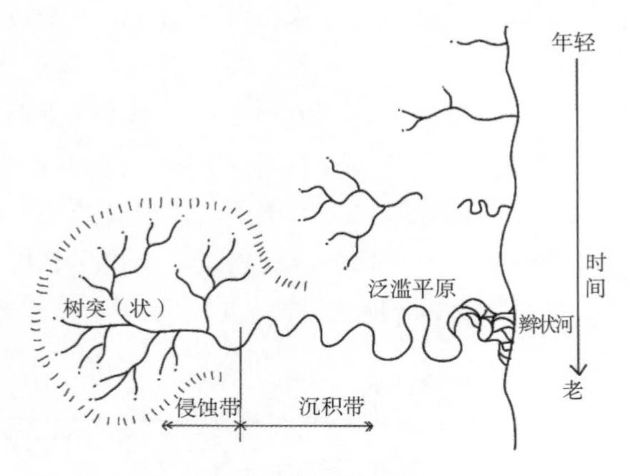

图5-3-7　水流老化

这是水流老化模式最理想的状态，但由于地下条件的变化，水流模式的变化与理想状态不同，发展成多样的水系，主要分类见表5-3-1。

表5-3-1　水流模式分类及特点

类型	特点	图例
辫状	指发源在三角洲、冲积—洪积扇以及山前倾斜平原上，由许多岔流构成的、形似发辫的水系	长江源头某河段
树枝状	由干流及其不同层次的支流组成，支流以锐角穿过干流和不同层次的支流，呈树枝状排列。这种水系在岩性均匀、地势平缓的地区最为突出，在地壳稳定、基岩水平的地区也较为常见	密西西比河水系
扇状	指支流从不同方向汇入干流，形成由干流和支流组成的扇形水系，扇状水系在汇流期较为集中，容易引发洪涝灾害	海河水系图

续表

类型	特点	图例
羽状	干流两侧的支流分布较均匀，近似羽毛状排列的水系。羽状水系汇流时间长，暴雨过后洪水流动过程缓慢	淮河水系图
格状	支流与干流呈直角相交或几乎呈直角相交的水系。格状水系与地质构造有一定的关系，如在褶皱构造区，河流干流发育在斜坡的轴线上，支流从斜坡两侧流出，它们往往呈直角相交。在多条节理或断层相交的地区，河流沿构造线发育，也可形成格状水系	闽江水系
梳状	支流集中于一侧，另一侧支流少	额尔齐斯河水系图
放射状	在穹隆构造地区或火山锥上，各河流顺坡向四周呈放射状外流形成	
平形状	各条河流平行排列，在地貌上呈平行的岭谷，通常受区域构造或山脊走向以及土壤趋势的控制	定边县红柳沟
向心状	在盆地或沉陷区，河流由四周山岭流向盆地中心，集中到主流	刚果河水系图

续表

类型	特点	图例
倒钩状	于支流与干流的汇合处附近，多次90°大转弯形成倒钩状。倒钩状水系通常是由于新构造运动迫使河流改道或改变流向造成的	倒钩状水系图
网状	河道相互交错，形成网状结构	黄河三角洲地区

5.3.1.3 冰川作用力

冰川是地球表面积累的大块冰雪，它们在终年不化的状态下依靠自身重量移动。冰川非常沉重，能够刮落大量基岩，并将巨石推向前方和两侧。

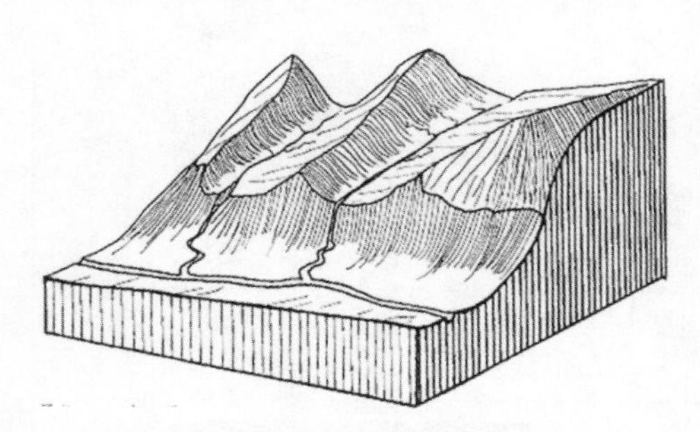

图5–3–8 悬空的山谷和瀑布

图片来源：John L，Motloch. *Introduction to Landscape Design*，John Wiley & Sons Inc, 2000.

一些由冰川移动形成的地貌外形是条纹状冲刷而成的景观；冰川移动路径呈"U"形的横断面；河谷两侧和两端是条状巨石；有半悬的山谷和瀑布，还有不规则的鼓丘形状。这些形态通常反映了早期冰川的作用过程。现在，这些地貌形态为设计师提供了重要的信息，可以了解当前进程以及数百万年前历史遗迹的类型。在具有历史遗迹性的地貌背景中，设计师需要考虑形态和材质，同时还必须设计出与遗迹背景所反映的发展过程有所不同的设计元素（图5–3–8、图5–3–9）。

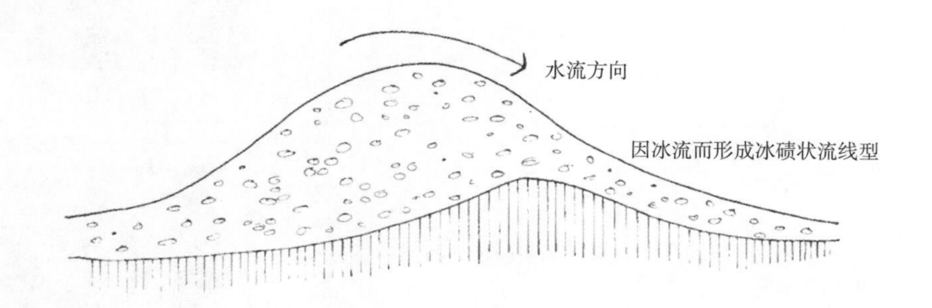

图5–3–9 鼓丘

图片来源：John L，Motloch. *Introduction to Landscape Design*，John Wiley & Sons Inc, 2000.

5.3.1.4　风

虽然风的侵蚀能力不及水体，但它仍然能够有效地侵蚀、搬运和沉积沉淀物。然而，风本身并不具备强大的侵蚀能力，它需要依靠悬浮在气流中的微粒才能实现侵蚀效果。因此，要实现风蚀，需要稳定的沉积物供给来源，充足、稳定、持续的风速以及干燥的气候，这样微粒才能轻松脱离地表并悬浮在空气中。在高湿度、低风速地区，风蚀现象比较轻微，而在高风速、低湿度地区则呈现明显的风蚀景观。

要实现风蚀作用，微粒首先必须成为气流的一部分。然而，在地表附近，由于摩擦力的作用，形成了一个停滞的空气层。紧贴地表的黏土颗粒具有很强的抵抗风蚀的能力，而突起到气流中的沙粒则受到风力的影响。由于沙粒较重，风往往难以将其裹挟，但是风力可以使沙粒弹跳。在撞击过程中，沙粒会与其他更大更多的颗粒碰撞，进而进入气流中。通过这种被称为“跃移”的过程，风力会逐渐移走一层沙粒，这一层沙粒是非常有效的侵蚀元素（图5-3-10）。

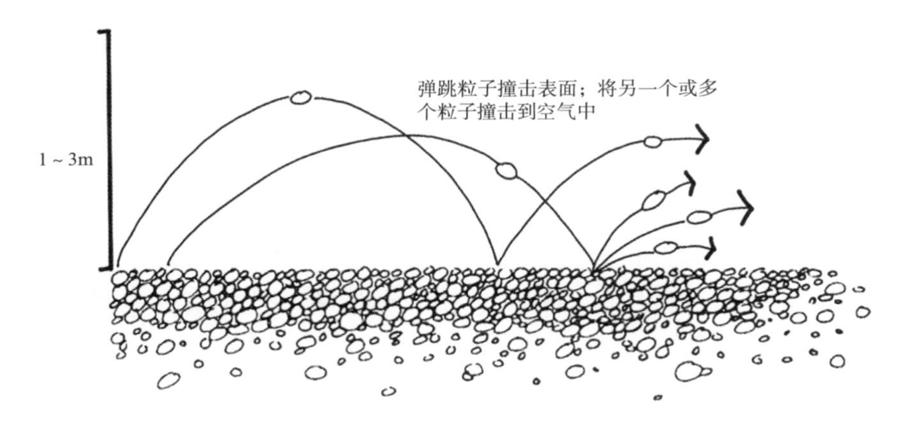

图5-3-10　风对沙的跳跃输送

相较于沙粒而言，那些更小、类似泥土的颗粒具有较低的磨蚀作用，但它们也更轻。尽管它们不会对地形元素产生强烈的侵蚀作用，但大量细小的颗粒可以被风力吹送到很远很高的地方。例如，在20世纪30年代的沙尘暴中，许多房屋被从天空中降下的沉积物埋没。这些微小的颗粒通常被称为“黄土”，后来形成了独特的、类似峭壁的土丘景观。

在风力的作用下，岩石被磨成了体块，磨出了尖角、缝隙和孔洞；而由风沙堆积形成的沙丘则呈现出起伏的松软外形，通常具有明显的脊线。这些外貌形态不仅反映了气流情况，还反映了沙粒的数量和基岩的形态。尽管最终的沙丘看起来似乎杂乱无章，但实际上它们整体上是有秩序的，通常呈现出有韵律和感性的景观，唤起人们对风力的印象（图5-3-11、图5-3-12）。

5.3.1.5　风化

风化是侵蚀作用的主要因素，包括机械风化和化学风化两种形式，它们相互支持和加强。当机械性腐蚀或断裂程度增强时，化学腐蚀的表面积也会增大。此外，经历过化学侵蚀的材料更容易受到机械侵蚀的影响。

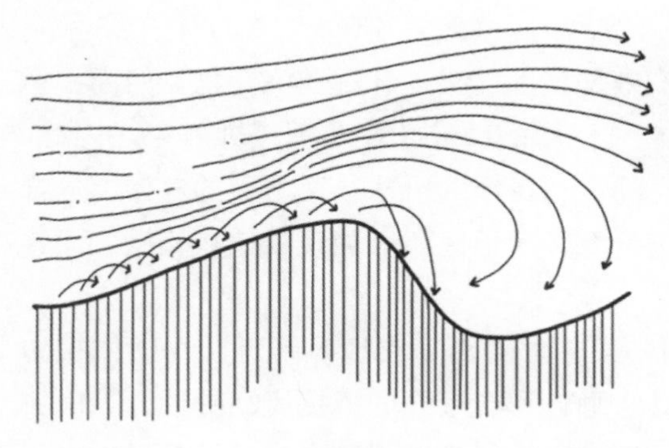

图5-3-11　沙丘的形成

图5-3-12　沙丘
图片来源：John L，Motloch. *Introduction to Landscape Design*, John Wiley & Sons Inc,2000.

机械风化包括前述的侵蚀活动，还包括由气温和植被引起的破坏。气温主要通过两种途径引发机械风化。不同矿物质的膨胀速率不同，气温的变化会导致岩石加热和冷却，从而引起压力变化并最终导致岩石断裂。随后，水流进入岩石的裂缝。这些水分在冰冻时膨胀并瓦解岩石层。植物的根系伸入填充土壤的岩石缝隙中，随着生长过程中的扩展，进一步加大了岩石的裂缝，并最终导致岩石破裂。在干燥的气候和极端的温度条件下，机械风化是主要的风化形式。

化学风化主要发生在地下矿物质中，在巨大的热量、压力和地球表面环境的条件下发生分解。化学腐蚀速度受气候、构造、岩石成分和时间的影响。城市环境中富含化学成分的大气明显加速了腐蚀过程。在湿润的气候环境中，化学风化占据主导地位。

机械风化和化学风化共同作用，产生了水体和空气中的溶解物质。它们也是形成地球表面滋养生命所需土壤的第一步。

5.3.2　土壤形成过程

薄土层对地表生命的存在和繁衍具有重要影响。如果没有这层薄土层，陆地上的植物和动物将无法存在，而文明的兴衰也与土地资源的开发和流失密切相关。

土壤形成的过程包括机械风化和化学风化两种作用，以及生命活动和非生命活动。这个过程还包括了之前讨论的气温和植被导致的破坏，以及水中化学物质引起的腐蚀。在风化产生的碎石中，青苔开始生长。这些生物加速了化学侵蚀，通过植物的生长和死亡积累了维持生命的土壤有机质。随着土壤中的有机质含量增加，在恶劣环境下可以维持生命的先期植物，例如杜松，开始在土壤中生长。这些先期植物提高了机械风化和化学侵蚀的速度。随着粉状岩石层增加，土壤中的有机物含量也会提高，使土壤变得更具生物活性并具有更强的生产力。

5.3.3　生物过程

在系统中，各个部分整体地联系在一起。随着时间的推移，生态系统朝着更有序、更多样化、更复杂和更稳定的方向发展，并朝着更有效地利用能源的方向发展。我们把这种组织顺序称为继承。早期演替生态系统的特征是组成部分的多样性最低，每个组成部分通常都能适应相对广泛的生境（生态条件）。系统中的角色几乎没有区别，模式也几乎没有组织性或特异性。作为其生态生存策略，早期演替生态系统具有对恶劣环境的容忍和利用能力以及迅速迁移到某一地区的能力。但是，它们在能源利用方面效率相对较低，缺乏长期有效竞争有限能源的能力，因此寿命相对较短。

晚期演替生态系统是高度有序的。这个顺序往往是整体的，对无数的环境变量做出反应，包括辐射、温度、空气湿度、土壤湿度、土壤酸度、可用营养物质等。这是一种概率性的，而不是预测性的秩序，也就是说，无数的影响相互作用，以增加或减少特定形式或材料发生的可能性，但没有能力准确预测它将在哪里发生或如何发生（图5-3-13）。

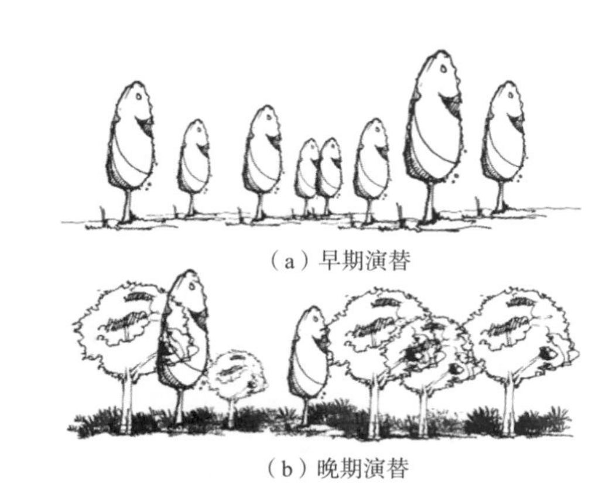

（a）早期演替

（b）晚期演替

图5-3-13　早期和晚期演替生态系统

所有森林形态都是从简单到复杂、从低级到高级的演变过程。当森林群落长期稳定时，它们被称为顶级群落。不同演替阶段之间的交替、逆向演替以及多个顶级群落的形成，都会在森林中的主要树木因年老死亡或受到其他自然或人为干预时发生。

森林的形成分为原生演替和次生演替。原生演替发生在从未被植物覆盖或曾有植物但已完全消失的土壤上。其过程为：裸岩→地衣群落→苔藓群落→草本群落→灌木群落→森林群落。次生演替是指在原有植被已不复存在，但基本保留了原有土壤条件，甚至保留了植物种子或其他繁殖产物的地方发生的演替。

5.4　乡村村落与自然生态环境的关联

村落选址建立与自然生态景观息息相关，自然生态是乡村景观的基础与大背景。村落从形成开始便与自然生态景观构建起联系，自然生态环境对人类数量和分布范围的制约性，影响到一定地域范围内乡村聚落的规模、密度，也影响到乡村聚落的分布范围。影响乡村景观的自然生态要素主要是地形地貌、气候、水系、植物等。

5.4.1　地形地貌对乡村村落的影响

地形地貌是构成乡村景观最基本的要素之一，它们决定了景观的规模与面貌。我国幅员辽阔，南北方、东西部地理形态差异巨大，有复杂多样的地形，造就了千姿百态的乡村地理形态。

乡村在形成过程中，先民们依据当地特有的自然资源条件，遵循人与自然环境相和谐的文化理念，大多采取顺应地形地貌的方式建造出丰富多样、各具特色的乡村形态。在村落选址过程中，因为社会生产力有限，人们往往会依据地形而做出变化调整，形成能够满足农耕生产和生活的村落环境。

山地与平原或斜坡与冲积扇交会的地区往往成为乡村聚落的中心。这是因为在人多地少的农村地区，要尽可能多地保留平地用于农业生产。在中国东部冲积平原的低山丘陵地带，村庄往往位于冲积平原与山地的交界处，即山脚下；在中国西南部，居民点的分布不是集中在浅坝和河流的两岸，而是集中在山麓的阶地上，房屋大多分布在那里；在中国东南沿海岛屿，大大小小的村镇都分布在平原与山地的连接地带。

山区居民大多依山而居，他们建造高低不等的定居点，形成山村或山城；这种农村居住形式主要出现在山地面积广且人口稠密地区，尤其是在西南三省最为普遍。在这些地区，山间谷地面积较小，大部分被用作农田，大部分耕地是从山坡上开垦出来的梯田。村庄和城镇大多位于靠近水源的山坡上，城镇的道路也根据山的海拔高度上下延伸。在平原环绕的偏僻山区，人们的生产和生活中心在平原，山上往往是空旷的地方，没有居民点。居民点通常位于山麓田野旁，农忙时耕种，农闲时从事林业副业创收，在聚落分布形式上，成为一种特有的环山聚落。

5.4.2 气候对乡村村落的影响

气候差异是影响乡村景观差异性的另一个重要因素。

不同地方降雨量的巨大差异在景观上体现得非常明显，对房屋的建筑形式也有很大影响。一般来说，降雨量大的地方屋顶坡度大，利于排水；降雨量大的地区植被相对较好，建筑材料多为木质；降雨量多相对较湿，一些少数民族的竹楼、吊脚楼下部架空，利于通风、隔湿。在气候特别干燥的地区，房屋的屋顶通常是平的，以便让农作物暴露在阳光下，建筑材料通常是泥土和石头。

气温高的地区，住宅墙壁薄，房间大，窗户很小，甚至不开窗，出檐远，以此避免太多的阳光辐射。而在气温低的地区，墙壁厚，房间小，窗户大，能够充分接受太阳辐射。

在我国北方冬季盛行偏北风，因此冬季寒冷地区，迎风的墙壁往往不开窗，门也朝南开，院落布局也非常紧凑。

5.4.3 水体分布对乡村村落的影响

众所周知，水是人类生存不可或缺的重要物质，因此聚落所在地必须有安全的水源。村落选址一般都靠近水源，为农业生产和日常生活提供便利。

在中国广大的干旱和半干旱地区，居民点的分布与水源的关系十分明显，即使在中国东南部的季风区，居民点的分布也明显受到用水的影响。在水源丰富的江南平原，居民很容易获得生活用水，聚落可以非常分散。在河流稀少的华北平原，居民点规模大、集中、密度小。在江南丘陵山区，除少数孤立的小村庄外，村庄一般分散在山麓和开阔的河谷平原。这与居民用水和靠近农业区有关。过去，山区的孤村或寺院也大多建在泉水汇集处。乡村聚落对水的依赖还体现在聚落的沿河发展上，如江南的集镇，面朝公路，背靠河流，河边用石头砌成，有大量的石砌码头，洗衣、饮水都是河水，虽然不卫生，但很方便，船也可以直接在码头旁的公路上运输货物。

5.4.4　土地植被对乡村村落的影响

对土地进行研究可以帮助我们找到适合的方式规划用地性质。在土地规划时，根据土壤类别及其他物理属性（耐侵蚀性、土壤肥力、承载力等）选择适合交通的道路以及定居点，不利的建造场地可以作为开放空间使用，使其保持自然状态或是仅开展有限的利用。

地质学家很早认识到山顶和山脊的下层都是密实的底土和岩石，有稳定山体的作用。因此，在坡地上采用阶梯形建筑结构，保持良好视野，同时只需要低矮的挡土墙。除了干旱地区，低地特别在植物覆盖的丘陵地河谷底部，通常覆盖有适于耕作和园艺栽培的丰厚湿润的肥土，并且挖掘工作相对容易。延展式的建筑形式适合在平坦的场地如平原上。建筑的侧面阵阵微风，而内庭院则可遮蔽风雪（图5–4–1、图5–4–2）。

图5–4–1　村落植被（一）

图5–4–2　村落植被（二）

5.5　生态景观相关理论论述

1939年，德国地理学家C. 特洛尔提出景观生态学概念，它以整个景观为对象，通过生物、非生物、人类之间的相互作用，运用生态系统原理和系统方法研究景观结构和功能。本书主要应用空间结构理论，即福尔曼（Forman）和戈德罗恩（Godron）在观察和比较各种不同景观的基础上，所提出的理论：组成景观的结构不外乎三种：斑块（patch）、廊道（corridor）和基质（matrix）（图5–5–1）。

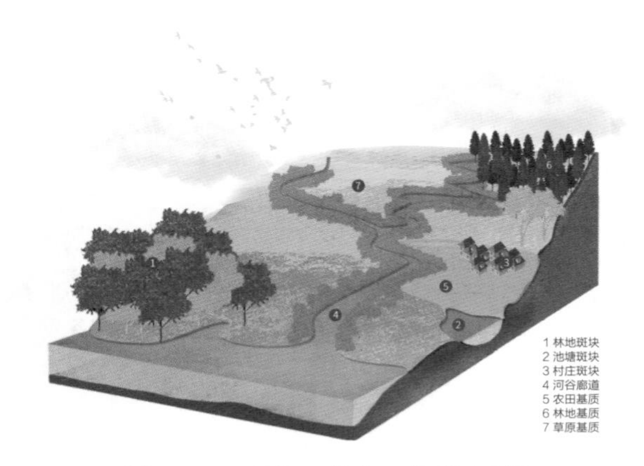

图5–5–1　斑块、廊道、基质示意图

5.5.1　斑块

在乡村景观斑块系统中，由于农耕社会对资源的利用和在自然界的深入，自然斑块或多或少都有人工化的趋势，自然斑块相对稀少。目前存在的一些自然斑块在乡村自然生态系统中主要有以下几种类型：自然洼地积水里水生植物斑块，自然水塘或湖泊、滩涂湿地和林地斑块，乡村山地、林地和风景区（图5–5–2、图5–5–3）。

图5–5–2　田庄村水塘斑块

图5–5–3　石城子村林地斑块

斑块的数量和密度与景观的破碎化程度相关，可以反映景观的空间格局变化和人为影响程度。在人类活动的干扰下，乡村地区水面萎缩，植被退化，水域斑块减少，耕地斑块变规则，导致景观的整体均匀度和多样性降低，破坏了生态系统的健康和完整。

5.5.2　廊道

廊道是联系斑块的重要媒介，具有物种通道或者屏障作用，它可以看作一个线状或者带状斑块，形成机制和斑块相似。廊道的作用具有两面性，第一是分割景观，第二是连接景观，相反相成的特点反而证明它的重要性。廊道会通过影响斑块间连通性，影响物种交流、能量交换的过程。所以在孤立的斑块之间建立廊道是解决景观破碎化问题的重要途径。

常见的乡村廊道有河谷廊道、植被廊道、道路廊道、峡谷等（图5–5–4、图5–5–5）。

图5–5–4　靖港古镇河谷廊道

图5–5–5　石城子村道路廊道

5.5.3　基质

基质是景观结构的背景，是斑块镶嵌中的背景生态系统或土地利用类型。它是景观中范围最大、连通性最强的元素，决定了景观性质的要素。在乡村景观中有农田基质、林地基质、湿地基质、乡村聚落基质等（图5–5–6、图5–5–7）。

图5-5-6　石城子村林地基质

图5-5-7　田庄村聚落基质

5.6　乡村自然生态景观设计策略

利用基质—斑块—廊道理论，划分、调整、合理规划村落现有的景观基本结构元素，将分散的景观斑块连接起来，形成覆盖整个村域的生态网络，实现整体协调发展。

5.6.1　生态保护策略

中国古代“天人合一”的哲理体现了我国五千年的传统文化中尊重自然、保护自然的生态观念，其自然保护的理论主要有保护森林资源、动物资源、水资源、土地资源四个方面。

5.6.1.1　乡村景观基质

土地是生态景观中的构成元素，是构成景观基质的基础，具有可塑性。乡村景观基质的品质直接关系到乡村生态的品质。地质景观是大自然留给人类的宝贵遗产，其各类特性本身也是一种自然属性。地形地貌丰富多变，可依据不同地势特征，赋予贴合的功能。土壤是陆地生态系统的重要组成部分，是人类活动赖以生存的基本自然资源。

针对乡村已经被人类所利用的土地，忌大拆大改，适当地介入更能够焕活土地。例如东莞东坑镇的儿童空间，以稻田为底色，轻介入的方式融入儿童游乐功能和农耕文化体验的儿童空间（图5-6-1 ~ 图5-6-3）。

对乡村尚未被开发且能够利用的土地，应坚持景观的原始面貌，利用“少即是多”的设计理念，对其原有风貌进行改造提升，保持景观原生自然美。山川河流作为构成乡村景观的最基本要素，保护山川河流，就是保护乡村地区的自然景观风貌。由于是不可再生资源，自然景观一旦遭到破坏就很难恢复。

位于福建漳州虎甲山上的石岩植物园，山上多嶙峋遍地的怪石，早期当地村民便是靠打石为生。设计保留山上怪石，通过引进沙生植物改善尘土飞扬的状况。仙人掌移植到怪石嶙峋的山上，与怪石融合搭配，呈现出热闹非凡的感觉（图5-6-4、图5-6-5）。

农村的土地很少是绝对平坦的，大多具有自然起伏，但建设过程中往往会因为建设需要将其推平。其实，地形给人的自然气息感染力是很强的，地形地貌也是一种乡村或一个地区的特色所在。

图5-6-1　稻田儿童空间（一）

图5-6-2　稻田儿童空间（二）

图5-6-3　稻田儿童空间（三）

图5-6-4　仙人掌与怪石（一）

图5-6-5　仙人掌与怪石（二）

以莫干溪谷项目为例，以几何设计形态，以阶梯形式融入山体地形。通过多层级、多朝向创造相互呼应的小型空间，在单向的山坡上创造出种类多样的动态体验（图5-6-6～图5-6-8）。

图5-6-6　莫干溪项目平面图

图5-6-7　阶梯视野

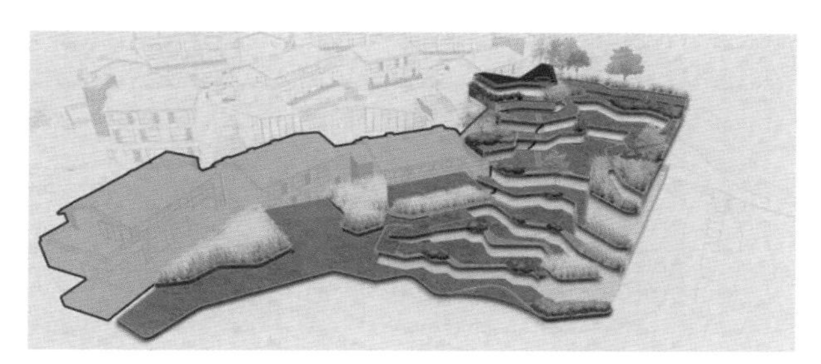

图5-6-8　阶梯形态

由此可以看出，在对乡村景观基质进行改造时应综合考虑乡村本土的山川地貌、地形地质、土地利用格局等多方面的因素。优化土地利用格局，使耕地、园地、林地、草地、建设用地、水域保持合适比例，充分利用好、保护好原有自然特征。设计和施工并不一定需要在施工前对土地进行平整，因为这样更容易保持原有的地形地貌，从而创造出一个与众不同的区域。

5.6.1.2　乡村自然斑块

保护农村自然斑块的完整性。在乡村进行改造设计的过程中应避免对大型斑块造成分割。例如森林等大型斑块，拥有丰富的植物资源和良好的植被，在保护植物多样性和改善生态环境方面责任重大。它们都需要在规划中加以保护，被人类破坏的部分需要进行生态修复。

位于印度尼西亚的爪哇岛的兰花森林，是当地最大的兰花聚集地，建造木制的悬索桥给人们提供更好的观景视野。悬索桥穿梭在树与树之间，每穿过一片树林，就会有一个观景平台，共计长达125公尺（约42m）。每一步都能欣赏到森林的美丽，借此加强人们对自然的保护意识（图5-6-9、图5-6-10）。

图5-6-9　木质悬索桥（一）

图5-6-10　木质悬索桥（二）

新建道路的设计应以保护自然斑块为基础，严格限制道路建设对大型自然斑块的破坏，保护斑块的完整格局，避免道路严重破坏沿线生态，使景观破碎化程度加剧。

例如，对位于贝斯基迪（Beskydy）风景保护区内哈尼・百瓦（Horni Beva）村以东的采石场设计新增步道。在废弃采石场上遵循自然的斜坡地形设计步行系统，尊重当前未受破坏的环境状态，强化裸露岩石、林地和采石场三者现有的环境品质。以三条步道连接所有主要景观点、附近道路和停车场，形成步行环路（图5-6-11 ~ 图5-6-14）。

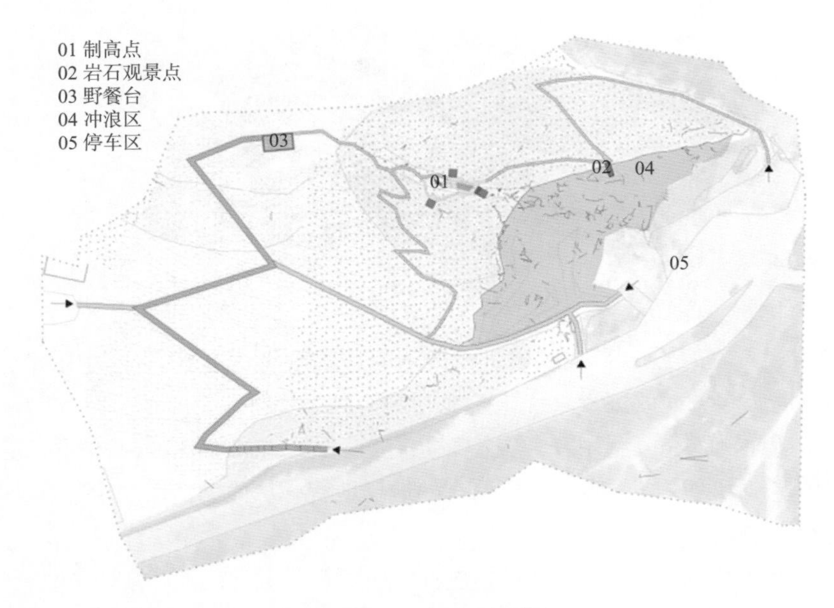

图5-6-11　场地平面图

图5-6-12　场地俯瞰

图5-6-13　碎石步道

图5-6-14　橡木长凳

图5-6-15　古榕树

古树名木、濒危植物等节点斑块建立保护点及保护区，加大宣传，提高人们对于树木的保护意识。古树名木也是一个乡村中极具特色的存在，例如丁彭黄村村口的古榕树，在树上悬挂灯笼和许愿带，使榕树下成为村民休闲聚会的重要场所，承载村民对美好生活的期望（图5-6-15）。

保护自然斑块的原生性。山体、树林、树丛、草坡等原本就是统一而完整的自然景观，因此应避免在更新改造过程中因植物栖息地特征的不断变化而破坏自然斑块。

例如对林地的再利用，在林地中设计爬网装置，“网”作为主要元素，与周围的树木相连，在不破坏原有场地的情况下，也加强了与周围界面的连续性（图5-6-16～图5-6-19）。

图5-6-16　场地平面图

图5-6-17　场地俯瞰图

图5-6-18　爬网装置（一）

图5-6-19　爬网装置图（二）

湖南省大元村为留守儿童创造的树林中以毛毛虫的样子形成了公共艺术巢穴，与原有景观的融合性极好，还构建了儿童喜爱的田野乐园（图5-6-20、图5-6-21）。

图5-6-20　毛毛虫巢穴（一）

图5-6-21　毛毛虫巢穴（二）

5.6.1.3　乡村廊道体系

廊道的完整性和连续性构成不同自然斑块之间的联系网络，有利于实现物种间的能量、物质流动，保护生物的流动性和多样性。因此，在乡村设计规划中要保证廊道的完整性和连续性。

水文在生态系统中扮演着重要角色，而河流是一个动态、非平衡、非线性的生态系统，不断与周围的基质和斑块交换和传递物质、能量和信息。需要对河流走廊进行更多的规划和建设，使其真正发挥生态走廊的作用。

重建河道景观空间。蜿蜒起伏是自然河流的重要特征，会形成多种多样的水生生境，如沼泽、深潭、泥滩和冲积平原。基于生态理念，河道景观改造应遵循“就高不就低”“就曲不就直”的原则，以河道形态为序，在充分论证的基础上，利用河道自然高程，慎重开展“截弯取直”工程。“截弯取直”是指利用河道的自然高差变化，营造丰富的水景效果，形成湖泊、池塘、瀑布等多种河道形态，营造丰富的水景效果。在设计中，可结合图底关系，对原有空间进行整合重构。对于空间破碎或肌理断裂的河段，可通过疏浚河道、调整岸线等措施，重新设计河道的空间形态，恢复其完整性；对于不需要进行结构性改变的河段，则以原有的空间秩序为基础，重点拓展和重构公共活动空间，实现新旧空间的共生。

例如宝安定岗湖湿地公园项目，定岗湖原状驳岸为硬质直线型，设计对驳岸进行提升改造为生态曲线型。在水面较开阔和水系坡度较缓的区域，打造生态驳岸，坡度舒缓自然；为了承载广场、平台、跌水堰等相关服务功能，设置少量硬质驳岸，包括平台式与块石式，有机融合休闲功能与活动，视野开阔，整体性好。打造自然趣味驳岸，模糊岸线，在岛边放置石头，对水陆生态结构进行重建与修复，丰富岸线生物栖息地，形成自然岸线的景观和生态功能。将生态驳岸、硬质驳岸和溪流滩涂石驳岸相结合，改善水陆联系，为水生生物创造多种栖息地，完善自然生态系统（图5-6-22 ~ 图5-6-24）。

在景观生态格局中，不仅要保护斑块的原生性，还要尽可能保护自然廊道。廊道的原生性是物种持续生存所必需的栖息地，要尽可能避免人为干扰破坏廊道的原生性。

观察乡村原生植物，根据乡村实际情况进行选择，尽量保留观赏价值比较高的品种，筛选出具有优势的品种。乡村植物的再造过程应注意制订适宜的植物配置方案。考虑每一种植物的特点——形体、高度、冠幅、颜色、质地、花季和果季等。播种适应乡村环境的植物，以增强生态系统的自我调节和修复能力。

图5-6-22　生态驳岸（一）

图5-6-23　生态驳岸（二）

图5-6-24　生态驳岸（三）

以高桥福田项目为例，对场地现有野生林木进行最大程度保留，应用自然组合与播撒混合、野生与工人几何栽植的种植方式，充分考虑场地土壤、当地气候植物适应性等问题，合理筛选出可利用的原生品种及新品种，使其能与场地自然融合，达到远山、林木、台地、溪流、植物层次分明的效果，强调提升生态系统韧性和维护生态多样性（图5-6-25～图5-6-28）。

图5-6-25　蜿蜒溪流

图5-6-26　居民游玩体验

图5-6-27　乡野花甸夏季效果

图5-6-28　溪谷旁的混播植物创造丰富多样的植物生长环境

5.6.1.4　生物栖息地营建

自然斑块与廊道是保持生物多样性的重要场所，在其中营建适宜的生物栖息地是保护生物多样性最有效的措施，也是生态修复的目标。

创造动植物栖息生境，从而获得对景观的自主创作能力。具体来说，即放弃有序整洁、精心装点，以视觉享受为主的、精致的景观设计方式，代之以多样化的、多元化的、注重整合生产力的、有机的景观设计方式。例如，在植被材料的选用方面，以多样性为尺度，街道绿化植物不一定是一系列整齐划一的树种，可因景观要求的差异而处理为一个个环节或区域，与周围景观绿地相结合，也是一种多层级、可交互利用的群落；对于河岸区水陆交接处的处理，不再用简单的混凝土筑堤，而是将其作为河流生态系统的一部分，利用自然形态保证植物从陆地到水生的生存秩序列的完整性。

例如，在SWA设计的项目中，生态植被河岸取代了现有硬质的垂直河岸。适当增加河岸树木的比例，可以为鸟类提供筑巢场所，而保留在河岸边缘的枯枝和断树则可以为动物提供落脚点。不同形式的生态河岸带会形成不同的植物景观和丰富多样的水生生境。在河道中引入适量的虾、螺、蚌和其他底栖水生生物，为鱼、蛙等提供食物，吸引野生动物在此聚集（图5-6-29、图5-6-30）。

图5-6-29　生态走廊建成鸟瞰图

图5-6-30　回归场地的本土生物

5.6.2 自然景观遗产活化

5.6.2.1 景观遗产展示和传播

地质是在漫长过程中形成的，其地质成因复杂，专业性较强；地形地貌成因不尽相同，是内、外力作用对地壳综合作用的结果，除地质地貌专业人士外普通人对其科学价值的认知程度较弱。因此，地质地貌景观的科学价值要靠科普、教育传递给人们，使人们首先了解地质地貌景观，继而因了解而欣赏，因欣赏而保护。地质地貌公园就是能够供人们认识地质景观科学性、稀有性，地形地貌多样性的不可或缺的载体。

以汤山矿坑公园为例，独特的场地条件与设计相结合。设计对现场地形和水文进行梳理，在现存已遭到破坏的自然景观基础上形成丰富的体验场所。设计师对景观游览路线和方式进行了多种可能性研究，综合安全、造价、体验、生态等多个因素构建的弧形空中走廊，能够贴近石壁，拉近与自然风貌的距离。近距离观看因采石而破坏的崖壁，让人们直面这些破坏，从而更加敬畏和珍视自然（图5-6-31、图5-6-32）。

利用完善的标识与科普解说系统，使游客较直观地了解地质地貌景观的科学、稀有价值内涵。科学普及解说牌大多放置在典型的地质地貌景观中，结合实物介绍其类别、特征、形成时间、成因等内容。部分地质地貌景点还配备了智能语言讲解服务，是科普讲解的一种创新形式。

图5-6-31　空中回廊（一）

图5-6-32　空中回廊（二）

位于嵩山国家地质公园三皇寨公园内的“书册崖”，是一处形象生动的地貌景观，其科普解说牌的介绍更是绘声绘色，令人过目难忘。它把挺拔的褶皱形象比作书册，让游客在雄伟的书册崖壁前，阅读地球地质演变的沧桑历史，震撼人们的心灵，让游客深切感受到地质地貌神秘的科学性和无比珍贵的稀有性，这是对地质地貌最好的保护（图5-6-33、图5-6-34）。

图5-6-33　三皇寨景区书册崖

图5-6-34　三皇寨景区地貌科普牌

5.6.2.2　乡土景观元素再生

在乡村景观设计过程中，要明确当地自然资源的优势，如山石、森林、农田、花卉、草地、溪流、湖泊、泉水等，充分利用景观元素，选择最具代表性、吸引力和生动性的景观元素融入设计中，展示乡村景观的自然美和原生态，激发游客对地域特色的联想和对当地生活的回忆，营造淳朴宁静的乡村氛围，为表达设计理念和塑造旅游形象提供依据（图5-6-35～图5-6-38）。

在乡村景观设计中，不能局限于旅游资源的表面现象，要在分析景观发展过程的基础上，从村民的生活方式和风俗习惯中提炼地域特色，通过对传统工艺的传承和创新丰富景观元素的表现形式，从传统的生产工具、建筑工艺、诗词书画等中挖掘和提炼乡愁文化符号和元素，如竹筏、栈道。在保护乡村自然景观的前提下，围绕旅游形象，开发具有地方特色的自然、绿色、环保的旅游产品，保持旅游产品乡土气息的浓郁性和真实性（图5-6-39、图5-6-40）。

图5-6-35 以框景重构乡村优美景色（一）

图5-6-36 以框景重构乡村优美景色（二）

图5-6-37 以框景重构乡村优美景色（三）

图5-6-38 以框景重构乡村优美景色（四）

图5-6-39 谷山村乡土元素的使用（一）

图5-6-40 谷山村乡土元素的使用（二）

以乡村河道为例，依据自然条件在水体造型、驳岸和景观构筑物中设计抽象的符号和象征，从视觉、听觉和触觉上令在此游玩体验的人们产生情感共鸣，激发其乡愁记忆，同时也通过对历史遗迹的保护和修复、建造风格与景观大环境协调的构筑物，强化河道景观的意境氛围和感染力（图5-6-41、图5-6-42）。

图5-6-41　高槐村河道多级台地

图5-6-42　高槐村河道亲水空间

5.6.3　参与和体验自然景观

5.6.3.1　服务设施融入自然空间

服务设施包括座椅和引导系统，具有一定的休息和展示功能，可以提供舒适和人性化的体验。这些设施应采用坚固、耐用、维护成本低的材料，与当地气候和环境相适应，并探索废物回收和再利用的机会。雕塑和景观特色等其他元素有助于美化环境，在设计时应考虑当地美学，并与环境相协调。

以怀柔渤海镇栗花溪谷风景道提升设计为例，保留道路两侧原始大树，步道一侧依山设置毛石挡墙，根据不同人群的使用功能、生产生活习惯，调整路宽及铺装材料。游人可在风景秀丽的步道上体验徒步、跑步、骑车、亲水等多项活动；同时，去往水边栈道、景点核心区、公共场所等地方，将更为便捷、舒心和安全。这让游客可以更加深入地体验乡村生活（图5-6-43、图5-6-44）。

图5-6-43　风景步道（一）

图5-6-44　风景步道（二）

考虑到人们对水的喜爱，可以通过建立河边人行道系统来缩短人与河流之间的距离，满足人们亲近自然的需求。在铺装材料的选择上，应体现因地制宜，使用农村地区常见的天然材料，如石块、板岩，以及透水砖等，这些材料可以增加道路的透水性，降低建筑和运输成本，减少对环境的负面影响（图5-6-45、图5-6-46）。

图5-6-45　衢州市开化县下淤村滨河步道（一）

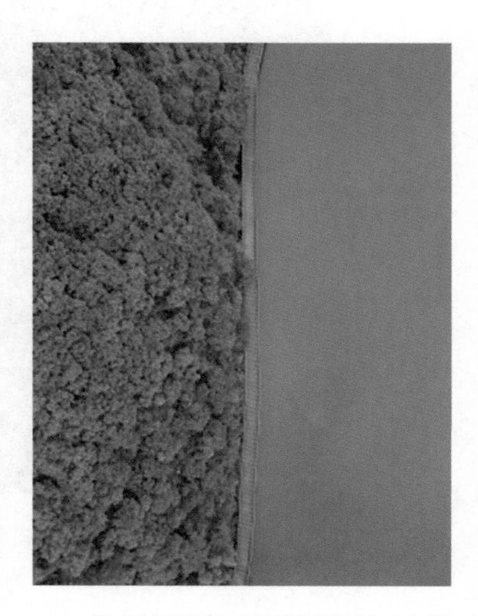
图5-6-46　衢州市开化县下淤村滨河步道（二）

由于农村地区活动场所相对较少，农村河道景观的建设要体现设计的人文关怀，增加服务设施的多样性，既要达到视觉上的美感，又要满足人们内在休闲生活的需求。加大基础设施建设和服务配套的投入，可以吸引更多的游客，更好地展示乡村文化，为乡村旅游提供更便捷的出行和更好的体验，符合生态文明提升景观内在品质的要求。

以怀柔渤海镇栗花溪谷为例，在对湿地的环境进行适宜性分析后，选择增设湿地栈道，湿地道路采用坚固耐用的耐候钢材，颜色与大地相近，更好地融入环境，增强体验感。路面采用钢格栅铺设，让植物向上生长，更显野趣（图5-6-47、图5-6-48）。

图5-6-47　湿地栈道（一）

图5-6-48　湿地栈道（二）

5.6.3.2　互动性与体验性相结合

体验项目也是景观不可分割的一部分，能够增强乡村景观的参与性和趣味性。

例如南特植物园展出的大自然里的互动装置，绿化草地变得拟人化，可以和市民招手微笑，游客能够与它们互动。它们在花园的池塘和庭院里嬉戏，旁观者甚至能感受到它们在和你交谈（图5-6-49～图5-6-51）。

图5-6-49　南特植物园里的互动装置（一）

图5-6-50　南特植物园里的互动装置（二）

图5-6-51　南特植物园里的互动装置（三）

乡村地区的活动场所往往比较分散，体验性不强，对村民和游客的吸引力非常有限。在拥有河道水系的乡村中，可以在公共活动空间匮乏的农村地区增加亲水活动场所，在实现人与水的空间互动和情感交流的基础上，促进农村景观的互动体验，让人们更加亲近水源。

例如丁彭黄村构建的生动滨水界面，在合适的地方增加亲水平台，为游客提供更多亲水近水的空间场所（图5-6-52、图5-6-53）。

在水上增设栈道，沿线可以欣赏水景、古村、树木等风光（图5-6-54、图5-6-55）。

图5-6-52　生动的滨水建筑界面

图5-6-53　水边增设台阶和滨水平台

图5-6-54　蜿蜒的水上栈道（一）

图5-6-55　蜿蜒的水上栈道（二）

通过设计营造创造出更多与大自然亲密接触的机会，创造更多样化的空间体验。例如，建立采摘园、观鸟棚、瞭望塔、垂钓点等，在湿地开展自然历史教育，在水流湍急的河段开展漂流、划船等休闲活动，确保体验性质足够丰富，注重过程的参与性和深度体验，在娱乐休闲的过程中欣赏美景、品尝农家饭，通过全方位的体验让游客有新鲜感和趣味性，让人流连忘返。

例如，成都熊猫基地栖息有200多种鸟类，园区设计了观鸟平台（图5-6-56、图5-6-57）。结合园区各处放置的种类多样的鸟类科普展牌和互动装置，形成鸟类知识小课堂（图5-6-58、图5-6-59）。

图5-6-56　观鸟平台（一）

图5-6-57　观鸟平台（二）

图5-6-58　鸟类互动科普装置（一）

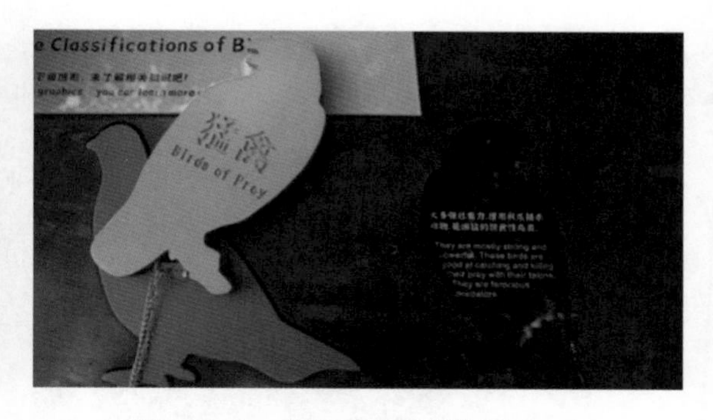

图5-6-59　鸟类互动科普装置（二）

美国芝加哥的一家餐厅在庭院场地中种植蔬果，食材现摘现做，让用餐变成更加美好的体验（图5-6-60～图5-6-62）。

在建设乡村过程中，需要强调游客、村民、团队参与。借助村民对场地的熟悉和了解，听取其对场所设计的愿望和想法，设计师基于此进行设计。组织小型活动，让游客、村民在参与活动过程中学习，将原本学习知识的传统说教模式转换为游客、村民主动参与的模式。

挪威石油博物馆地质公园非常重视利用多元化的设计方法，以积极和有趣的方式向儿童和青少年提供与石油有关的知识和历史，从而激发他们对学习和创造的浓厚兴趣。建成的地质公园生动活泼，吸引了大量青年、儿童和家长前来游玩。沙滩排球场成了运动和游戏的场所，原来水泥地面上旋转钢管的设施被喜欢滑冰和滑板的年轻人用作游乐区，而公园外围的水泥涂鸦墙则是展现年轻人活泼、个性、积极和乐观性格的最佳场所，使地质公园成为真正的青年公园（图5-6-63～图5-6-65）。

图5-6-60　庭院农场（一）

图5-6-61　庭院农场（二）

图5-6-62　庭院农场（三）

图5-6-63　场地管道

图5-6-64　沙堆

图5-6-65　家庭、青年参与

图片来源：孙晖，韩然屹，《“北海油都”的历史记忆——挪威石油博物馆“地质公园”景观设计评析》。

5.6.3.3　开展自然研学活动

亲近自然、探索自然是人类的天性。乡村拥有丰富的山地、林地及动物资源，在乡村中

图5-6-66　农耕体验活动（一）

开展自然教育需要依托特有的生态性景观，合理划片分类，保留并利用原有的自然山水空间格局。打造自然研学空间，开发多种类型的研学活动。例如，湿地区域可开展桑基鱼塘主题教育，山地和林地应利用森林资源开展森林体验活动。

农耕产业丰富地区可开展自然农耕教育，例如陶巴巴农场开设的"陶巴巴自然学校"，依托农场的自然环境、物种资源、生产环节、循环模式开展了自然教育。根据不同的节气，设计了不同的农耕体验活动，比如除草、翻地、堆肥、种树、刷树、种土豆、种蔬菜、挖红薯、掰玉米、插秧、收稻谷、种小麦、割麦子、种油菜、收菜籽等农事体验。在这片生态菜园里，可感受种植的辛劳，体验收获的喜悦，观察四季的更替，发现生物自然生长的奥秘（图5-6-66～图5-6-68）。

图5-6-67　农耕体验活动（二）

图5-6-68　农耕体验活动（三）

台湾里山塾环境教育基地利用附近的山林和基地内的竹林、溪流、池塘开展自然研学活动。以生态保育为主题的活动——"石虎寻踪"，旨在认识和保护当地特有的濒危物种石虎的栖息地和环境（图5-6-69）；"溪流守护"旨在观察监测溪流的水质和生态。

图5-6-69　石虎生境考察

图片来源：吴刘帅，《乡村中的儿童自然教育基地景观规划研究》。

第 6 章　实践案例：石城子村景观规划设计

6.1　石城子村概况

6.1.1　区位概况

石城子村位于秦皇岛市青龙满族自治县七道河乡，距青龙满族自治县直线距离约17.8km。距秦皇岛约70km，行程为2h；距唐山约140km，行程为3h；距承德140km，行程为2h；距北京、天津约260km，行程为4h；距廊坊约270km，行程为4h。

6.1.2　分布概况

石城子村由5个自然村落组成，由南到北分别为何杖子村、石板沟村、石门子村、磨盘山村、道石洞村。其中石门子村位于石城子村中间位置，地形高差起伏较大，多种植农产品，村委会和石城子小学均坐落在此，成为连接各个自然村的枢纽，如图6–1–1所示。

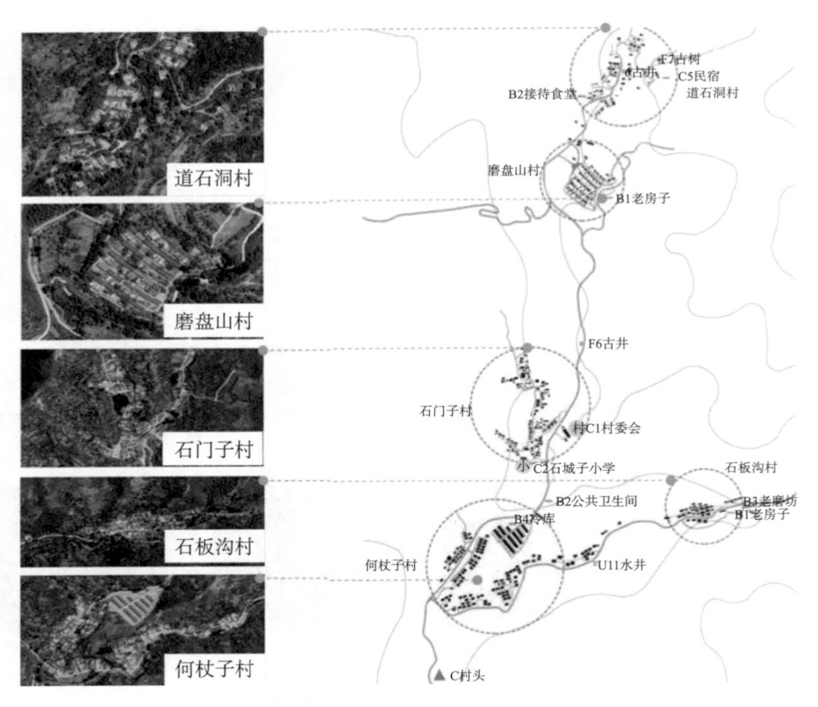

图6–1–1　石城子村分布概况图

6.1.3　农业环境现状

石城子村农业环境可分为物质性农业文化（农业生产、农民生活）和非物质性农业文化（农业意识）两大类。石城子村的农业生产现状表现在农作物和农业用具两部分，见表6–1–1。

表6-1-1　农业生产类型示意图

生产类型	具体生产现状
农作物	    板栗　玉米　高粱　小米
农业用具	    锄　镰刀　簸箕　火钳

在饮食方面，主要以玉米、小米为主食，特产饮食为青龙水豆腐和漏粉等。在民风民俗方面，石城子村的常住人口多为满族人，还保留着特色方言，此外，村内还有扭秧歌、猴打棒等传统表演。同时，村民还继承着柳编、剪纸等传统手艺活儿。

农业意识作为非物质农业文化，在农事节庆方面体现为，自2019年以后，每年村里都会举办庆祝丰收节的秧歌表演和其他庆典活动。除此之外，石城子村还保留了一些非物质文化技艺，包括青龙水豆腐制作工艺和漏粉制作工艺。

6.1.4　人文环境现状

可将人文环境分为物质文化和非物质文化两大类。村内物质文化主要涉及建筑要素和环境要素。非物质文化可分为行为要素、工艺要素和精神要素三部分，见表6-1-2和表6-1-3。

表6-1-2　物质文化要素

要素类型	具体物质文化
建筑要素	   跨海烟囱　古宅　石磨坊
环境要素	 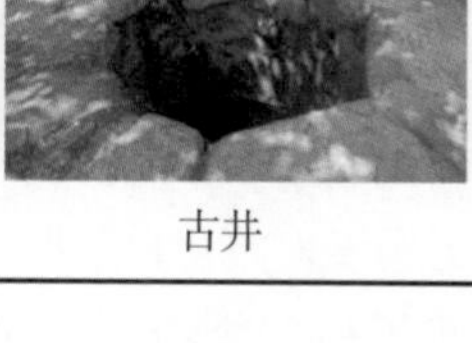  古碾　古井　古树

表6-1-3　非物质文化要素

要素类型	具体非物质文化		
行为要素	秧歌	猴打棒	丰收节
工艺要素	柳编	剪纸	青龙水豆腐
精神要素	海东青	满族面具	萨满图腾

6.1.5　交通环境现状

石城子村的对外道路连接着各个自然村，宽度约4m，是机动车行驶的主要路段。村内交通道路宽度为1～3m，适宜非机动车和步行通过。其中还涉及三条山林步道。村内有6处桥梁，3个停车场。路面多为水泥、石头和土路，近几年利用当地材料对街道进行了微改造，不仅拓宽了道路，还提升了整体街道环境（图6-1-2）。

图6-1-2　交通环境及街道局部整修图

6.2 石城子村规划定位

石城子村乡村振兴的项目定位为“满族意蕴，石城栗乡”。

依托满族文化，营造特色场景，建文化体验流线；发掘山地优势，居民宿观星空，享疗愈康养生活；围绕板栗种植，拓展产业链线，弘绿色生态农业。打造集农业研学产业、自然研学产业、艺术＋文创主题、康居示范为一体的秀美山村。未来将打造成为中国北方康养价值的自然生态传统村落，周边城市假日度假乡村旅游目的地。

6.2.1 整体规划结构

结合各自然村的文化资源和地理条件，秉承差异化发展，各村功能协调、错位互补的原则，拟定“六片、两带、两园”规划结构。“六片”即满文化景观片区、艺术村落景观片区、农耕景观片区、研学景观片区、康养景观片区、森林生态涵养片区，“两带”即青石溪步道、山林漫步道，“两园”即农业园、自然园（图6-2-1）。

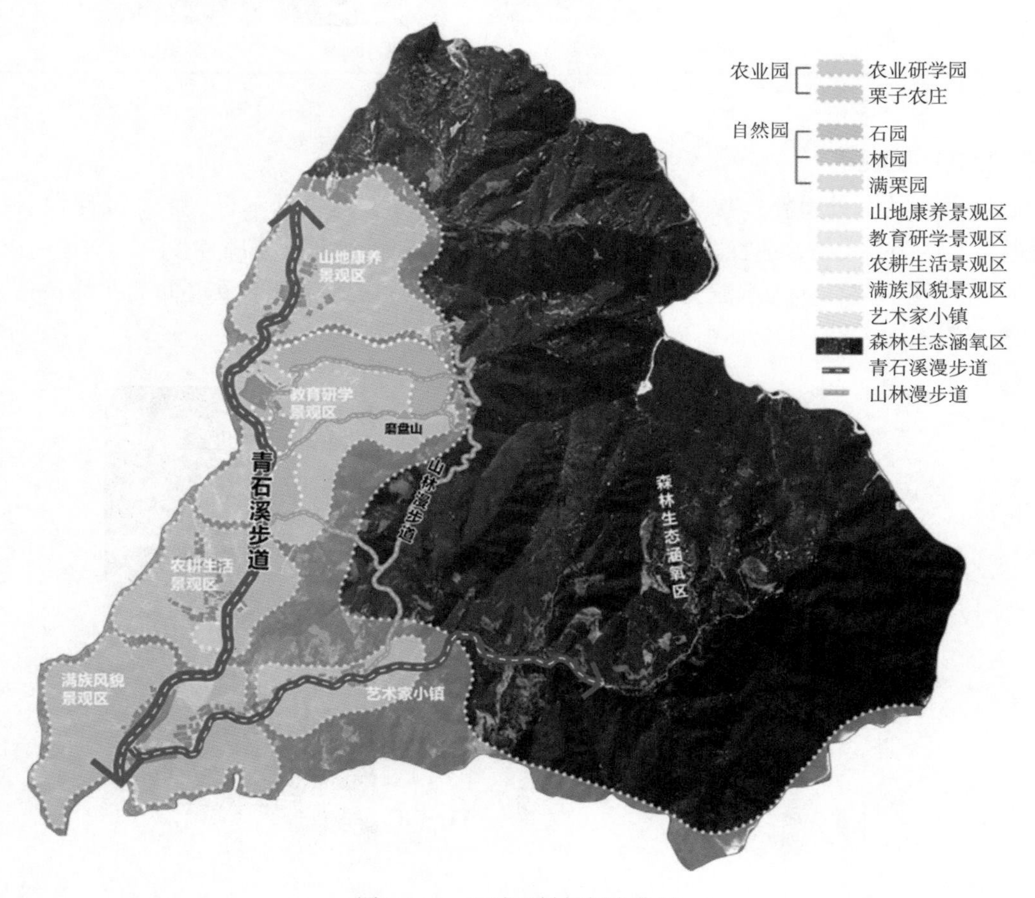

图6-2-1　石城子村规划定位图

6.2.2　景观规划结构

结合石城子村的现状生态资源条件，拟定“两带、三区、五节点”生态景观规划结构如图6-2-2所示。“两带”即人文景观生态带、农田景观生态带，“三区”即磨盘山生态涵养区、荒山生态涵养区、果树林生态区，“五节点”即满文化景观节点、原生风貌景观节点、农田景观节点、石文化景观节点、康养景观节点。

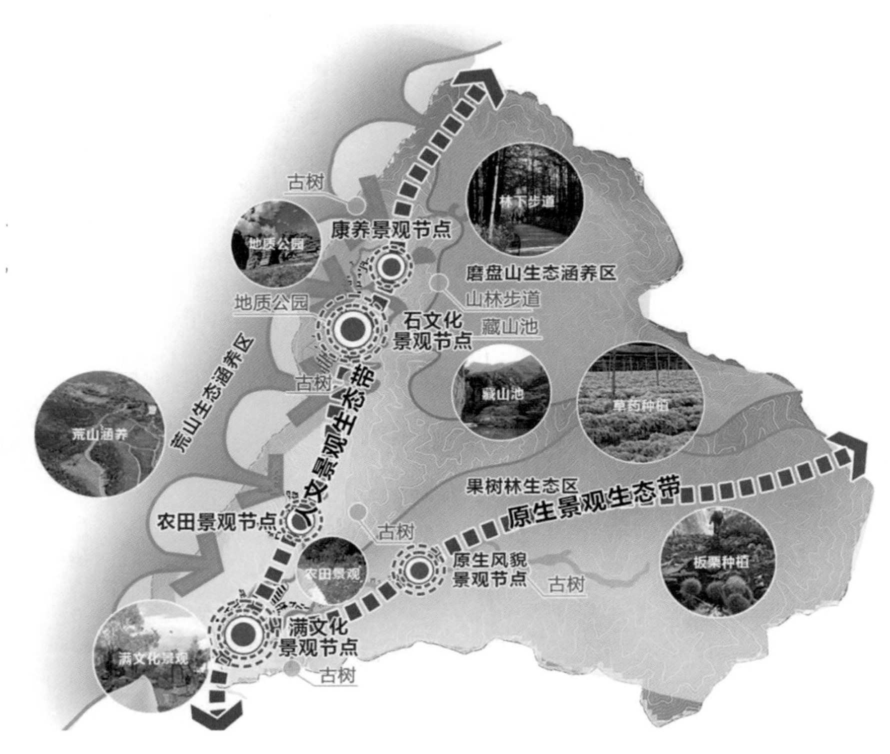

图6-2-2　景观规划结构图

6.2.3　总平面功能布局

何杖子村作为进入石城子村第一个自然村，用于游客接待和体验满族文化，设置入口节点广场、游客咨询中心、满族民俗街、满族文化广场等主要节点。

石板沟村作为原生文化体验村落，将居住和文化结合，设置剪纸主题民宿、栗子主题民宿、满绣主题民宿，以及文创加工坊、文化交流中心等公共空间。

石门子村位于石城子村的中心地带，作为石城子五村“心脏地带”，该村将打造农耕文化主题，提供村委会、栗子工坊、丰收节广场、农耕花园等功能空间。

磨盘山村基于其外围良好的山地景观条件，提供农业和自然研学基地、观星台、流水剧场、教育基地等文旅服务功能。

道石洞村依托植被覆盖较多、位置较为偏远的自然环境，作为康养中心，提供食疗餐厅、卫生驿站、康疗中心、高档民宿等节点，在山中设置中草药种植基地和板栗采摘体验节点。

总平面项目分布如图6-2-3所示。

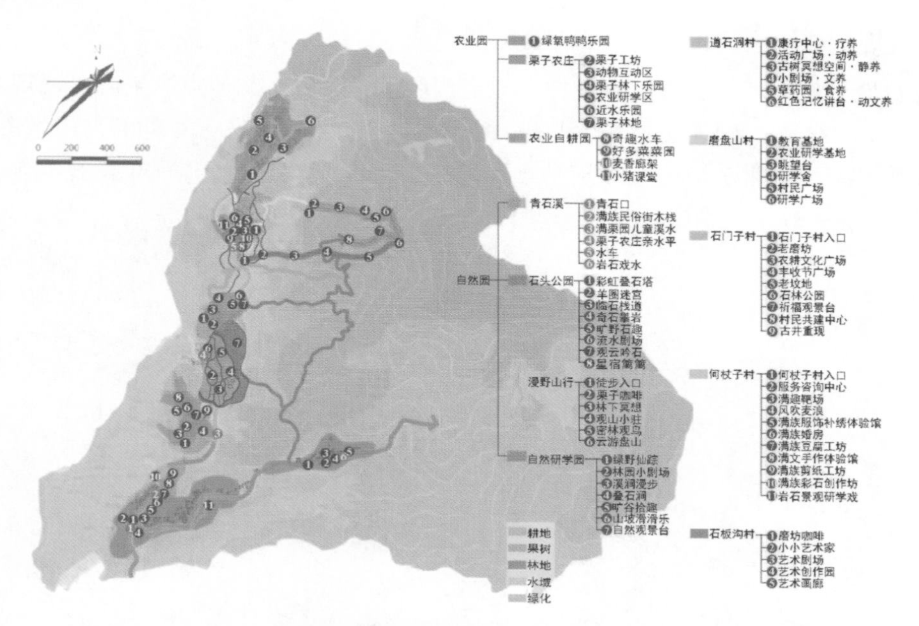

图6-2-3　总平面项目分布图

6.3　农耕生活主题村：石门子村景观设计

6.3.1　场地空间现状和分析

6.3.1.1　用地现状

石门子作为石城子村的“心脏地带”，承载着各村经济文化交流的重要作用。村内共有房屋60余户，多为石头与砖砌的老旧房屋，部分保留了满族民居特色。村中大部分为农村宅基地，一块林地，其余均为农田和果园（图6-3-1、图6-3-2）。

图6-3-1　石门子村场地现状图

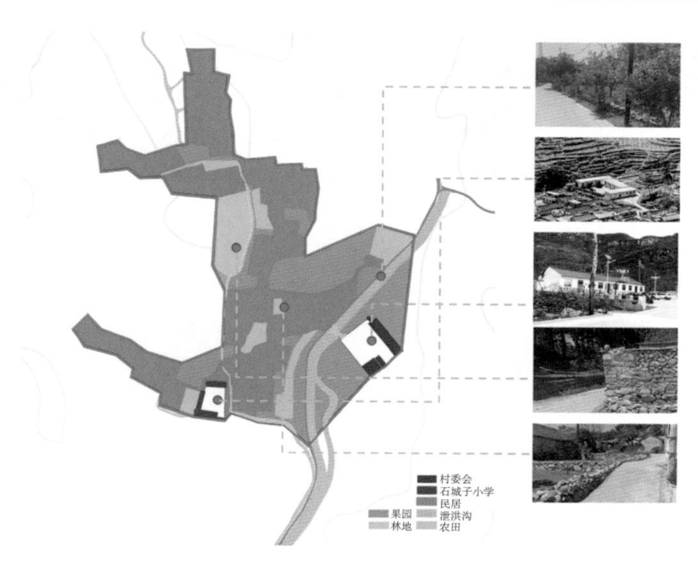

图6-3-2　石门子村土地利用图

6.3.1.2　交通空间分析

村外沿泄洪沟包含一条对外道路，村内有若干条主街、巷道和小路（宅间小路、休闲小路）。村内主街宽约3.5m，高宽比大于1。主街侧界面大多由院墙和山墙构成，因年代跨度较大，采用的材质也就更复杂。地铺为水泥铺装，巷道宽度约3m，高宽比等于1，两侧多以院墙为主，其界面少窗且私密性更强。底界面为石头、碎石和土路等。小路分为宅间小路和休闲小路，宅间小路宽度约1.5m，高宽比小于1，由每家每户自行建造。休闲小路顺地势呈起伏状态，村内人因便于祈福和耕田，也就促成了一条山间土路（图6-3-3、图6-3-4）。

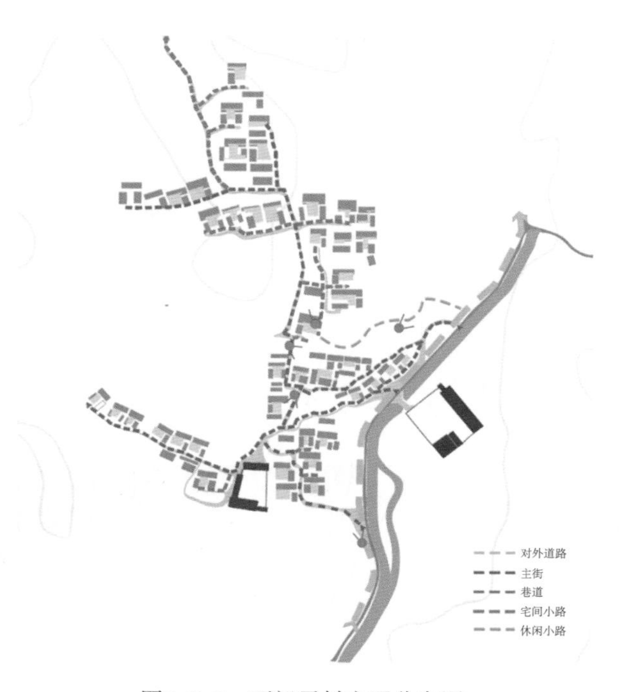

图6-3-3　石门子村交通分布图

（a）村对外道路　（b）主街　（c）巷道　（d）宅间小路　（e）休闲小路

图6-3-4　石门子村交通现状图

6.3.1.3　节点空间分析

街道的街口、街尾、交叉口、阴角空间等都属于景观性交往节点，古井、古树、古桥、石磨坊、古宅等都属于历史性交往节点（图6-3-5）。

图6-3-5　石门子村节点分布图

（1）景观性节点。村内有三个街口，主街街口空间较大，仅有一块水泥墩，不具美观性。中端与台阶相连的街口，因高差较大，共有24级台阶，台阶尽端为院墙，导致视线受阻。末端街口与古井连接，因没能处理好两个空间的关系，导致街口较为分裂。街尾直接与休闲小路或山体相连，没有标志性景观设施进行收束（图6-3-6）。

（a）主街街口　（b）台阶式街口　（c）古井式街口　（d）村内街尾

图6-3-6　街口与街尾现状图

村内交叉口形式大致有“丁”字、“十”字和“Y”字样式，交叉口人流众多，促使人群在此交汇，但石门子村交叉口的位置没有发挥其场所交往性的功能（图6-3-7）。

（a）“丁”字型街口

（b）“十”字型街口

（c）“Y”字型街口

图6-3-7　交叉口现状图

村内街道阴角空间位置大多为废弃的院前空间，村民经常会在场地内摆放农耕杂物，导致阴角空间较为封闭且功能性被浪费的普遍现象（图6-3-8）。

图6-3-8　阴角空间现状图

（2）历史性节点。古井历史悠久，承载着村民的日常生活。一口圆形古井水质较差，属于废弃古井。另一口古井至今仍被使用，并用铁盖来保护水质。但仍需挖掘古井的文化互动性（图6-3-9）。

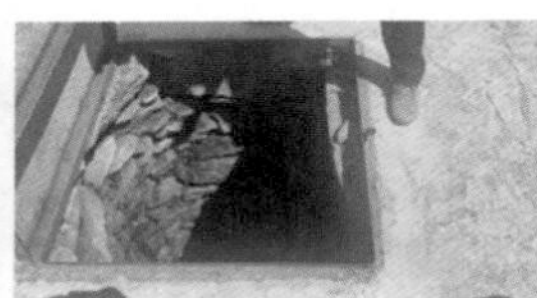

图6-3-9　古井及周边环境现状图

石门子村内有两棵古树，分别在祈求丰收的休闲小路尽端和村内巷道的十字街口处，均具有百年历史，村民经常会在树下进行乘凉和闲谈等交往活动（图6-3-10）。

图6-3-10　两棵古树及周边环境现状图

百年石磨坊位于村内中心，经过长年累月风雨的冲刷，屋体破败不堪。屋内保留有百年历史的磨盘。石磨坊的屋前屋后有高差，与街道相连并由台阶连接。屋前有一块闲置空间，屋后只看到破旧的屋顶。整体未发挥其历史性特征（图6-3-11）。

图6-3-11　百年石磨坊及周边环境现状图

古宅位于街道转角，房屋“骨架”保存完好，跨海烟囱、山墙和院墙的结构和纹理也彰显着原真性的民族文化特征。但房屋和院内空间被浪费，更没有促成街道与古宅之间的关联性（图6-3-12）。

图6-3-12　古宅及周边环境现状图

6.3.1.4　街道设施分析

图6-3-13　石门子村街道设施分布图

街道设施包括交通系统和公共设施系统，村内的交通设施不完善，停车场没有良好的规划，还忽视了街道的慢行系统和车辆分流。村内有一处桥梁，跨度约6m，桥体视线极佳，但其观景优势未能发挥。

公共设施包含垃圾处理系统、标识系统、路灯、座椅等。卫生间整体卫生环境较差，且造型无法融入街区；村内不具备指向性和展示性的标识系统；路灯造型千篇一律，缺少满族村特色；座椅大多为沿街的石块和木块，质地较硬且不舒适；除此之外，村内还缺少活动设施，既有设施服务无法覆盖村域（图6-3-13、图6-3-14）。

6.3.1.5　界面空间分析

村内侧界面多为院墙和山墙，局部还包括农田、泄洪沟等。由院墙和山墙构成的生活街道空间界面，形式上采用石头与瓦片、石头与砖等。村内门窗大致可分为木制和铁质两种；屋顶包含原始瓦片和后期的彩钢加固，以及砖混结构的平顶。

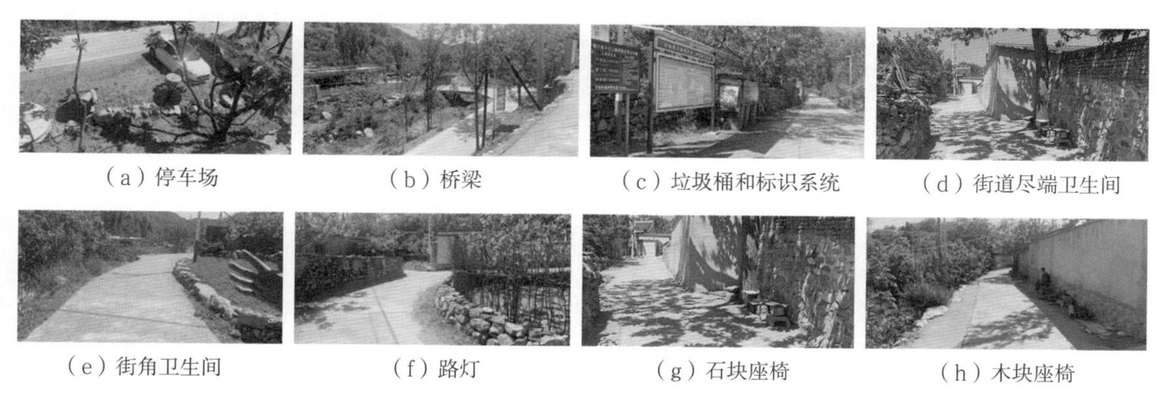

（a）停车场　（b）桥梁　（c）垃圾桶和标识系统　（d）街道尽端卫生间

（e）街角卫生间　（f）路灯　（g）石块座椅　（h）木块座椅

图6-3-14　街道设施现状图

与农田相连的生产空间界面，大多由石头矮墙和栅栏围合而成，缺乏互动性。泄洪沟内杂草丛生，石块混乱堆积，影响汛期泄洪沟的正常使用，更无法促成生态景观。

村域内的底界面地铺多为水泥、石块、碎石和土路，没有按照街道层级、类型和场所进行合理规划，导致街道铺装较硬，无法与村内环境相统一（图6-3-15 ~ 图6-3-18）。

图6-3-15　山墙侧界面类型现状图

图6-3-16　院墙侧界面类型现状图

（a）木制门窗+瓦片顶

（b）铁门木窗+彩钢顶

（c）铁质门窗+砖混平顶

图6-3-17　门窗类型现状图

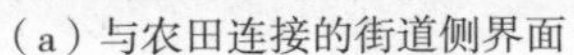

（a）与农田连接的街道侧界面

（b）与泄洪沟连接的街道侧界面

（c）与植被连接的街道侧界面

图6-3-18　街道与不同界面连接现状图

6.3.2　石门子村街道设计理念和策略

6.3.2.1　街道设计理念

结合以上石门子村的区位环境和街道现状等内容，以农耕文化定位为支撑，将农耕元素、石头文化和满族文化融入其中。尊重街道现有秩序，全局考虑街道的整体环境，并采用微更新的设计手法，以低成本、轻干预实现乡村街道风貌的再塑造。

6.3.2.2　街道设计策略

（1）街道序列整理。通过分析建筑、院墙和街道肌理，绘制出原有街道和可利用的阴角空间，运用底图关系原理来表达更为直接的街巷形态，从而找出需要整治的重点区域。

街口和街尾是空间序列的开始和结束。高潮节点形成的面域由中心向四周延展开来。高潮节点与起始节点由多个引导性节点串联，贯穿的起、承、转、合关系才能更为生动地呈现街道的叙事感（图6-3-19）。

（2）农耕元素表达。农耕元素包含了农业生产、生活和意识三部分。农业生产中主要可分为农业作物和农业用具两类，村内种植经济作物、粮食作物和药用作物等，还可带来额外收益。农业用具大致分为耕作类、收获类、装盛类、研磨类等，呈现体验和观赏的双重功能。

农业生活包含饮食起居和交往活动，可通过修缮农业用房、增加售卖活动、打造休闲娱乐交往空间的形式，来强化街道的农耕主题。

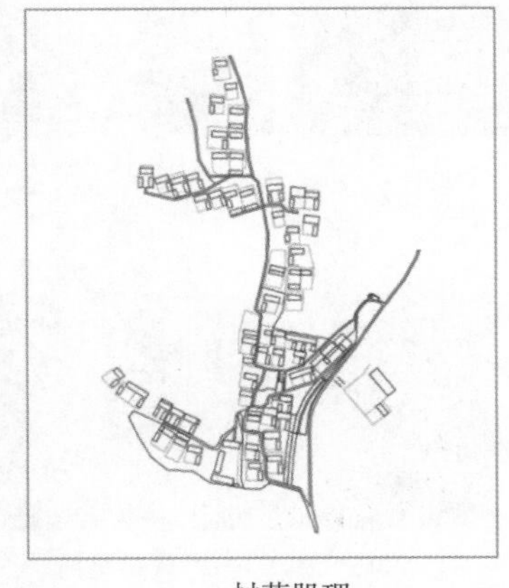

村落肌理

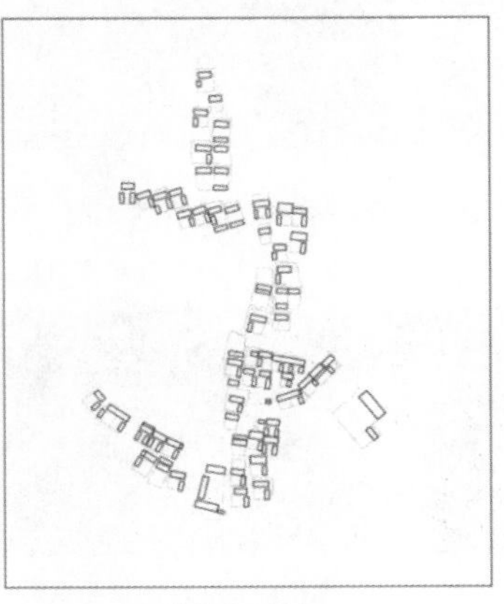

建筑与院墙

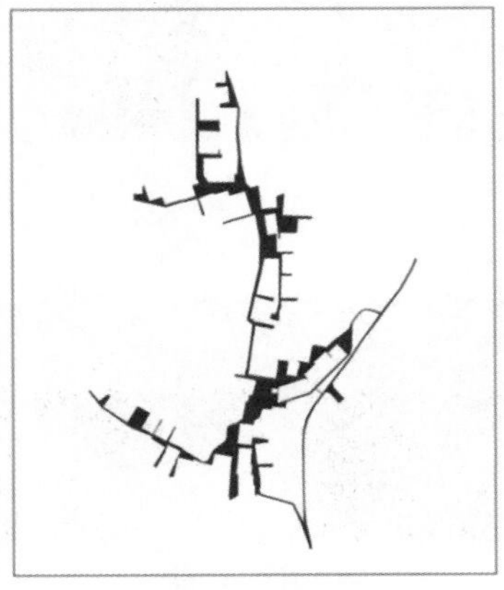

街巷空间

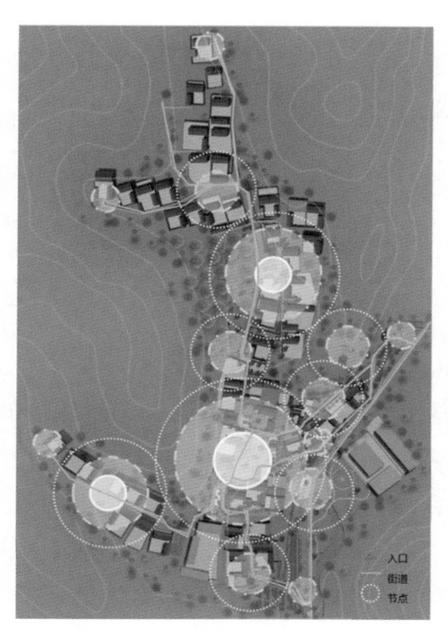

图6-3-19　石门子村街道空间序列图

农业意识中有农业民俗和信仰民俗两部分，包括传统的手工艺、节日庆典、和祈祷丰收的民俗景象等，都可作为打造街道农耕氛围感的方式。

（3）主题街道布局。石门子村共33个节点空间，由线性街道串联。街道延续原有路径，并将其进行修补和整理后，分为主街、巷道、宅间小路和休闲小路四个等级。基于石门子村的农耕主题和对应策略，将街道空间划分为文化体验区街道、日常生活区街道、主题民宿区街道、信仰区街道、生产区街道和外围界面六部分（图6-3-20～图6-3-22）。

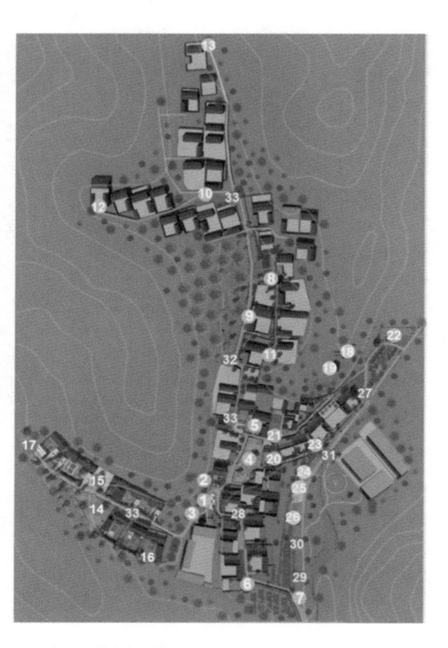

图6-3-20　石门子村街道总平图

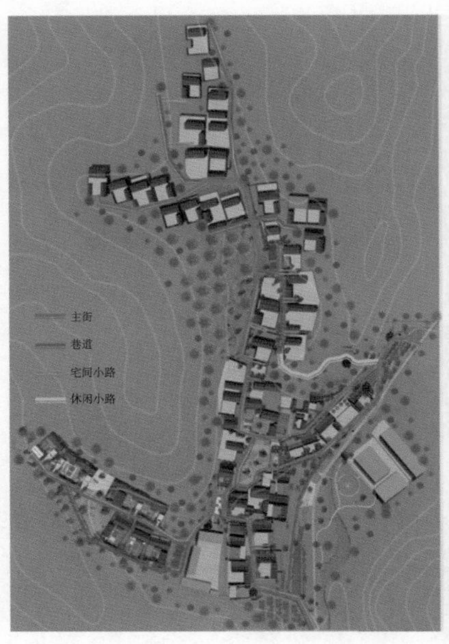

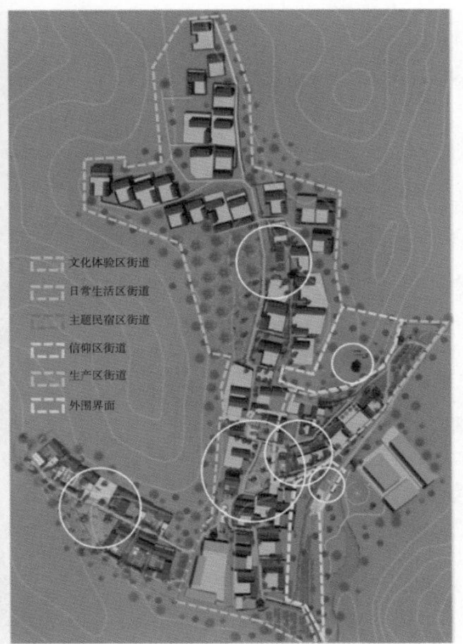

图6-3-21　石门子村街道分级图　　　图6-3-22　石门子村街道分区图

6.3.3　石门子村街道空间设计

6.3.3.1　文化体验区街道

文化体验区街道以农耕文化广场为主，呈现了更多的农耕体验活动（图6-3-23）。

图6-3-23　文化体验区街道平面图

（1）主要节点。石门子村文化体验区街道的高潮部分为农耕文化广场，该位置的铺装由农耕植物元素作为装饰图案点缀其中，强调了中心性。

农闲台位于“Y”字形街口处，可作为观看舞台表演的座椅和来往的休憩处。其呼应了起伏的地势环境，由黑栏杆相连，在不过多干预现有元素的情况下，避让了空间内现有的树木，促成了形态连贯的栏杆样式。台步上的凸起处可栽种绿植，不同程度上丰富了村民的消遣活动，激活了场所感（图6–3–24）。

图6–3–24　农闲台节点效果图

农事亭作为该空间内重要的构筑物，可作为休憩、舞台、研学空间等。顶部形式语言呼应了周围折线形的建筑和山体，并由木架和钢架作为支撑，简易的搭建方式，能够让学生和村民共同参与。农事亭后的部分院墙，可用暖红色色块绘制农具演变方式，体现时代意义（图6–3–25）。

图6–3–25　农事亭节点效果图

农俗驿站的设计旨在对石门子村景观遗产的传承和对当地环境的尊重，建筑屋顶设置单面坡屋顶，与周围建筑的坡屋顶相对应。建筑墙体上设置不同颜色的木质感格栅，增加丰富性和层次感，使用白色、淡黄色、棕色、绿色、红色五种颜色代表水豆腐、满族黏豆包、板栗、苏子叶饽饽等食物，采用现代的视觉语言描绘非物质景观遗产的特色，作为引人注目的视觉要素，带给人们活力的直观感受，为建筑增添光彩（图6-3-26）。

图6-3-26　农俗驿站效果图

农耕体验园与街道相连，有三个入口，较低位置采用木格栅和草编坡顶的结合，较高位置可沿用矮墙形式。为确保体验园良好的观感，可用麦穗将局部沿街部分进行柔化处理。内部行走路径的交汇处还设置了木亭，促成了农忙时的休憩场所，并激发了空间的能动性（图6-3-27）。

图6-3-27　农耕体验园效果图

（2）次要节点。石门子村主街口包含村标、车站和麦田景观，该街口是经过村口的一侧再进入主街的形式，在此位置种植麦田景观，可起到引人入胜的效果。通过对泄洪沟边缘进行修整，沟内种植芦苇、香蒲等水生植物，使不同时期的泄洪沟景观更加富有变化。村标与车站属于基础设施类，均运用了村内的石头文化，极具标志性（图6-3-28）。

图6-3-28　石门子主街口效果图

（3）线性街道设计。折线形街道转折处有复杂的停顿点，应通过节点激活来打通街道左右空间关系。侧界面中可保留部分石头院墙，上半部分由木格栅和镂空花砖代替，促使院墙内外更加通透。保存完好的窗花和木门可保留，旧的则可进行更换或刷漆处理。沿街的农作物耕种采取梯田与座椅结合的模式，达到经济效益与街道景观的融合（图6-3-29）。

图6-3-29　折线形街道效果图

两侧与院墙连接的宅间小路分别采用了石材与木条、石材与镂空砖的组合形式。小路尽端为矮墙，可放置麦穗等农作物，自然地过渡尽端墙体与底界面。顶界面用木条整齐搭建，种植爬藤类植物，成为夏日庇荫的场所。原有路段的转角将石块整齐摆放，可供行人在此休憩、闲聊，达到激活街道节点空间的目的（图6-3-30）。

图6-3-30　宅间小路效果图

与多个院落相连的宅间小路也极具特色，侧界面与果树挨着的院墙采用了大小不同的镂空形式，达到行人路过可伸手采摘或观看的功能性。侧界面与底界面的相交处使用高一些的植被、石头座椅或矮草坪进行微处理。同时还要注意该小路的阴角空间位置，可放置农耕物件，进行空间的联系与整合（图6-3-31）。

图6-3-31　宅间小路效果图

（4）临街界面。山墙上白色涂料的样式是石城子村建筑的主要特色，在保留的基础上进行修缮即可，跨海烟囱形式不一，为临街界面增添了更多细节（图6-3-32）。

图6-3-32　临街界面图

6.3.3.2　日常生活区街道

日常生活区街道以耕耘广场为主，该区域承担了更多的农忙活动、休憩的功能（图 6-3-33）。

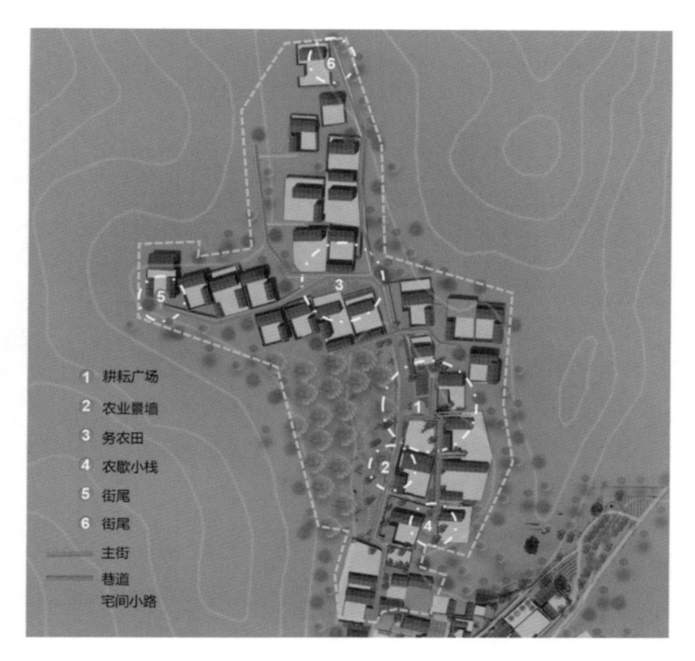

图6-3-33　日常生活区平面图

（1）主要节点。耕耘广场内包含“十”字形街口，古树在街口中心，周围设置一圈座椅，强调了街口位置。古树后的墙体通过绘制农忙图案，来表达农耕的文化属性。地面沿用石头通铺，具备地域特色，且极大地减少了人工成本。古碾在街角已有数十年，忽略了其价值，可采用凉亭做半遮掩样式，达到保护石碾和休憩的双重功能（图6-3-34）。

图6-3-34　耕耘广场效果图

（2）次要节点。农业景墙原有院墙破败不堪，瓦片、灰砖、石块等材质散落一地。可将各类材料分类后以山水图案的形式进行重组，并镶嵌上镰刀和瓦罐等农业用具。景墙前面的磨盘桌椅可满足行人在观赏之余的打牌和休憩的日常需求。两者结合后促成了功能性与观赏性并存的农耕主题景观节点（图6-3-35）。

图6-3-35　农业景墙效果图

（3）线性街道设计。与泄洪沟、院墙连接的主街部分，界面环境较为复杂。可保留一部分石头院墙，将簸箕和农耕用具挂在每一段的墙体上，满足了观赏性和实用性。将原有的泄洪沟进行整理，种植水生植物，使其一年四季能够呈现出不同的景观。街道尽端为草药图案的院墙，每款草药都标明了详细的介绍，起着引人入胜的视觉效果（图6-3-36）。

图6-3-36　主街效果图

日常生活区的巷道继续沿用石头铺装，巷道多为行人和非机动车，且有一些坡度，因此，为了确保安全和慢行效果，可每隔一段采用凸起的石条进行铺砌。侧界面需要注意与底界面相交的部分，通过栽种绿植和摆放石头元素来丰富效果。这种微介入的手段能够逐帧地解决遇到的环境问题（图6-3-37）。

（4）临街界面。保留并修缮破损的山墙，采不同的农耕元素丰富界面效果。植被高矮形式也影响着界面关系，相互搭配才能促成富有变化的街道环境（图6-3-38）。

图6-3-37　巷道效果图

图6-3-38　临街界面图

6.3.3.3　主题民宿区街道

主题民宿区街道两侧分别为石磨主题、板栗主题、漏粉主题、剪纸主题等民宿，分别象征着村内不同的传统文化。该街道以憩林间广场为主要节点，更为注重功能的多样性（图6-3-39）。

图6-3-39　主题民宿区街道平面图

（1）主要节点。农田画境与憩林间广场共同构成该区域的中心性景观，迎合高差的地理环境，以自然的曲线作为分割，使两个节点空间均呈台步样式。农田画境满足了游人选取农田地块并亲自栽种的乐趣，游人离开后仍能够让村民代替维护，也是微更新的典型方式。除了耕种，还承担了农田绘画的功能，更具现代艺术氛围（图6-3-40）。

图6-3-40　农田画境效果图

憩林间广场除了观景，还承担着展览、售卖、夜间篝火等内容，激活了空间场所的多样性和互动性。其两侧均为民宿，二层建筑则促成了屋顶与广场的“对话”联系。地面采用碎石过渡台步和主街，台步通体采用混凝土和木材。此类低成本的改造方式，促进了街道空间的渐进式发展（图6-3-41）。

图6-3-41　憩林间效果图

（2）次要节点。街尾尽端为山体，无法通行，因此以石头为标志物，在视觉上进行了拦截。尽端民宿为织布主题，因此沿街立面呈现了更多的织布元素。将院墙降低，山墙镂空处理成售卖和休憩的空间，满足了游人的多种需求的同时，也为村民带来了收入，使渐进式的街道改造逐步带动村落的经济发展（图6-3-42）。

（3）线性街道空间。曲线形街道要注重沿街视线的引导和过渡，与山体相连的一侧种植了一列行道树，与每户院门对应的位置放置呼应民宿主题的影壁，影壁下的座椅承担着休憩、观景的功能。建筑一侧属于剪纸主题民宿，除了悬挂灯笼、农作物晒架以外，还运用了农耕剪纸绘制的方式来呈现（图6-3-43、图6-3-44）。

图6-3-42　村尾效果图

图6-3-43　曲线形主街效果图

图6-3-44　主街效果图

（4）临街界面。局部界面中清晰地看到未被利用的闲置区，可通过栽种树木的方式促成休憩空间，从而激活此场所。具备高差的地形，使街道空间更具层次感（图6-3-45）。

图6-3-45　临街界面图

6.3.3.4　信仰区街道

信仰区街道为一条祈求丰收的休闲小路，丰收节来临之际，村民们便会在此祈祷来年的收成（图6-3-46）。

主要节点为庆丰收装置，以竹编和木条为材质，可仰望观看，营造信仰氛围；次要节点为“古树硕果”，古树底以石头和圆形木板相结合，形成祈福休憩的场所；以微介入方式发掘其历史文化价值，并潜移默化地激活节点的再生（图6-3-47）。

图6-3-46　信仰区街道平面图

图6-3-47　庆丰收、古树硕果效果图

6.3.3.5　生产区街道

生产区街道以百年石磨坊为主要节点，呈现出更多的农忙场景（图6-3-48）。

图6-3-48　生产区街道平面图

（1）主要节点。百年石磨坊在修缮过程中需达到历史再现和传承的作用。将破损屋顶修补并设计玻璃天窗，使磨坊内外视觉贯通。磨坊后面根据高差设计成台步，可供行人休息。将台阶步道进行整修和延伸，并运用木架搭建庇荫连廊，形成延展性。在老磨坊建筑前设置下沉空间，为行人提供休憩和观赏场所。

磨坊对面为院墙，为了呼应磨坊主题，通过墙绘的形式绘制研磨过程，在暑期工作营中与村民共同完成，用时一天，推进了街道微更新设计的进程。

对老磨坊建筑进行外貌修复的同时，也要做到业态激活。承接历史价值和磨坊文化的延伸，通过室内展示豆腐制作的过程、室外体验、品尝、售卖豆腐的形式来促成业态发展（图6-3-49、图6-3-50）。

图6-3-49　现场实践图

图6-3-50　百年石磨坊效果图

（2）次要节点。古井作为生产性景观，见证了村庄的发展历程。将两口井的功能进行区分和再利用后，形成辘轳舀水、压水机打水、自来水体验三部分，自来水可供村民和行人日常饮水，使用后的水可随着水渠流入旁边菜地，增加了村内水资源的利用率。通过功能再造的微介入形式，使古井文化得到延续（图6-3-51）。

图6-3-51　古井节点效果图

节气台阶街口以红色剪纸形态为灵感，将二十四节气融入其中，与尽端墙面上的栗子树相呼应，给予人循序渐进的视觉感受。台阶上简易的木条扶手既保证了安全性，材质上也与周围环境相契合。入口树底下是良好的街道休憩空间，因此将石头座椅顶部增设了一圈造价较低的木板，结合了美观与实用性（图6-3-52）。

（3）线性街道设计。地势的起伏会影响街道的左右高差，因此要注意其侧界面视觉关系。左侧屋顶为平顶，可将簸箕内摆满辣椒、玉米、栗子等农作物，放置在屋顶并形成晾晒和观景的效果。右侧为村户的宅间小路，用木条和木制车轮进行遮挡，形成半私密半开放空间。采用材料微介入的方式，激活街道空间的功能和对话（图6-3-53）。

图6-3-52　节气台阶效果图

图6-3-53　高差不一的主街效果图

直线形街道有其前端、中端和尽端，前端设置了标识牌，标志着街道的开始；中端为百年石磨坊，可使人停留观看和休憩；尽端为一面矮墙，将中间打通后放置酒坛等农耕元素，起到引人入胜的效果。因直线形底界面较为枯燥，可保留原有的水泥地面，并增加线性石头铺装，来引导和强化不同入口的特殊性（图6-3-54）。

图6-3-54　直线形主街效果图

（4）临街界面。大多用木条来柔化局部界面，承接地势关系，采用疏密有致的排列方式符合乡村的自由松弛感；结合街道的功能性和通透性，运用农耕元素将其遮挡，形成开放或半开放的视觉效果（图6-3-55）。

图6-3-55　临街界面图

6.3.3.6　外围界面

外围界面是村庄外围与对外道路之间的部分，外围界面的主要节点是文化墙，具有引导和象征意义（图6-3-56）。

图6-3-56　外围界面平面图

文化墙由满东青图案简化而来，极具满族文化特征；栗子树下将石头和圆形木板将现有的栗子树围绕，实现庇荫、采摘和休憩等多种需求；折叠的木框架为廊架，连绵起伏的形式与建筑屋顶的形态相互呼应，木框架搭建方便，可采用共建来呈现（图6-3-57）。

图6-3-57　外围界面效果图

在暑期工作营中，老师、同学和村民尝试通过微介入的形式，来进行外围界面的局部更新。在簸箕上用颜料绘制不同的满族脸谱，用时一天半，在短周期内达到了改善沿街环境的同时，还形成了独特的视觉效果和文化价值（图6-3-58）。

图6-3-58　暑期营墙绘

6.3.3.7　基础设施

（1）标识系统。村内的标识系统主要采用木材和村内特有的石头文化。标识牌中的石头梯形底座借鉴了跨海烟囱的造型特征，整体构架采用当地的木板作为支撑，木材构架的样式按照功能性进行变换。前两种类型为展示类标识，可做解释说明；后两者为指示类标识，具备引导性（图6-3-59）。

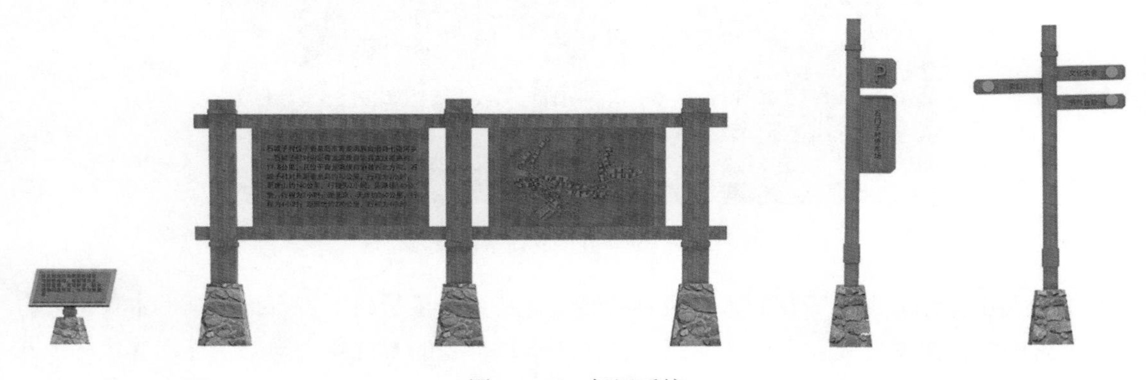

图6-3-59　标识系统

通过街入口内村标可获取村子的第一印象，将村内最具代表性的栗子进行简化处理，以通体木材的形式放置在街道交叉口内（图6-3-60）；村尾标识延续石和木的材质，使街道空间始末相通（图6-3-61）。

图6-3-60　街口标识　　　　图6-3-61　街尾标识

（2）其他基础设施。村内的其他基础设施包括卫生设施、交通设施、活动设施、照明设施等。整体采用低造价材质，既保障了村民的基础日常生活，也提升村民整体的生活质量（图6-3-62）。

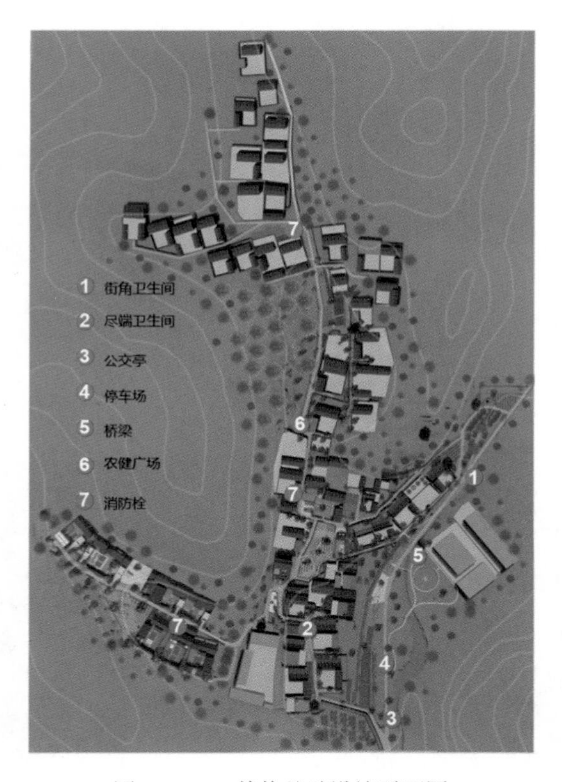

图6-3-62　其他基础设施平面图

卫生间位于街道的边角，结合周围环境综合考虑其形态，最终促成了扇形的石墙。为了与旁边民居形成过渡，采用四周种植绿植的方式来柔化处理。街道两侧的座椅相互对应，促成了交往空间（图6-3-63）。卫生间旁的垃圾桶为圆形木桶，顶部为坡顶，对应着村内建筑的屋顶形式（图6-3-64）。

公交亭弥补了村内单一的通行方式。整体采用了石头和枝条元素，梯形石墙由跨海烟囱演变而来，枝条由钢架支撑，不经意间留出的“窗户”，拉近了人与周围环境的距离。地铺则采用碎石，草与碎石相穿插，更具原真性美感。材质的灵活运用，不但缩短了建造周期，而且更具乡村地域特色（图6-3-65）。

图6-3-63　街角卫生间效果图

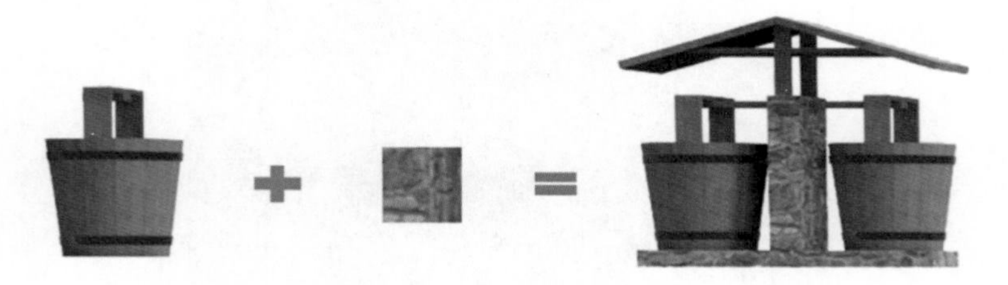

图6-3-64　垃圾桶

图6-3-65　公交亭效果图

农健广场位于街道的剩余空间部分。健身设施以木材为主，与当地环境达到了融合，且可由村民自行搭建。空间内院墙位于街道尽端，可通过绘制各类中草药图案，进行农耕普及并达到街道的收束效果。促成了农耕与健身相结合的广场景观（图6-3-66）。

图6-3-66　农健广场效果图

路灯作为照明设施，造型以索伦杆为灵感，沿用其他设施的梯形底座，使设施整体材质达到和谐统一。当佳节来到之日，可在路灯上张贴剪纸元素或悬挂灯笼来烘托街道的热闹氛围（图6-3-67、图6-3-68）。

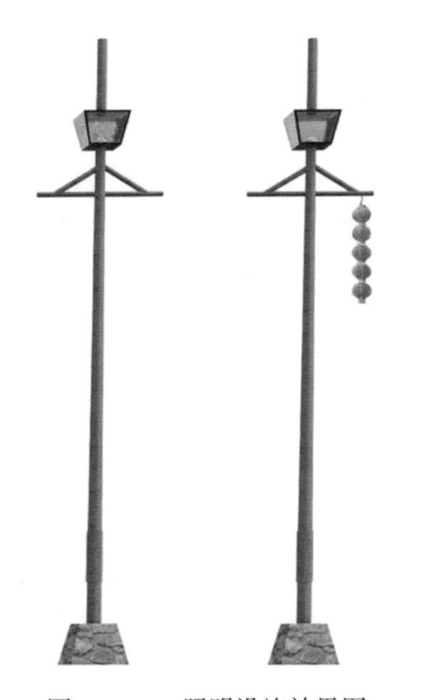

图6-3-67　照明设施效果图

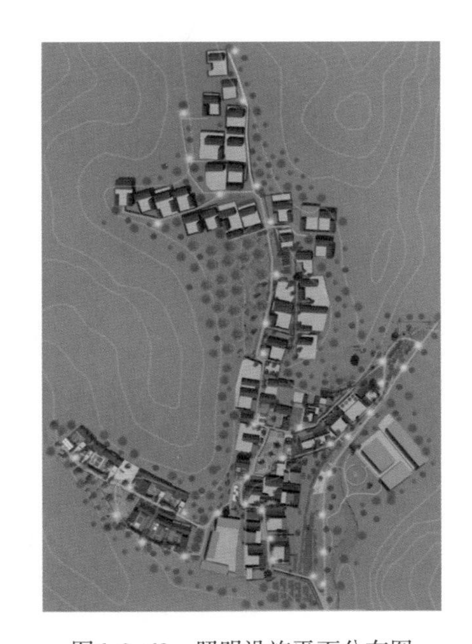

图6-3-68　照明设施平面分布图

6.4　满栗园景观设计

石城子村的中心广场空间位于青石溪主轴线上，石城子村委会前有大片空间，这里是村民举办节庆活动、聚会及接待外来人员的重要场所。因此，中心广场景观设计如何突出村民和外来人员的各自独立性的同时，又有共同使用的公共空间，以及如何提高石城子文化特色和农业特色是整个核心空间的关键。

6.4.1 场地概况

整个设计场地在石门子村部周边的公共空间，设计面积约1.3公顷。场地周边地形起伏较大，两侧面山，交叉主入口和入村阶梯入口与村域主干道相接，交通便利，并且泄洪沟形态与道路方向一致，由南向北从石门子村委会门前穿过，形态平直，并紧邻一级乡道，对景观风貌的影响比较大（图6–4–1）。

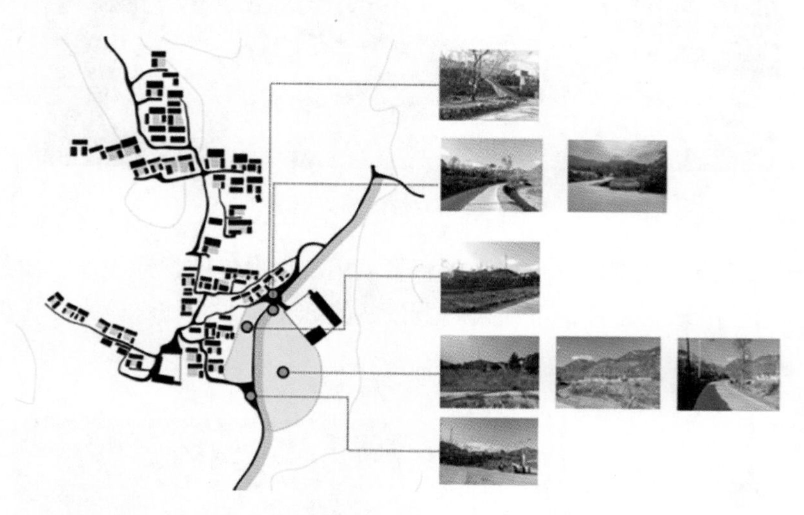

图6–4–1 满栗园场地现状

6.4.2 规划布局

6.4.2.1 设计主题

石城子村景观设计改造时秉持着“轻干预，低造价，低技术，微设计”的理念，采用当地的材料形成自然简约的设计风格。设计的主题围绕满族文化、栗子文化、丰收节及石头文化展开。

6.4.2.2 总平面布局

场地被青石溪划分两个主要空间：栗园和满园。栗园有丰收节广场和栗子工坊。山上大量的栗子树，可以作为栗子采摘区来增加游客的体验感。满园主要由村民客厅、满族文化墙和儿童乐园组成。满族文化园区让游客可以体验到满族文化的魅力（图6–4–2 ~ 图6–4–4）。

6.4.2.3 园区路径

园区路径主要有：连接村子南北两端的村路、连接满园和栗园的主路和栗园园区内的小路。整个园区内的路径主要结合当地的地形高差来做，在场地处理上尽量不改变之前的地形地貌，行走可以体验山地坡道和陡坎的感觉。

西部由广场延伸出去的石板桥节点是连接满园和栗园的纽带，对应着海东青标志和栗子树，海东青是满族过去的图腾，栗子树应是石城子村今天的图腾，因此也是过去与现在甚至未来的纽带。以现代简约的造型和混凝土的材料保证了较低的造价和施工工艺，二级下沉的设计使其与道路形成边界，也使进入空间更有仪式感，并且位置选择上也能使部分村民可以更便利地进入广场（图6–4–5）。

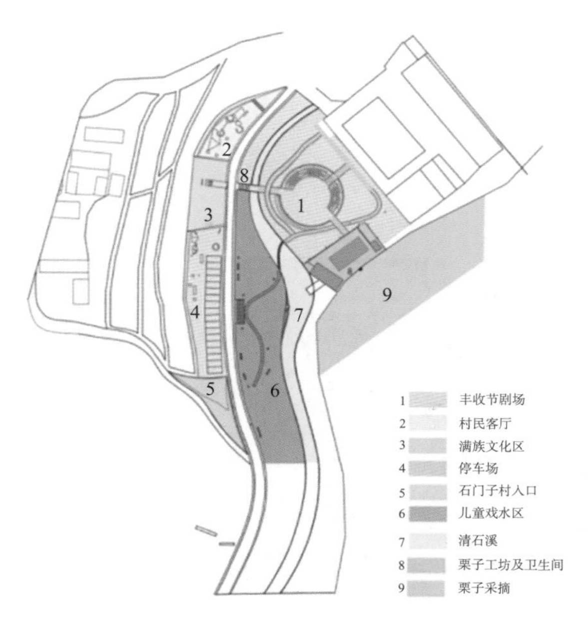

图6-4-2　总体规划功能分区图

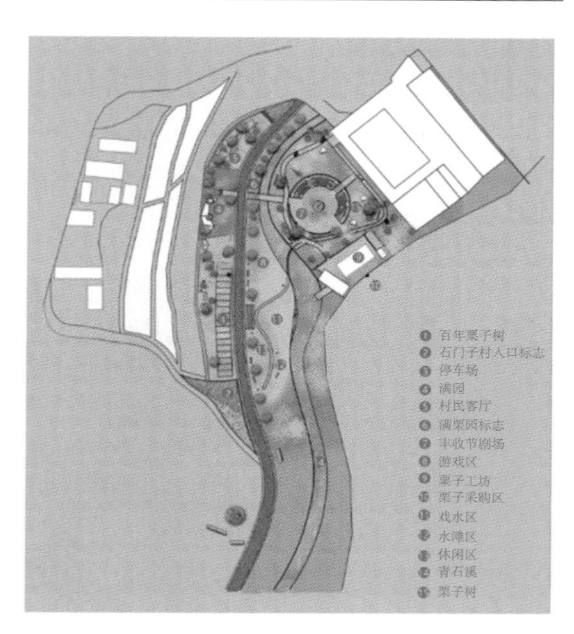

图6-4-3　总体规划平面图

图6-4-4　总体规划鸟瞰图

图6-4-5　满园和栗园之间的石板桥

6.4.3 分区设计

6.4.3.1 丰收节广场

石城子村作为举办中国农民丰收节的活动场地，核心空间设置丰收节剧场，未来可以满足村民日常交流休闲、广场舞等自发性活动，还可以作为节庆活动、露天影院等活动场地（图6-4-6、图6-4-7）。

图6-4-6 丰收节广场鸟瞰图

图6-4-7 村部广场进入丰收节广场地面铺装设计

围绕丰收节广场设置三棵栗子树，根据其所处的位置具有不同的氛围特性。第一棵树位于村部主轴线之上，与栗子培训中心遥相呼应，因此具有较为庄重的气质，以简约的石墙承托出栗子树，显示其重要性，并与栗子培训中心形成交流，突出其功能特点（图6-4-8）。

图6-4-8 第一棵栗子树

第二棵树位于栗子工坊的轴线上，且处于河滨草地之上，具有良好的观景条件，因此设置环椅作为观景和休息的节点。黄色是满族主色调，能为广场增添活跃的气氛，同时也是承托出此栗子树较为轻松的氛围感（图6-4-9）。

图6-4-9　第二棵栗子树

第三棵树位于满族文化墙轴线上，且位于三棵树中的制高点，因此也具有较好的观景条件，并且希望它能够与满族文化墙产生联系，设置栗子架环绕，既能方便村民和游客进行栗子采摘，增添广场内可参与性活动，也可作为观景台，观赏广场自然景色和遥望满族文化墙，钢结构与明亮的黄色搭配具有较为现代和活跃的气质，也能与环椅相互呼应（图6-4-10）。

图6-4-10　第三棵栗子树

6.4.3.2　童趣戏水区

儿童活动区以细沙为整体地面材质，可供儿童随意游玩，呈现出轻松愉悦的氛围，分布在沙地中的无动力装置如秋千、独木桥、攀爬架等均为简易的木结构，可拆卸，便捷性高，成本低廉，满足未来该场地的不同活动用地需求。沿路设置座椅和植被绿化，可为家长和孩子提供休息观景区域。滨水游乐区以切割的大型岩石体块组成亲水楼梯，形态自然，突出了石门子村岩石的特色（图6-4-11）。

图6-4-11　童趣戏水区

6.4.3.3 满园

满园入口满族文化墙是一个海东青的图案，面向村部广场，用混凝土块堆砌而成，位置与栗园的轴线相统一，在视觉和空间上形成指引的作用，作为满园的一个标志，并且利用村中的石头雕刻或绘制满族图案散落在满园中，形成多自然、少人工的满族园，突出石门子村的特色（图6-4-12）。

图6-4-12　入口海东青文化墙

在满族文化互动装置设计上，将满族文化符号雕刻于混凝土块上，这些图案取自满族常用的符号，并在相对应的反面刻有满族文化符号的汉字意思，让人们了解满族图案的同时又具有一定趣味性，在旁边还有会散落的混凝土块，可以提供给学生、当地的游客及村子里的孩子自行雕刻和彩绘，让人们更深刻地体验满族风情，还可以充当座椅的作用。图6-4-13所示为满园文化墙和座椅设计。

图6-4-13　满园文化墙和座椅设计

6.4.3.4 栗子工坊

栗子工坊三面环山，大量的栗子、核桃种植，可以发展栗子农业经济产业链。发展栗子加工及衍生栗子相关产品，如栗子壳纸、栗子壳手作产品等。充分利用石城子村栗子产业优势，打造出独特的石城子村栗子农庄系列旅游产品和项目。通过三产融合打造石城子村创意休闲农业旅游新时尚地标。

栗子工坊核心是加工坊和体验坊，与之相配套的还有户外加工区、户外体验区、展示区、洗漱区、采摘区的功能空间（图6-4-14）。

加工坊是最主要的功能区，兼具生产、村民活动、展示等功能。栗子工坊的设计形式：位于栗子山脚下的三个简单方盒子，形成整个村部广场的新的空间界面语言，简单质朴。建筑易于当地村民建造施工，材料取自当地石材，呼应当地场所的自然条件（图6-4-15）。

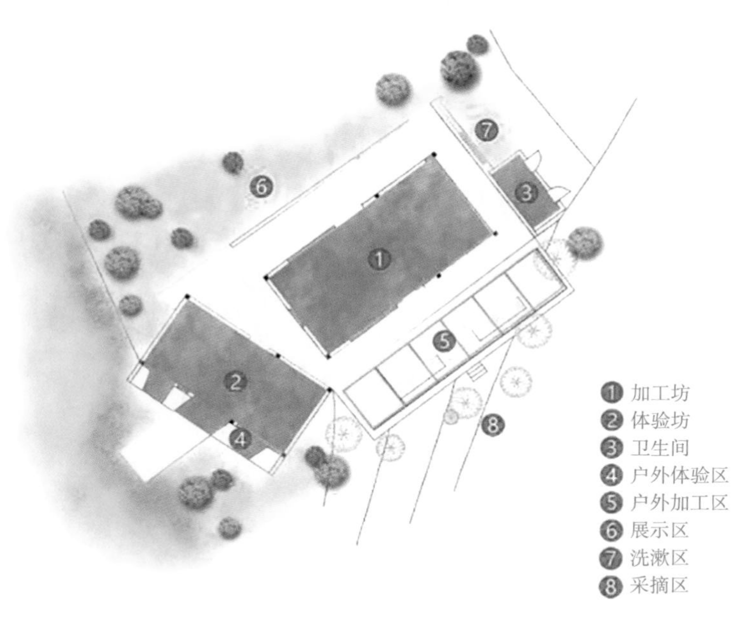

图6-4-14　栗子工坊平面图

图6-4-15　栗子工坊效果图

未来影响：栗子工坊作为石城子村唯一的农业体验建筑，对于三产融合起到实验+示范的作用。未来围绕栗子的附属产品会带动农民和游客产生更多学习体验的合作关系，对于石城子村栗子品牌形成、对外宣传、农民就业、增加经济收入都会产生重要的作用。

6.5 “自然园”空间设计

6.5.1 生态空间的基本情况分析

石城子村生态地图如图6-5-1所示。

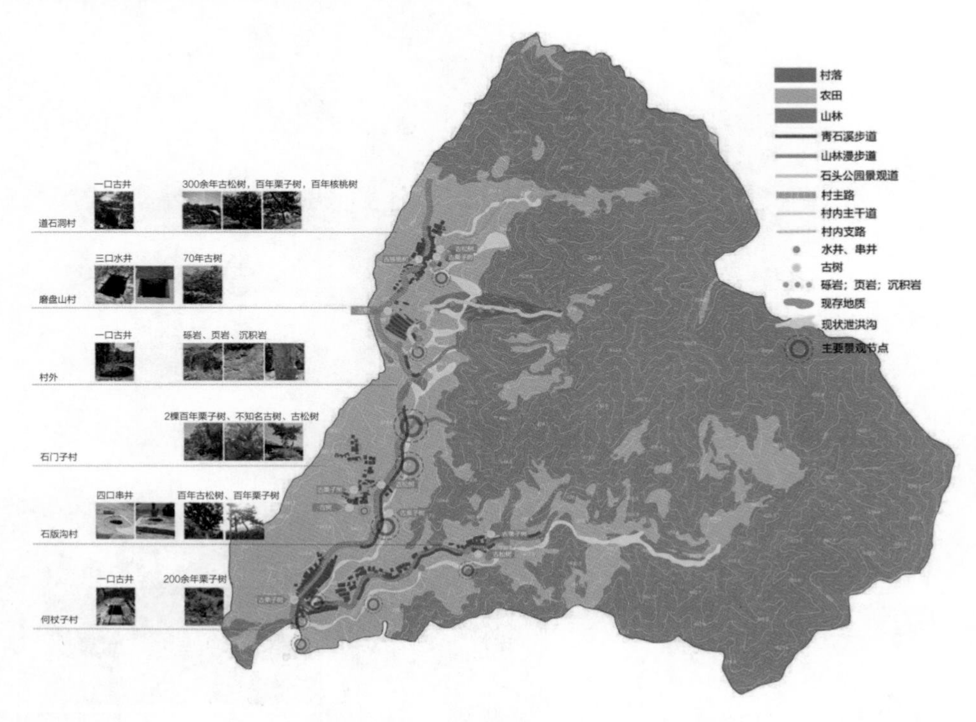

图 6-5-1　石城子生态地图

6.5.1.1 地貌生态空间

（1）地形、地貌。石城子村地处荒山、磨盘山、扎古山三座山相汇聚的底处，四周群山环绕、重峦叠嶂。石城子村地貌生态空间中大的地形单元主要为山地，存在小地貌冲沟地形、多级台阶等（图6-5-2）。

图6-5-2　石城子村地形地貌情况

（2）地质。石城子村石材资源丰富，山林和河道遍布大量的页岩、砾岩和石块。不论是山涧还是河道两旁，到处都可以看到各式各样的石块。

石城子村的岩性以中生代的岩浆岩（200万年左右）为主，从老到新还发育有太古代、早元古代的变质岩（2500万年左右），中、新元古代长城系的沉积岩地层（1600万年左右）。中生代的岩浆浸入其他岩石与地层中，清楚地反映此地区的岩石、地层特点，以及它们的先后新老、接触关系，是冀东地区区域构造演化的一个缩影与有力证据。它们具有地质学相关领域的研究意义，特别在普通地质学科普方面更为难得（图6–5–3 ~ 图6–5–5）。

图6–5–3　长城系沉积岩

图6–5–4　长城系砾岩

图6–5–5　长城系页岩

（3）土壤。石城子村主要土壤类型为棕壤和褐土，棕壤的成土母质类型主要是残积物、坡积物和洪积物，黄土堆积物上发育的棕壤很少。

6.5.1.2　水域生态空间

青龙满族自治县位于滦河流域和冀东沿海流域，共有6条主要河流和4条支流贯穿境内。

（1）水源。石城子村水源属于沙河支流，水渠穿过整个村落，由北至南最后经滦河汇入渤海，沙河洪水多季节性发生（表6–5–1）。

表6–5–1　石城子村水源

河流名称	境内河道全长（km）	境内流域面积（km^2）	50年一遇洪峰流量（m^2/s）	20年一遇洪峰流量（m^2/s）	发源地
滦河	64.3	3934.9	34000	10000	丰宁县
沙河	19	62.5	758	546	董家沟、拦马庄

（2）泄洪沟。由于地势较低，容易聚集雨水，村内泄洪沟是由于雨季降雨冲刷自然形成，成为串联五个小村子的水系。在不同村庄其宽度和高差略有不同，见表6–5–2。

表6–5–2　石城子泄洪沟

村落	泄洪沟	
何杖子村	泄洪沟最深处2.5m，高差较小，地势平缓	

续表

村落	泄洪沟	
石板沟村	泄洪沟高差较大，宽度差距较大，最宽处16m	
石门子村	泄洪沟宽度较宽，深度2.5～3.5m，形态完整	
磨盘山村	村内无，磨盘山上泄洪沟高差大	
道石洞村	泄洪沟最深处3m，高差较大，宽度较窄，有跌水、叠水现象	

（3）古井、串井、蓄水池。村庄目前重要用水来源为地下水井、水窖和蓄水池，村庄内共有13处蓄水池保留至今，水井分布于各个村落（表6-5-3、图6-5-6）。

村民用水为自来水饮水和水井打水。农业灌溉水为自来水引水和降雨。

表6-5-3　水井分布及数量

村落	水井类型及数量
何杖子村	1口古井
石板沟村	4口串井
石门子村	无
磨盘山村	3口水井
道石洞村	1口水井
村外	1口水井

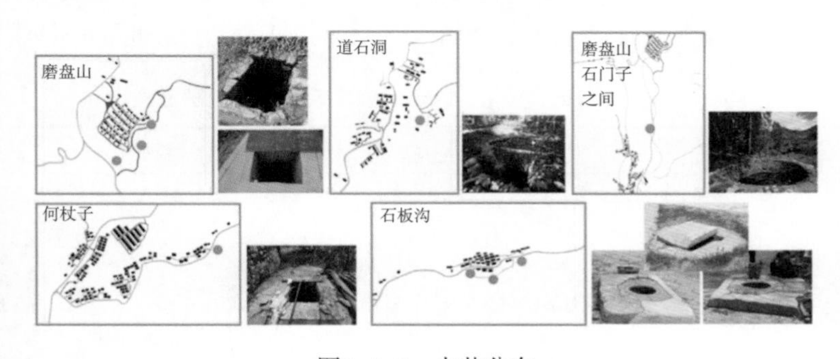

图6-5-6　水井分布

6.5.1.3　生物生态空间

（1）动植物。对现有植被的分析，除森林植被外，其他为果园用地与农耕用地居多，主要树种为板栗，核桃等。都山和祖山是丰富的生物多样性聚集地，其中包括29科61种鸟类、13科28种兽类、7科23种爬行和两栖动物，以及51科104种昆虫。各种植被及花期如图6-5-7所示。

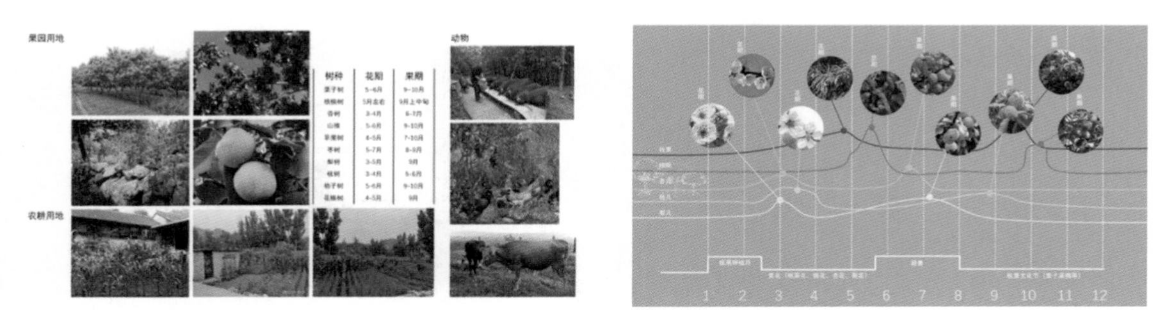

图6-5-7　植被及花期

（2）古树。对石城子村古树的种类、数量、位置的分析见表6-5-4和图6-5-8。

表6-5-4　古树分布

村落	古树
何杖子村	200余年栗子树
石板沟村	百年古松、百年栗子树
石门子村	两棵百年栗子树、不知名古树、古松树
磨盘山村	70年古树
道石洞村	300余年古松树、百年栗子树、百年核桃树

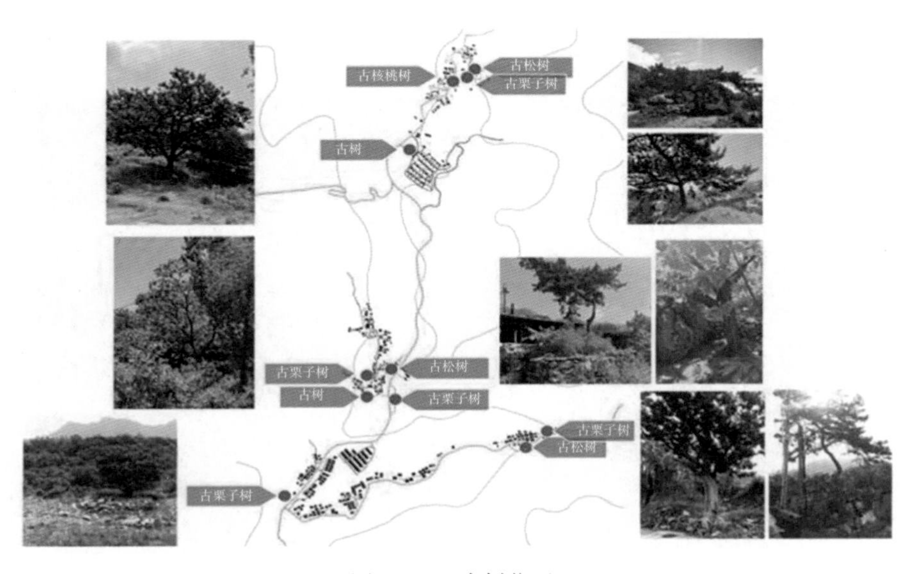

图6-5-8　古树位置

6.5.1.4 气候气象

石城子村地处中纬度，群山环绕，谷幽隘险。有名的山峰是磨盘山，在磨盘山村东南，海拔510m。该地区属大陆性半湿润季风气候，四季分明，气候宜人。年平均气温9.6℃，年平均降水量656mm，全年空气平均相对湿度40%，无霜期159天。全年PM2.5小于20μg/m³。日照充足、虫害少。主导风向来源于西南和东北方向，春季风力较大（图6-5-9）。

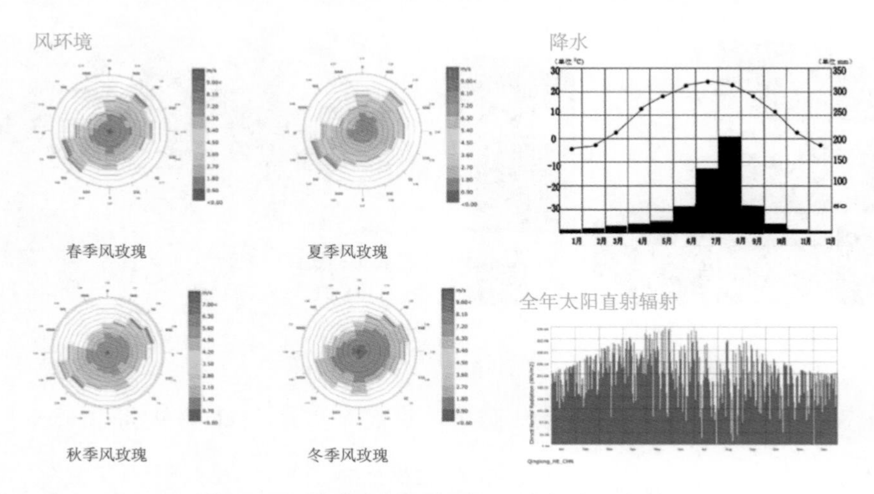

图6-5-9　风玫瑰图、降雨量、全年太阳直射图

6.5.2 总体布局

根据石城子村景观系统分析，自然生态空间占据整个村域85%以上。设计选取部分生态空间，将其分区块设计划分为四个部分。林园，包含生物生态空间中的小树林、地貌生态空间中的废弃矿坑和水域生态空间中的古井；石园，包含地貌生态空间中的石头公园和观星台；山野漫步，包含生物生态空间中的漫步道和水域生态空间中的蓄水池；青石溪，为水域生态空间中的泄洪沟（图6-5-10）。

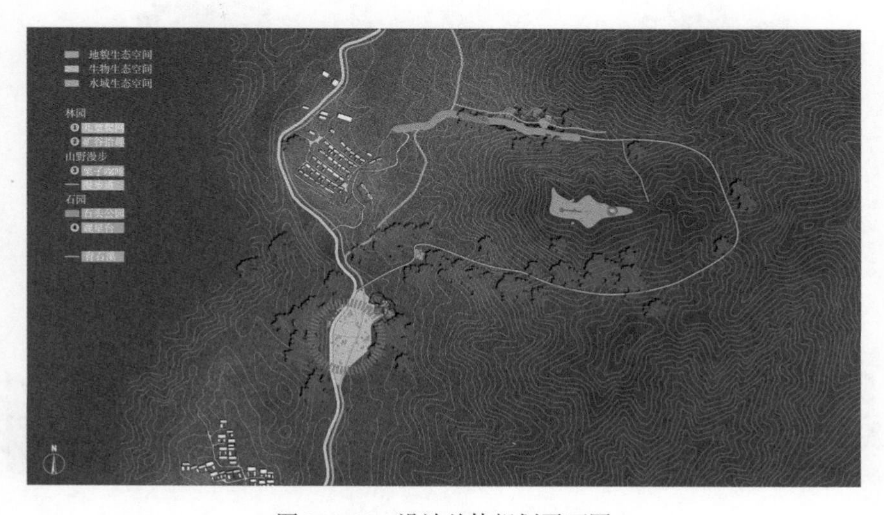

图6-5-10　设计总体规划平面图

在整个生态漫步道上主要分为两个大的主轴线道路：青石溪步道和山林漫步道。对村落的泄洪沟景观进行提升改造，将其打造成可观景、可游憩的滨水休闲长廊，使游客可以在青石溪步道上感受到自然的气息，进行休闲娱乐。

山地地形适合徒步旅行及研学等户外活动，为文化旅游和体验式旅游提供了机会。河岸边有各种自然植被和古树资源，可以开发为农业景观的梯田，同时也为环境教育和生态保护提供了机会。石头资源丰富，种类多样，可用于景观设计、艺术表现、科普研学等功能的石头公园。恢复原有栗乡生态主题，通过打造各个区域的景观节点，串联景观，带来丰富及复原山林景观，将石城子村打造为文化旅游乡野景观基地。

6.5.3　青石溪漫步道

6.5.3.1　现状情况及优化措施

（1）泄洪沟景观单一，以青石溪生态为优化重点，丰富青石溪沿线植物种类，打造适合北方气候的沿溪植物景观带，提高带状村落溪景观赏的价值。

（2）泄洪沟溪水季节性强，每年七八月为丰水期，其余月份为枯水期，夏季涨水、冬季枯竭的季节特性为溪水景观的维持带来了维护成本。因此提出缓性景观步道策略，通过整理改良河道品质、建设河床植被景观带、设计沿岸亲水平台来减少季节性溪水量带来的影响。

（3）河道沿线垃圾废弃物乱堆乱放，公共设施陈旧老化，公共空间断裂，河滩荒废，河道杂乱，河堤损坏，叠石众多，杂草繁茂，需要加强河道整治和水资源保护。通过系统的垃圾清理、河床整治、沿线设施统一修缮，为进一步的策略施工做好基础准备。图6-5-11所示为泄洪沟现状。

图6-5-11　泄洪沟现状

6.5.3.2　设计思路

石城子村自然景观核心生态要素主要包括山体、石头、森林、泄洪沟。结合村落泄洪沟现状，恢复生态景观是第一要义。提出保护生态环境资源的同时，打造和文旅结合的特色景观。首先，有针对性地进行泄洪沟生态修复，对损毁河床段进行重新整理，构建青石溪微型生态圈，才能进一步创造文旅景观价值。其次，在该流域针对性地结合区位因素进行节点设计，如青石溪石桥、水车、亲水堤岸、堤岸观景台、景观步道等。图6-5-12所示为青石溪总平面图。

（1）青石溪流域微型生态修复。青石溪的微型生态修复主要解决两方面问题。一方面，对河道进行整理改造，固水流水，以水养岸。另一方面，构建缓性生态景观，减少季节性流

图6-5-12　青石溪总平面图

水量带来的地貌变化。构建微型生态循环链，做到四季有景可赏。

①青石溪河道整理改造。为减少对河道生态环境的破坏，需要对河道内废弃物进行处理。在景观构建过程中应注意垃圾处理，防止废弃物对河道造成二次污染。在对青石溪进行固水微改造的时候，可以通过在适当位置修建硬性或柔性的固水坎，存水的同时带来景观观赏或实用价值。此外，合理的河道形态设计可以减少季节变化带来的景观差异。可以采用自然弯曲、退水滩等方式来减少河道的直线段，形成更自然的河流形态。此外，还可以利用河道两岸的起伏形态，设置观景平台和步行道等景观节点，方便游客欣赏美景，如图6-5-13所示。

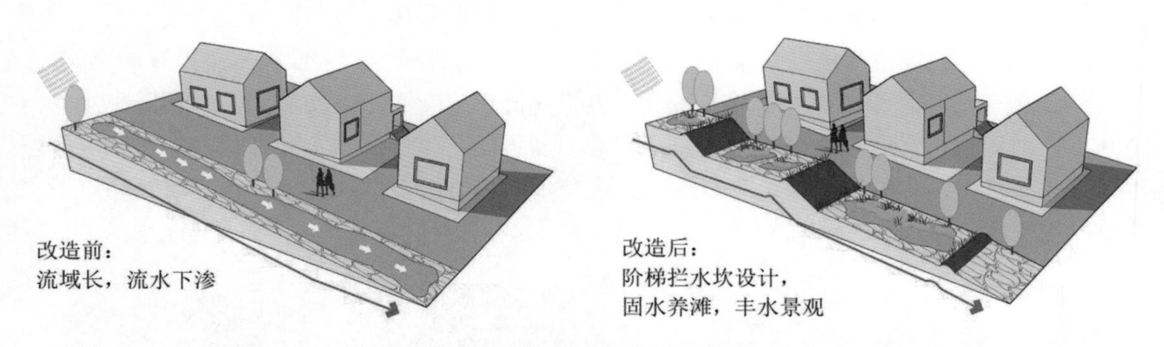

图6-5-13　青石溪固水微改造说明图

②构建青石溪河道缓性生态景观。通过在河床沿岸合理布置植被，可以有效增加河道的生态价值，并起到保护岸坡和抵御风沙的作用。可以选择适应当地气候条件的常绿乔木、灌木和草本植物，如香蒲、麦冬、芦苇等，尤其是应当加强河岸边缘的植被，以增强河道的稳定性（图6-5-14）。

图6-5-14　青石溪景观整理夏、冬效果图

为了实现河道气候微循环，可以在河道两岸设置树林和灌木带，利用溪水与树林的蒸腾作用，增加水分蒸发量和水气含量，促进河道湿度的提高。此外，在河道两侧设置湿地，增加水分的挥发和蒸散，形成气候微循环，使河道周围的气候更加宜人（图6-5-15）。

图6-5-15　青石溪生态微循环图

（2）青石溪栈道和桥设计。龙石溪木栈道置于步行道路一侧，突出青石主题，曲折临水穿于青石溪之间。木栈道与村庄小路、村民广场形成了公共生活核心区的步行系统，增加了亲水公共活动场地，改善周边村民的可达性与居住环境，提升村庄的空间亲水舒适性。石城子村泄洪沟的桥缺少识别性，基于微设计的原则，桥两边加简易格栅栏杆围护，如图6-5-16所示。

图6-5-16　何仗子段青石溪栈道和桥改造效果图

（3）青石口设计。场地位于石城子村入口的第一个节点，有一片宽度较大的泄洪沟，对面有一棵百年核桃树和老井，这个画面形成了水、井、古树的入村第一印象。因此，将这一片泄洪沟设计成青石溪口水景，结合入口的栗子装置、石头矮墙形成了石城子村口美好乡村的画面（图6-5-17）。

图6-5-17　青石溪口设计效果图

6.5.4　林园（村民共建）

6.5.4.1　场地分析

在石城子村沿主路中间地带有一片高大茂盛的小树林，散落一些大大小小石头，树林边缘一角有一口古井。废弃矿坑距离林园较近，开采之后没有进行修复，碎石多，山体坡度陡。因林地树荫多，相较于村内其他地方更为凉爽，在空闲时间，村民多愿意带着孩子来此玩耍。综合场地位置与情况，选择将这片林地打造成为自然研学园，用于儿童娱乐、村民交流或各种活动场地。

6.5.4.2　设计策略

林园在爬网儿童活动区，受到了当地孩子们的喜爱。后期将矿坑与林园区域结合，以娱乐、学习融合的方式设计自然研学空间。

6.5.4.3　设计方案

以自然研学为主，设置三个主要节点，形成不同主题的研学空间：如儿童攀爬区、林园小舞台、矿谷拾趣。

（1）儿童攀爬区。林地中营造攀爬网，用横向展开的60m红色攀爬网作为构图核心，在绿林中营造一种忽隐忽现的红飘带。通过高低不同的六边形节点相连，节点设置出入口，可灵活上下（图6-5-18）。

攀爬网空间入口处有一些散落的大大小小石头，以满族色彩及纹样元素进行涂鸦装饰，形成围合感休息空间（图6-5-19）。雕刻小鸟木牌悬挂树木之上或立于周围树林之间，形成鸟类科普，保护生物多样性。未来逐步增添学生和村民能够建造的适合乡村的其他运动游乐设施展开研学体验活动。

图6-5-18　攀爬网效果

图6-5-19　石块涂鸦形成围合空间

落地过程和最终效果如图6-5-20 ~ 图6-5-22所示。

图6-5-20　儿童攀爬网落地过程

图6-5-21　设计图修改前与修改后

图6-5-22　落地过程与效果

（2）林园小舞台。在林园一期儿童爬网区对面有一片小树林，自然围合圆形空间，沿用网元素纵向围合林园小舞台界面。小舞台原本铺装设计为防腐木，为节约造价，选择将防腐木平台改成水泥涂色，在平台上刷涂料，以湖蓝色为底色，上面绘制儿童跳格子图案。落地过程与效果如图6-5-23所示。

图6-5-23　林园小舞台落地过程与落地效果

（3）矿坑改造。矿谷拾趣初期方案以简易的木板拼接形成攀岩娱乐区域。根据村民的讲述，场地春夏季会生长植物，对设施造成影响，原本的土质也无法牢固固定木板。修改矿坑部分的设计，以混凝土浇筑的方式，几何形状拼接成凹凸起伏的地平面重塑山体，呈现矿坑遗迹之感。融入攀爬墙、爬行隧道、滑梯等功能，为儿童提供了丰富多样的娱乐选择和游戏体验。攀爬物用不同年代、不同种类的矿石块代替，两侧标注简单科普知识。以娱乐体验的形式，让游客能够直观地了解地质矿物的知识。保留原有的墙体，墙壁上镶嵌矿石样本，地面绘制矿坑开采流程的介绍（图6-5-24）。

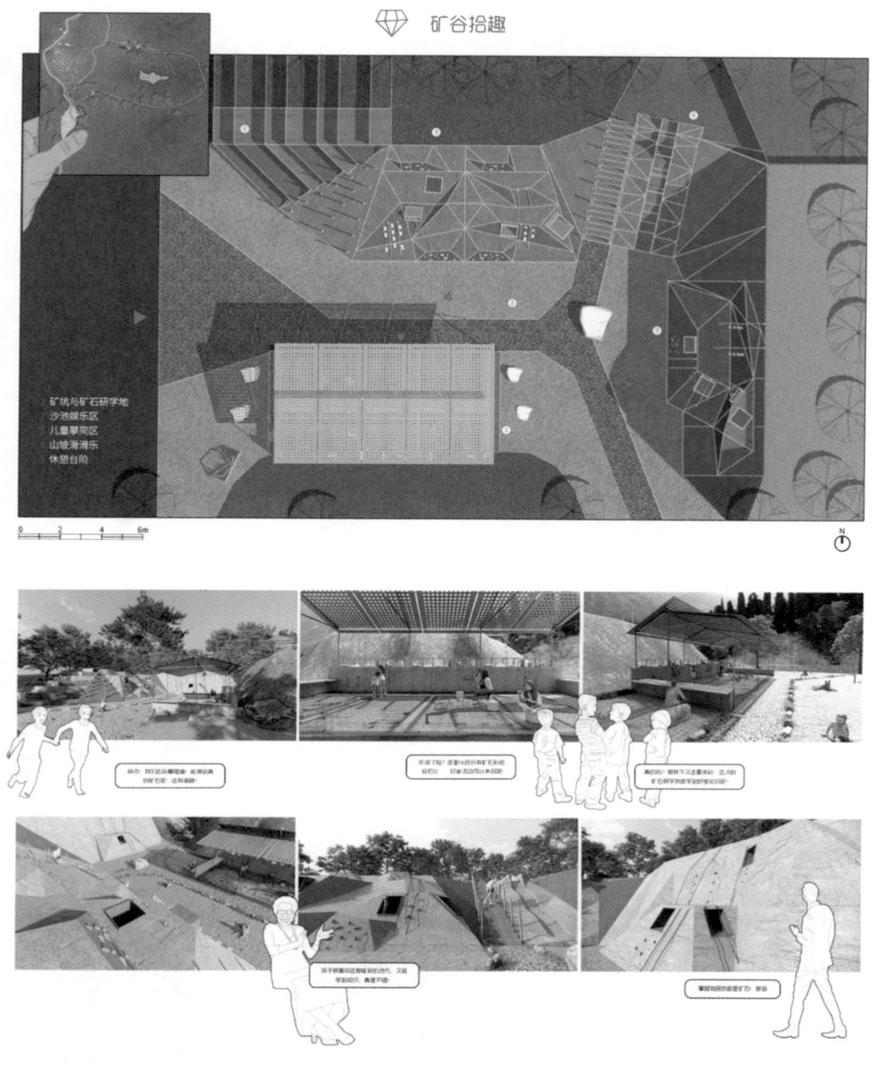

图6-5-24　矿谷拾趣平面及效果图

（4）栗子咖啡屋。在林园最上面和栗子林接壤处，有一个废弃的储水房，拟打造成林下咖啡屋，形成山林漫步节点，提炼板栗作为设计语言。蓄水池一侧难得的平坦空地作为户外停留空间，保留场地原有石块及树木。原本蓄水池体量小，在开敞的蓄水池顶部加建露台，植入新的平台空间进行扩建。蓄水池原有间隔200mm的钢筋骨架结构，设计要考虑如何在不伤及骨架的基础上保证内部的采光。经过跟村内师傅的沟通，确定在墙面做格子状开口，避开钢筋结构。以横向的格子窗，供人们在吧台眺望山体景色（图6-5-25）。

（5）栗子屋IP。栗子屋的落地遇到许多问题，前期进行了多次沟通，最难以解决的问题就是材料费用的昂贵；经过与村民讨论后，选定镀锌钢管为施工材料，以此压缩成本；为防止钢管户外生锈，又附加烤漆工艺，在颜色上也更贴近栗子形象。栗子框架的搭建相对顺利，但由于对编织方式了解不充分，在外部编织上出现问题。好在村民对编篮子这类编织方式非常熟悉，三两村民一起商量讨论，很快讨论出了解决方案（图6-5-26）。

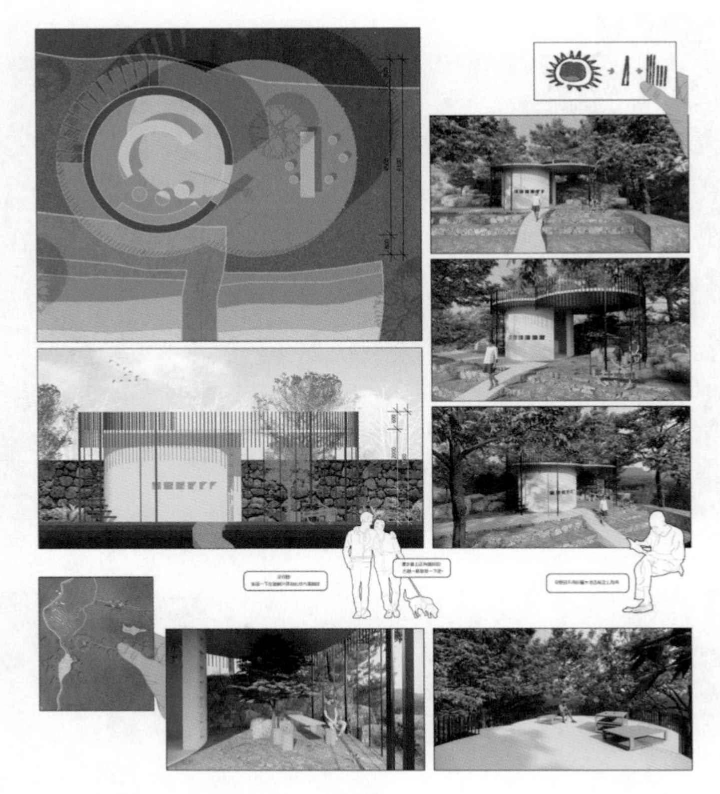

图6-5-25　栗子咖啡屋效果图

图6-5-26　落地过程与效果

6.5.4.4　村民游客参与体验

为了更好地帮助石城子村建立一个未来能够自我发展的村民自建模式，乡村研学可以作为村民经济收入和乡村文化活化的窗口。带动村民就业，村民能够真正成为村子发展的主导者，对于村民“造血”是关键。村民要学习如何利用自身力量自我营造环境，成为未来自然研学的导师，甚至景观空间研学的主导者。这一过程其实是村民和设计者相互学习的过程。

帮助石城子村建立营造研学公众号和小程序（图6-5-27、图6-5-28），发布研学信息和旅游宣传。招募村庄内外的家庭、游客来石城子村参与暑期夏令营、自然研学社等活动，让游客也能与村民一起，参与体验动手建设乡村，真正激活村庄的内部活力。带领村民初步探索石城子村研学，开展“手工艺赋能乡村振兴”“乡村闲余空间再生活化”为主题的研学营活动。采用当地谷物、栗子作为原材料进行艺术创作，引导当地居民和游客通过观察发现美丽的自然景观及朴实的传统村落所独有的田园风光，让乡村自然生态景观处处呈现艺术美。培训村民导师，将研学实践与乡村振兴结合在一起（图6-5-29、图6-5-30）。

图6-5-27　石城子村建造研学公众号和小程序

图6-5-28　发布研学信息软文

图6-5-29　游客、村民参与活动

图6-5-30　村民、游客参与谷物粘贴画

6.6　石头公园设计

6.6.1　总体规划

6.6.1.1　路线规划

为提供更丰富的游览体验，设计规划包含多条线路，包括高差较大的线路和较短的线路。游客可以根据个人能力和兴趣选择合适的线路。主要节点考虑了地质景观的特色和吸引力，以及与周边景点的连贯性。节点的选择基于地形地貌、景观元素、可达性及游客流量等因素进行综合评估，确保游客能够在各个节点获得丰富而有意义的体验。

此外，游览线路的设计还考虑了游客的安全和舒适感。合理设置观景台、休息点和导览标识等设施，以提供方便的休憩和信息导引，使游客在游览过程中得到良好的引导和支持，提供丰富而舒适的游览体验，同时兼顾地质景观的可持续保护（图6-6-1、图6-6-2）。

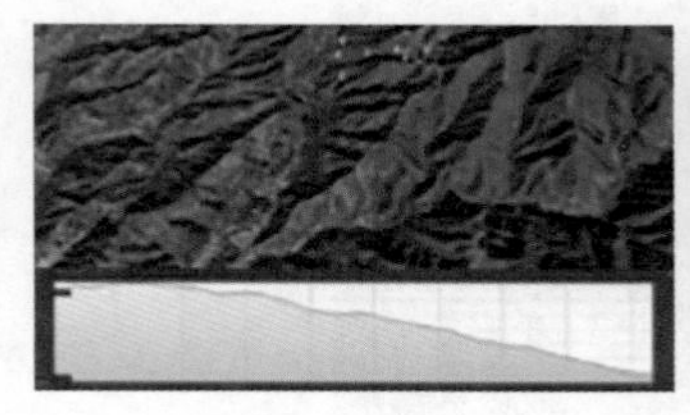
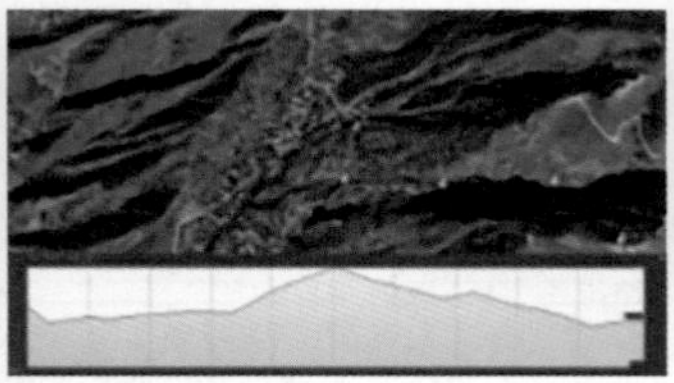
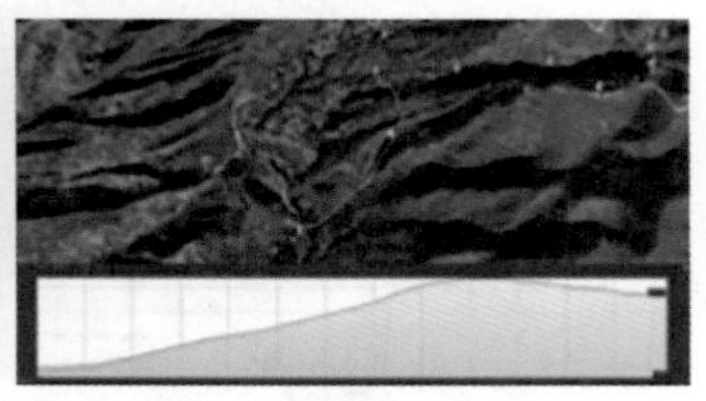

图6-6-1　坡度及长度分析

图6-6-2　线路规划图

6.6.1.2　节点规划

基于三条主要游览路线的基础，充分考虑了每条环线的特点及主要受众人群的需求，同时对环线交会点、人流集中点、村民意愿和场地条件等要素进行了综合分析。通过这一分析，确定了石头公园、石迷宫、箭翎园和观星台等作为主要节点，并辅以流水剧场、林下漫步道、观景台等次要节点，共同组成满石文化地质公园的景观节点体系。

石头公园作为具有梯田状石滩和栗树种植的景点，展示了地质景观的独特魅力。石迷宫以村民共建的方式结合满族文化元素，为游客提供了探索和学习的双重体验。箭翎园作为满族骑射体验点，具有宣扬满族文化的作用。观星台位于山顶，俯瞰整个景区，为游客提供了壮丽的景观和观星的机会。

次要节点如流水剧场、林下漫步道和观景台则在整个景区中起到补充和丰富的作用。流水剧场通过自然水流的流动和音乐表演，为游客带来视听上的享受。林下漫步道则为游客提供了一个亲近自然、感受植被景观的舒适空间。观景台则以其良好的视野和观赏设施，使游客能够全方位地欣赏周围的地质景观（图6-6-3、图6-6-4）。

图6-6-3　整体分区

图6-6-4　节点规划

6.6.2　地质公园节点设计理念

6.6.2.1　石头公园

石头公园是满石地质公园整体规划中的第一个大型节点，充分尊重场地环境，保留了原有的阶梯式场地，并将步道置于其中。公园步道的形态以满族文字为原形意象，经过对场地情况的抽象和简化，形成了贯穿场地的折线步道（图6-6-5）。

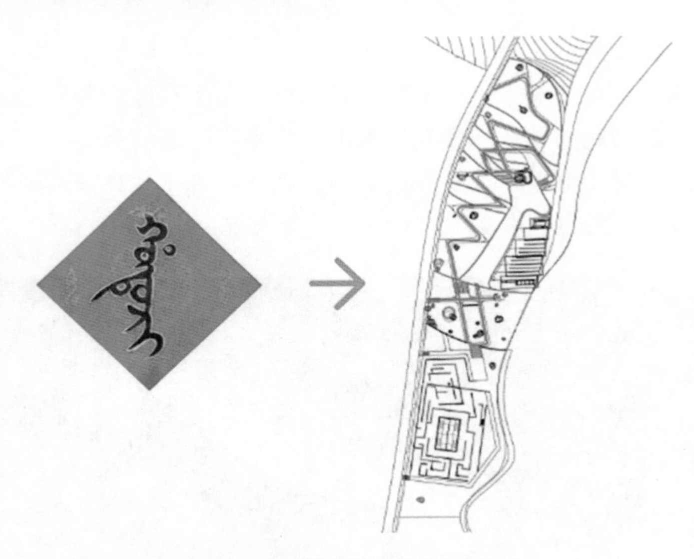

图6-6-5　道路形态分析图

石头公园作为满石地质公园的起点，从栗园开始，途经箭翎园等多个节点，最终到达石迷宫作为结尾和高潮。这些小节点和景观建筑形成了一个完整的公园空间，为游客提供了多种休闲和观赏的选择。同时，沿着上山步道设置了四个出入口，具有较好的可达性和开放性（图6-6-6、图6-6-7）。

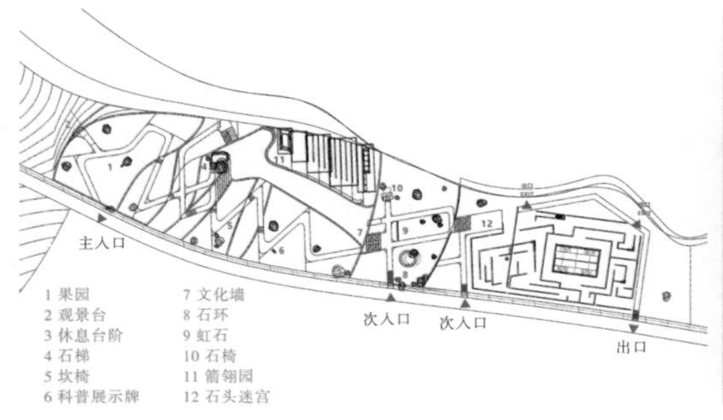

图6-6-6　石头公园平面图

图6-6-7　石头公园鸟瞰图

6.6.2.2　观星台

观星台是满石地质公园的最后一个节点，位于制高点，拥有优越的观景条件。目前，观星台的场地状况为四组相互连接的平台，通过坡道相连，除了坡道外，场地开阔平坦，基地先天条件良好。设计理念旨在延续地质公园的粗犷坚硬特性，利用原有坡道作为基础道路，结合硬朗的折线形景观节点和小道，充分利用场地的出色基质条件，最大限度地保持场地氛围感，并确保观景条件不受视线影响（图6-6-8、图6-6-9）。

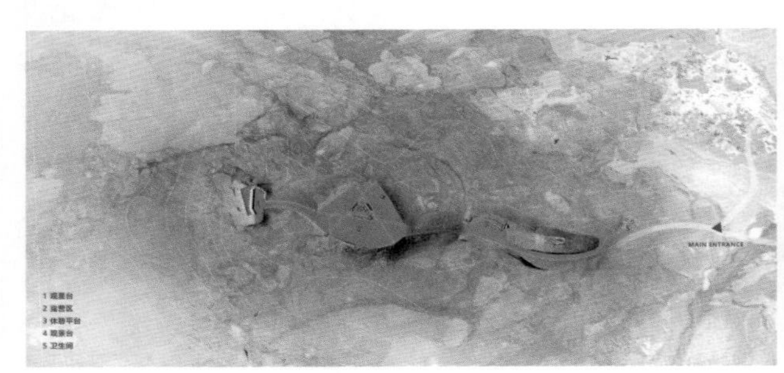

图6-6-8　观星台平面图

图6-6-9　观星台鸟瞰图

6.6.3　空间营造措施

在空间营造中，本设计遵循以保护优先和强化场所体验为核心的设计策略，并运用以下几种设计手法对节点空间进行活化设计。

6.6.3.1　负向空间积极化

基于石头公园场地较为残破杂乱的环境原始条件，本设计运用负向空间积极化的手法对其部分空间进行改造和设计。

如栗园观景台，该节点设置于场地东侧临近断坎处，由于安全问题成为场地死角，然而其位于场地高点且面向峡谷的地理条件使其具有较高的景观价值。因此，本设计选择采用耐候钢作为建造材料，并采用简约的形态和较小的尺度，以减少其对自然景观的破坏，同时保证环境美观度，提升观景的安全性，并充分发挥其观景优势（图6-6-10 ~ 图6-6-13）。

箭翎园位于石头公园原场地的山壁缓坡区域，处于场地内部且相对偏远，然而，箭翎园也是场地内唯一大面积较为平坦规整的区域。为此，本设计在该地块建造具有射箭及传统民俗活动体验功能的半开放式景观建筑，通过引入互动性、参与性的功能吸引游客，达到活化场地的目的。其建筑形态分别将满族传统民居及跨海烟囱抽象化，起伏的屋顶下形成半开放式石木结构景观建筑。内部空间由管理区、射箭区和卫生间三部分组成，其中射箭区设置三种不同规格箭道，满足不同人群使用需求，各箭道间以彩色PC板隔断，既保证透光性也融入了满族传统色彩体系。内部空间逐层抬升以应对缓坡地面，体现对自然的尊重，减少对原场地自然环境的破坏（图6-6-14～图6-6-17）。

图6-6-10　栗园实景图

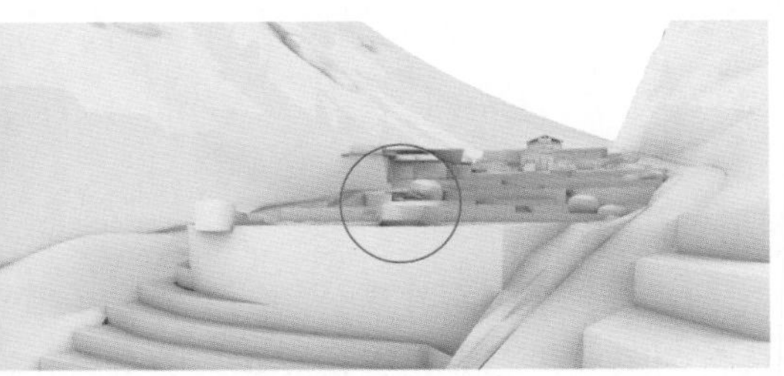

图6-6-11　断坎模型示意图

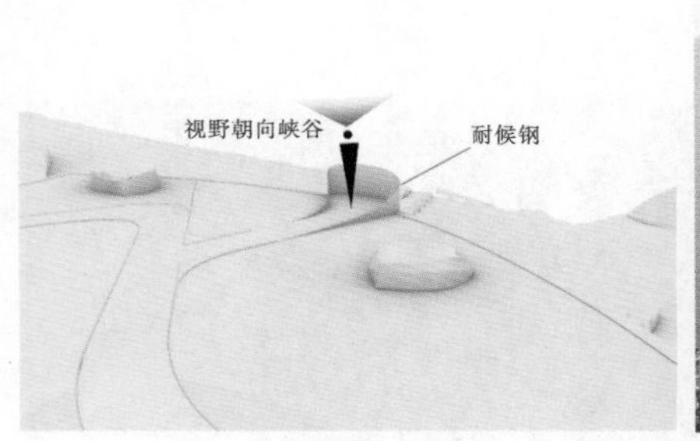

图6-6-12　栗园观景台分析图

图6-6-13　栗园观景台效果图

图6-6-14　箭翎园场地现状

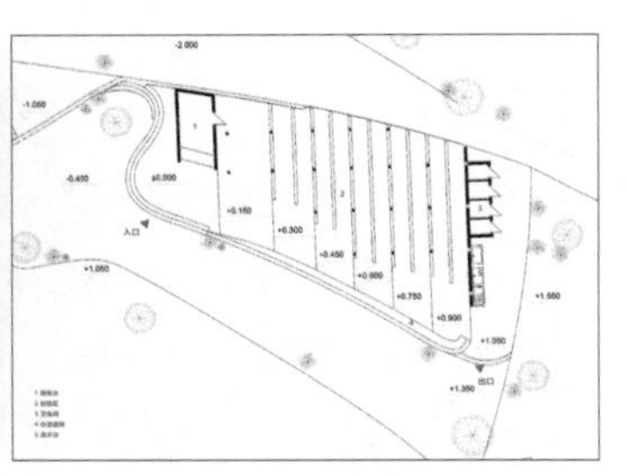

图6-6-15　箭翎园平面图

图6-6-16　箭翎园效果图

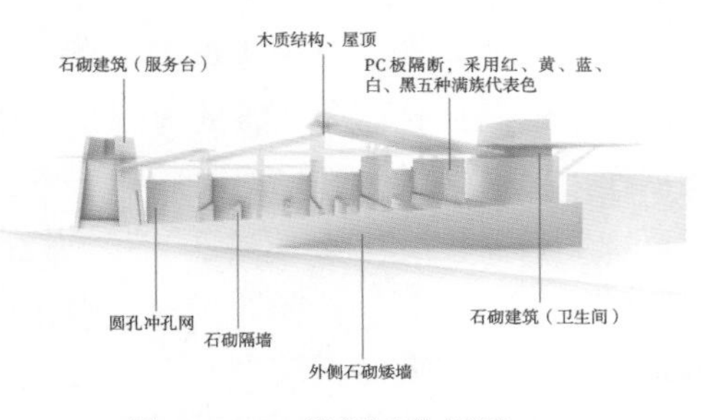

图6-6-17　箭翎园分析图

6.6.3.2　场地材料再生

设计采用场地材料再生综合设计理论，充分利用原场地丰富的石材和木材资源条件，将基础功能性设施与再生设计理念相结合，赋予其实用性和观赏价值。通过运用在地性材料进行加工和设计，结合切割石块、黄色花纹钢板、耐候钢板和木板等不同材料的综合运用，与场地原有地形相结合，创造了石梯、石环、石椅和景座等具备装置艺术功能的实用性节点及互动性光学装置——虹石。该设计手法有利于提升节点的品质和吸引力，为游客提供更好的观赏和使用体验，使功能性节点不仅满足基本功能需求，也融入景观元素，使其与环境和谐统一且具有吸引力（图6-6-18～图6-6-21）。

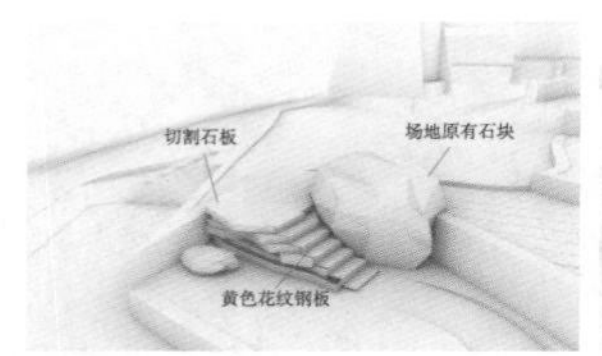

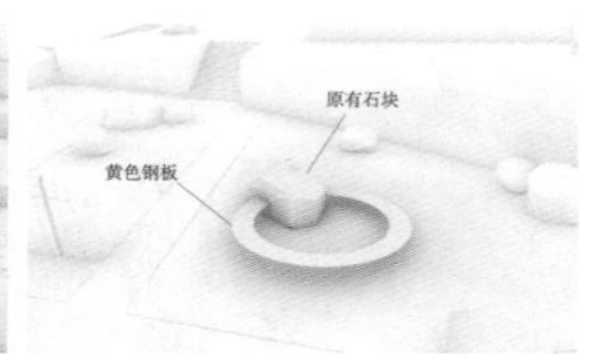

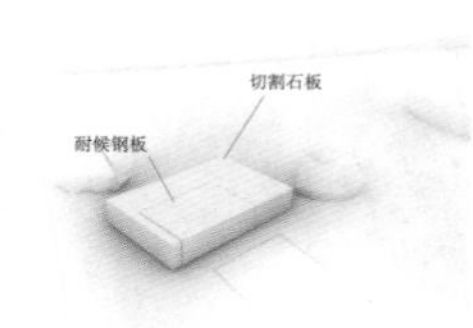

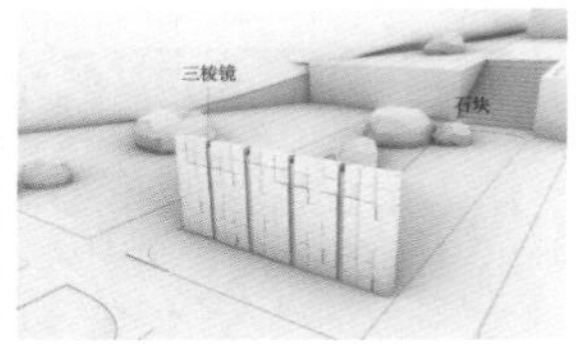

图6-6-18　装置分析图

图6-6-19　装置效果图

图6-6-20　景座效果图

图6-6-21　虹石效果图

6.6.3.3　传统元素重构

基于石城子独特的满族民族文化遗产和丰富的地质景观遗产，本设计采用了文化遗产整合设计手法，通过科普性装置以展示传统文化元素和地质景观特性。设计目标旨在提升石头公园的教育价值，满足面向家庭游客的需求。在设计中，运用了展示牌、文化墙、图腾墙等方式来呈现相关科普信息。

通过展示牌的设置，游客可以获得关于地质景观形成过程、地质特征和自然生态等方面的详细知识。这种简洁明了的展示方式旨在提供易于理解和吸收的信息。同时，将文化墙与楼梯侧墙结合，有效减少了人工构筑物对环境的干扰和侵入。作为一个综合性的展示区域，这里展示了地质公园的历史背景、文化遗产和满族传统等重要内容。通过使用满族剪纸图形、满族图腾和满族服饰等图文并茂的展示手法，游客能够深入了解满石地质公园所具有的独特魅力（图6-6-22～图6-6-27）。

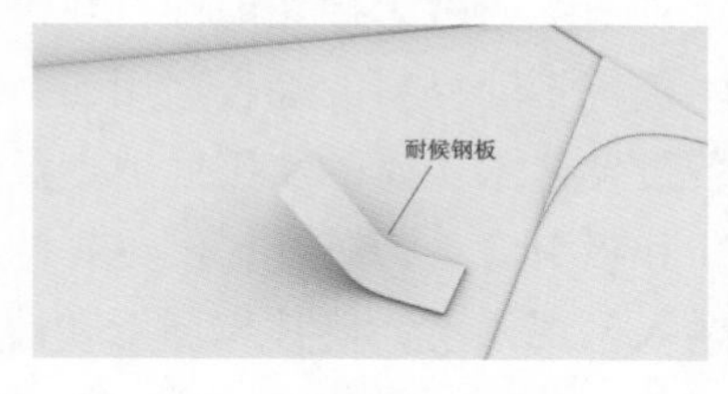

图6-6-22　展示牌分析图

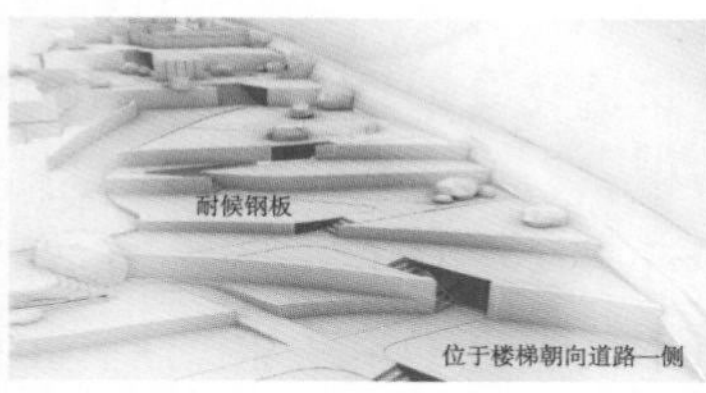

图6-6-23　文化墙分析图

图6-6-24　图腾墙分析图

图6-6-25　展示牌效果图

图6-6-26　文化墙效果图

图6-6-27　图腾墙效果图

6.6.3.4　遗产重塑

设计中，石头迷宫节点以原场地所保留的传统民居遗迹为核心，采用亚克力、铁丝网等现代材料，通过重塑满族传统民居结构的方式进行遗迹再塑。这样的设计手法创造了具有轻盈感和虚幻感的超现实装置，旨在以现代的方式向游客展示传统民居的特色，同时确保不对自然风貌造成破坏。

石头迷宫的布局采用了半开放式的设计，利用场地原有的石块进行搭建。与传统式迷宫不同，石墙的高低错落安排形成了多个不同尺度感的围合空间，创造了丰富的视觉效果。迷宫内部融入了多个科普性和参与性装置，这些装置基于满族图腾、满族非物质文化遗产、满族文字等元素，增添了迷宫科普意义，同时也丰富了游玩体验。

迷宫内部，石墙之间保留狭小空间，以创造更通透的视觉效果，并为儿童提供了更自由的游玩路径。此外，迷宫设置四个出入口，旨在确保安全性和通透感。

通过以上的设计手法，本设计既保留了传统民居的文化遗产特色，又融入了现代的设计理念和材料，创造出具有独特魅力和丰富体验的石头迷宫。这样的设计手法旨在为游客提供与满族文化互动的机会，促进对满族传统文化的认知和传承。同时，设计考虑到了安全性、通透感和视觉效果的平衡，为游客提供了安全、愉悦和丰富的游玩体验（图6-6-28～图6-6-31）。

图6-6-28　场地现状

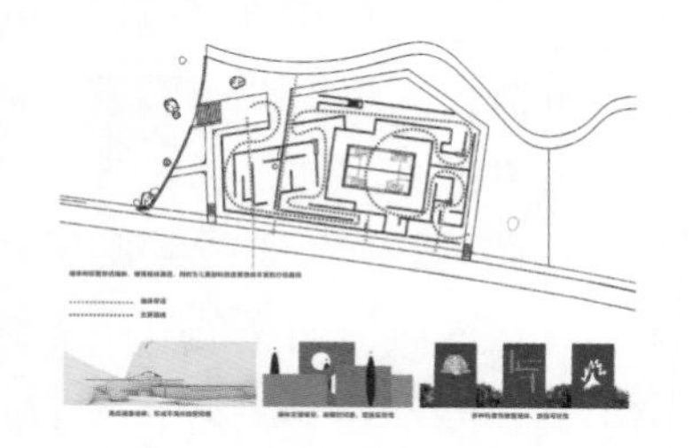

图6-6-29　迷宫平面图

图6-6-30　迷宫分析图

图6-6-31　迷宫鸟瞰图

6.6.4　原生场地轻介入

设计中，原生场地的元素被充分考虑和利用，以尊重和保护自然环境。根据场地的需要进行轻微的介入和改造，以满足使用者的功能需求，同时最大限度地减少对场地原貌的破坏。原生场地轻介入的设计手法强调与自然环境的共生关系，追求设计与场地之间的和谐统一。保留和突出场地的独特魅力和特征，同时提供优质的使用体验和功能性。该设计手法反映了对环境可持续性的关注，旨在创造出具有在地性的设计方案，并为人们提供与自然亲近的场所。

本设计以观星台所拥有的独特天然观景条件为基础，旨在最大限度地尊重场地的开阔、荒野和平坦特性，并充分利用场地的高差变化来设计不同的观景和观星角度，以创造优越的观景、观星和露营体验。设计中融入了观景台、卫生间、露营地和观星平台等节点，通过协调处理场地与设计元素之间的关系，以最小的干预来重新塑造场所感（图6-6-32、图6-6-33）。

图6-6-32　场地现状（一）

图6-6-33　场地现状（二）

观景台的设计利用了场地内原有土丘形成的观景高点，并采用耐候钢材质和流线型的造型，以呈现从地面生长出来的形态，形成观景平台。同时，在观景平台的上部添加了科普展板，以增加教育功能（图6-6-34、图6-6-35）。

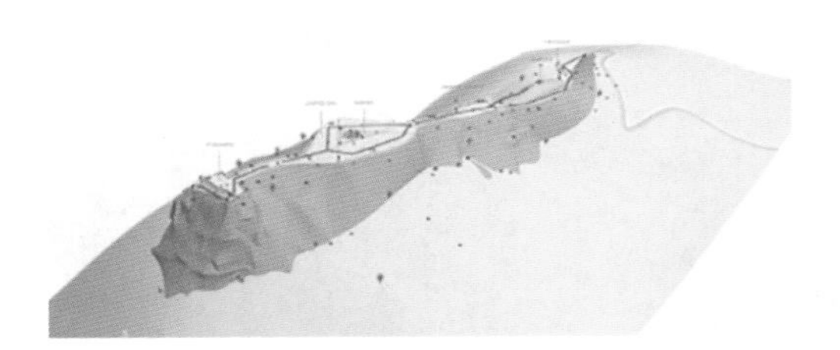

图6-6-34　观星台分析图（一）

图6-6-35　观星平台分析图（二）

露营地的设计以场地原有的形态为基础，将对角线连接起来形成步道线路，并在交错处设置了篝火区，以轻量化的设计为平坦而宽阔的场地增添了空间核心，加强了场所感，满足了游客的露营需求（图6-6-36、图6-6-37）。

图6-6-36　露营地鸟瞰图

图6-6-37　篝火区效果图

观星平台充分利用场地本身的高差特点，向外延伸出两个不同高程的观景平台，为游客提供多样化的观星和观景体验。此外，还利用山地坡度形成观星躺椅，并将护栏、矮墙等防护性设施与科教功能相结合，形成日晷、星图等科普性装置，为观星平台增添了教育意义和互动性活动，以轻介入的方式丰富了场地的功能。基础设施，如休息区座椅，则以折线元素为基础，形成具有雕塑装置感的设计，既美化了场地又具备实用功能。

通过原生场地轻介入的设计手法，本方案充分发挥了场地的自然特点，为游客提供了丰富多样的观星、观景和露营体验，同时满足了科普教育的需求，以达到活化场地的目的（图6-6-38～图6-6-43）。

图6-6-38　观星平台效果图

图6-6-39　躺椅效果图

图6-6-40　星图装置效果图

图6-6-41　日晷装置效果图

图6-6-42　观景台效果图

图6-6-43　休息区效果图

6.6.5　流水剧场设计

6.6.5.1　阅读场地

流水剧场位于磨盘山村东部狭小山谷之中。基地东侧和北侧悬崖峭壁，中心是一处人工蓄水池，南侧为阶梯状蓄水池护坡（图6-6-44）。

顺坡而下，站在蓄水池边远望，东、北面是大自然刀劈斧凿的石壁，南侧是充满人工砌筑痕迹的阶梯挡土墙，它们与葱绿的远山在一池碧水的映射下融为一体，呈现出一种“虽为人造，宛若天开”的和谐图景。

图6-6-44　流水剧场现场

6.6.5.2　场地互文

任何一个文本都是在它以前的文本的遗迹或记忆的基础上产生的，或是在对其他文本的吸收和转换中形成的。

在文本、空间的互文影响下，一个天然的高山流水剧场自然而然地呈现在设计师的眼前——场地北面的悬崖色彩单纯，形式完整被全部保留，不做任何处理，就成为剧场独特的舞台背景，同时石壁平直而微微前倾，又如天然的声音反射板，使其具有很好的声学效果。石壁这一独特形式不仅使其成为舞台背景，也成为演出者本身。场地东面的悬崖瀑布犹如舞台的侧幕，对崖下空间经过平整处理，与室外楼梯结合就成为天然的舞台侧台和半地下灯光音响控制室（图6-6-45、图6-6-46）。

图6-6-45　石壁舞台背景墙

图6-6-46　舞台侧台和半地下灯光音响控制室

南侧弧形阶梯状的护坡环抱石壁和水池，对高度、宽度经过重新调整就成为观众席，逐渐抬高的观众席与石壁和水池共同形成凝聚的场。看台的形状并不追求对称，而是根据原有地形等高线被设计成自由的曲线状态，进一步强化了场地的在地性（图6-6-47）。至此，在高山流水、蓝天白云之间一个独特的室外流水剧场就这样自然天成（图6-6-48～图6-6-50）。

图6-6-47　室外自由曲线观众席

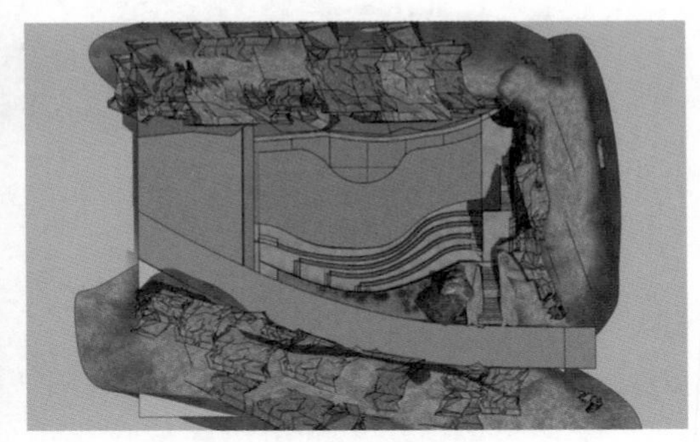

图6-6-48　流水剧场总平面

图6-6-49　流水剧场演出场景

图6-6-50　流水剧场夜晚演出场景

6.6.5.3　弱建筑、强场所——人与自然共生

在这个由自然与声音共同雕刻而成的天然剧场里，由于采用了最小化人工介入的“弱建筑”手法，从而基于自然本身塑造了具有独特气质的场所。在这里，人们不仅可以看到声音的形状，听到自然的声响，也可以作为日常人与人、人与自然交流的公共场所；在这里，表演者坐在水的中央忘情弹奏，声音经过石壁的反射，与瀑布的混响，随着西流的池水，越过高山传播向四方；在这里，人们能感知到阳光、雨雪和四季的变化，也能听到平常被忽略掉的风声水声、鸟叫虫鸣……在高山、流水、人之间，一种人与自然的共生场景自然呈现。

参考文献

[1] 彭一刚. 传统村镇聚落景观分析 [M]. 北京：中国建筑工业出版社，1994.

[2] 宁志中. 中国乡村地理 [M]. 北京：中国建筑工业出版社，2019.

[3] 费孝通. 乡土中国 [M]. 北京：北京时代华文书局，2018.

[4] 杜威·索尔贝克. 乡村设计：一门新兴的设计学科 [M]. 奚雪松，黄仕伟，汤敏，译. 北京：电子工业出版社，2018.

[5] 金岩. 高校实践赋能乡村振兴：石城子村规划设计和校村营造实践 [M]. 北京：中国纺织出版社有限公司，2023.

[6] 黄铮. 乡村景观设计 [M]. 北京：化学工业出版社，2018.

[7] 吕勤智，黄焱. 乡村景观设计 [M]. 北京：中国建筑工业出版社，2020.

[8] 张大玉. 北京古村落空间解析及应用研究 [D]. 天津：天津大学，2014.

[9] 陈前虎. 乡村规划与设计 [M]. 北京：中国建筑工业出版社，2018.

[10] 梁雪. 传统村镇实体环境设计 [M]. 天津：天津科学技术出版社，2001.

[11] 叶齐茂. 村内道路 [M]. 北京：中国建筑工业出版社，2010.

[12] 凯文·林奇. 城市意向 [M]. 项秉仁，译. 北京：中国建筑工业出版社，1990.

[13] 简·雅各布斯. 美国大城市的死与生（纪念版）[M]. 金衡山，译. 南京：译林出版社，2006.

[14] 芦原义信，尹培桐. 街道的美学 [M]. 天津：百花文艺出版社，2006.

[15] 芦原义信. 外部空间设计 [M]. 尹培桐，译. 北京：中国建筑工业出版社，1985.

[16] 扬·盖尔. 交往与空间 [M]. 何人可，译. 北京：中国建筑工业出版社，2002.

[17] 约翰·布林克霍夫·杰克逊. 发现乡土景观 [M]. 俞孔坚，陈义勇，莫琳，等译. 北京：商务印书馆，2016.

[18] 鲍梓婷，周剑云. 当代乡村景观衰退的现象、动因及应对策略 [J]. 城市规划，2014，38（10）：75-83.

[19] 莱奥内拉·斯卡佐西，王溪，李璟昱. 国际古迹遗址理事会《关于乡村景观遗产的准则》（2017）产生的语境与概念解读 [J]. 中国园林，2018，34（11）：5-9.

[20] 毛志香. 国内外乡村景观规划设计研究现状及发展动态分析 [J]. 现代园艺，2020，43（15）：44-46.

[21] 王慧，孙磊磊. 基于共生理论的乡村景观设计策略研究 [J]. 建筑与文化，2020（11）：98-100.

[22] 胡斌，邹一玮，马若诗. 乡村文化景观遗产综合调查与评价体系研究 [J]. 风景园林，2021，28（9）：109-114.

[23] 凌霓，张姮. 2000年以来国际乡村遗产旅游研究特征与趋势：基于CiteSpace知识图谱分析 [J]. 衡阳师范学院学报，2020，41（6）：84-96.

[24] 罗德胤. 博物馆学视角下的乡村遗产展示利用 [J]. 中国文化报，2015（1）：1-2.

[25] 金岩. 跨学科实践助力乡村自治模式 [J]. 艺术设计研究，2016（4）：75-79.

[26] 孔达，杜晓帆. 博物馆学视角下的乡村遗产展示利用：以贵州楼上村为例 [J]. 中国文物报，2020

（6）：1-3.

［27］金岩，赵倩，Paola Branduini．中外教联合线上设计实践类课程教学探索［J］．设计，2021，34（13）：96-99.

［28］王军奎．新农村建设中村落街巷景观改造研究：以南阳市新农村建设示范村为例［D］．昆明：昆明理工大学，2009.

［29］冯凌．融合街道空间的建筑界面研究［D］．重庆：重庆大学，2008.

［30］胡月萍．传统城镇街巷空间探析：以云南传统城镇为例［D］．昆明：昆明理工大学，2002.

［31］李江．基于怀旧的更新：传统风貌街道建筑界面的更新设计研究［D］．重庆：重庆大学，2010.

［32］方榕．生活性街道的要素空间特征及规划设计方法［J］．城市问题，2015（12）：46-51.

［33］江单，张一奇．乡村建筑立面改造过程中乡土元素的运用研究：以浙江省金华市婺城区塔石乡枫溪路建筑立面改造设计为例［J］．华中建筑，2016，34（6）：170-174.

［34］李琳，陈曦．原真性保护下传统小城镇街道风貌设计研究：以木渎古镇为例［J］．城市规划，2017，41（5）：106-110.

［35］李明燕，高锐．转变与延续：成都小通巷片区街道界面更新研究［J］．四川建筑，2013，33（6）：51-53.

［36］许哲瑶，杨小军．乡村景观改造图解［M］．南京：江苏凤凰美术出版社，2023.

［37］中华人民共和国住房和城乡建设部．中国传统建筑解析与传承［M］．北京：中国建筑工业出版社，2016.

［38］王东，王勇，李广斌．功能与形式视角下的乡村公共空间演变及其特征研究［J］．国际城市规划，2013，28（2）：57-63.

［39］刘茜，王萌，王凯圣．基于农户视角的传统村落公共空间初探：以山西省辛庄村为例［J］．中外建筑，2017（3）：128-131.

［40］魏璐瑶，陆玉麒，靳诚．论中国乡村公共空间治理［J］．地理研究，2021，40（10）：2707-2721.

［41］施艳婷，徐文辉．公众参与下的乡村公共空间景观设计研究［J］．现代园艺，2022，45（1）：152-154.

［42］王鹏．社区营造视野下的乡村公共空间设计研究［D］．重庆：重庆大学，2016.

［43］王东．苏南乡村公共空间功能转型与形态重构研究［D］．苏州：苏州科技学院，2013.

［44］高子婷．乡村振兴背景下美丽乡村公共空间营造策略研究：以洪湖市龙潭村为例［D］．荆州：长江大学，2021.

［45］刘坤．我国乡村公共开放空间研究：以苏南地区为例［D］．北京：清华大学，2012.

［46］蒋昀熹．文化触媒下台湾地区乡村公共空间更新研究：以台湾地区高雄蚵仔寮渔村为例［D］．重庆：重庆大学，2018.

［47］朱凯．基于乡土文化传承视野下城市近郊区乡村公共空间设计策略研究：以南昌市为例［D］．南昌：南昌大学，2020.

［48］沈金鑫．乡村旅游背景下村落公共空间规划设计研究：以重庆市虎头村为例［D］．重庆：西南大学，2020.

［49］金夏．中国建筑装饰［M］．合肥：黄山书社，2012.

[50] 谢长安. 中国民居百问百答［M］. 合肥：黄山书社，2014.

[51] 张克群. 树木与房子：木构建筑和它的故事［M］. 北京：机械工业出版社，2020.

[52] 荆其敏，张丽安. 中国传统民居：新版［M］. 北京：中国电力出版社，2007.

[53] 张鸽娟. 乡村环境设计理论与方法［M］. 北京：中国建筑工业出版社，2022.

[54] 陈瑞强，魏琳琳，李瑞. 北京门头沟区：乡村振兴背景下村庄民宅风貌管控体系研究［J］. 北京规划建设，2022（3）：64-69.

[55] 张沛鑫，王卓男，高超. 传统村落民居建筑风貌特征与保护发展策略研究：以隆盛庄为例［J］. 城市住宅，2021，28（3）：66-68.

[56] 李霞，王迎，郭星. 乡村风貌要素构成及提升路径［J］. 城乡建设，2020（20）：68-71.

[57] 周晶璟，刘启波. 乡村振兴背景下的关中传统村落民居建筑风貌保护策略研究：以大寨村为例［J］. 城市建筑，2019，16（26）：52-55.

[58] 陈怡瑄. 乡村风貌提升策略研究：以崇礼县马丈子村为例［D］. 北京：北京服装学院，2020.

[59] 田独伊. 基于地域文化的乡村新民居风貌设计研究：以川南白马村为例［D］. 成都：西南交通大学，2019.

[60] 张皓翔，奚涵宇，宗袁月. “在地性”视角下乡村建筑风貌提升策略研究：以遂宁市射洪县喻家沟村为例［C］//活力城乡 美好人居：2019中国城市规划年会论文集（18乡村规划）. 重庆：出版者不详，2019.

[61] 李小琦，郑琪，赵建华. “渔业+”理念下汕尾渔村文化景观再生策略［J］. 广东园林，2022，44（2）：29-33.

[62] 谢志晶，卞新民. 基于AVC理论的乡村景观综合评价［J］. 江苏农业科学，2011，39（2）：266-269.

[63] 赵成波. 乡村景观设计与可持续发展［J］. 农业经济，2023（7）：63-65.

[64] 王静. 基于“AVC”理论的乡村景观规划路径研究［J］. 中国房地产业，2020（7）：238，240.

[65] 王恒波，刘伦波，谷康. 农业观光园生产性景观规划设计研究［J］. 山西建筑，2014，40（24）：221-223.

[66] 谭俊，田红圻，王辉. 农业建筑工程项目可行性研究的特点及策略分析［J］. 建筑・建材・装饰，2018（22）：186，190.

[67] 布凤琴，刘宗金. 乡土文化在现代景观设计中的应用：以城头山遗址公园外围景观为例［J］. 江西农业，2020（2）：41-43.

[68] 俞孔坚，邵飞，耿苒. 农民、城里人和土地：城头山遗址外围景观再现［J］. 南方建筑，2017（3）：128-129.

[69] 王瑾，蒋亚华. “山水林田湖草”生态系统观在美丽乡村中的景观规划设计：以德阳高槐村为例［J］. 园艺与种苗，2023，43（3）：73-75.

[70] 刘玮玮. 海绵城市视角下的城市滨水景观设计研究［J］. 房地产导刊，2019（18）：2.

[71] 李广涛，成琪琦，王星宇. 保留农田景观：小城市地域特色的营造途径［J］. 城乡建设，2022（3）：57-59.

[72] 俞孔坚，刘玉杰，鲁晓静，等. 衢州鹿鸣公园［J］. 城市环境设计，2017（3）：330-331.

［73］李佳园．浅谈如何进行现代园林景观设计创新：以衢州鹿鸣公园为例［J］．现代园艺，2022，45（4）：102-104.
［74］杨豪．生产性农业景观设计研究：以南充市嘉陵区尚好茶桑种植基地为例［D］．成都：成都大学，2023.
［75］江娟丽，杨庆媛，张忠训，等．农业景观研究进展与展望［J］．经济地理，2021，41（6）：223-231.
［76］姬孝忠．生态果园建设模式探讨［J］．落叶果树，2012，44（6）：25-27.
［77］李清清．通州区部分乡村植物景观评价与优化对策研究［D］．北京：北京林业大学，2021.
［78］李鹏．景观渔业是未来发展趋势之一［J］．黑龙江水产，2014（2）：12-13.
［79］龚招凤．乡土元素在打造乡村特色景观方面的营造手法［J］．居业，2021，13（12）：42-43.
［80］上海赤地设计事务所．长安公园稻香园：打造都市农业互动体验的景观［OL］．［2023-10-10］．谷德设计网.
［81］株式会社户田芳树风景计画．里山花园：短期景观花园的舞台［OL］．［2023-10-10］．谷德设计网.
［82］BRANDUINI P，LAVISCIO R，L'ERARIO A，et al．Mapping evolving historical landscape systems［J］．The International Archives of the Photogrammetry，Remote Sensing and Spatial Information Sciences，2019，XLII-2/W11：277-284.
［83］BRANDUINI P，PREVITALI M，SPINELLI E，TAGLIABUE M．Reading integrity in the landscape：methods' comparison on Ticino Area，9th .Valencia，Spain．2021：ARQUEOLÓGICA 2.0 & 3rd GEORES，26/04/2021 - 28/04/2021，
［84］BRANDUINI P．Multifonctionnalité en agriculture，Cahiers de la multifonctionnalité.2005.
［85］BRANDUINI P．The value of getting your hands dirty：Landscape as heritage in education［M］//CASONATO C，BONFANTINI B．Cultural Heritage Education in the Everyday Landscape．Cham：Springer，2022.
［86］CASTIGLIONI B，CISANI M．The complexity of landscape ideas and the issue of landscape democracy in school and non-formal education：Exploring pedagogical practices in Italy［J］．Landscape Research，2022，47（2）：142-154.
［87］CODY J，FONG K．Built heritage conservation education［J］．Built Environment，2007，33（3）：265-274.
［88］COLOMBE C，LAVISCIO R，Branduini P．Maps：knowledge and management tools for the Cultural Heritage［M］//Riva R．Ecomuseums and cultural landscapes．State of the art and future perspectives，Santarcangelo di Romagna：Maggioli.2017：252-260.
［89］DAVODEAU H，TOUBLANC M．Les usages pédagogiques du jeu de rôle dans la formation des professionnels du paysage.Sur les bancs du paysage（DIR．A．SGARD，S．PARADIS）［M］．［S. I.］：MÉTIS PRESSES，2019.
［90］DE NARDI A．Il paesaggio come strumento per l' educazione interculturale［A］．Museo di Storia Naturale e Archeologia di Montebelluna（TV）．2013.

[91] LARDON S. Construire un projet territorial [A]. Le "jeu de territoire" .un outil de coordination des acteurs locaux. FaçaSade, .résultats de la recherche n° 38.INRA. 2013.

[92] LAVISCIO R. Enhancement and reuse strategies of rural heritage: experiences in the metropolitan area of Milan, in Il patrimonio culturale in mutamento [C] // Le sfide dell'uso. Proceedings of the 35th International congress "Science and Cultural Heritage" .Bressanone: [s.n], 2019: 615-625.

[93] L'ERARIO A, BRANDUINI P, LAVISCIO R, et al. Enhancing and promoting milan's peri-urban agricultural landscape as a cultural resource: The case of MUSA in Frank Lohrberg, Katharina Christenn, Axel Timpe, Ayça Sancar (ed) Urban Agricultural Heritage, Birkhauser, Basel.2023: 134-141.

[94] PARTOUNE C. Développer une intelligence commune du territoire.Education relative à l'environnement - Regards, recherches, réflexions. n° 10.2012.

[95] SCAZZOSI L. 'Preservare la machina agraria. Per una lettura e valutazione del paesaggio rurale storico', in P. Cornaglia, M.A. Giusti (eds.), Il risveglio del giardino. Dall'hortus al paesaggio Lucca: Maria Pacini Fazzi. 2015: 318-331.

[96] SCAZZOSI L. Landscape as systems of tangible and intangible relationships. Small theoretical and methodological introduction to read and evaluate. Rural Landscape as Heritage. E. Rosina & L. Scazzosi, The conservation and enhancement of built and landscape heritage.PoliScript. 2018: 19-40.

[97] TURRI E.Il paesaggio come teatro [A] // Dal territorio vissuto al territorio rappresentato.Venezia. 1998.

[98] 蒋帅. 乡土元素在乡村道路景观营造中的策略研究 [D]. 重庆: 重庆交通大学, 2021.